认知无线电与认知网络

张 勇 滕颖蕾 宋 梅 编著

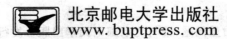

北京邮电大学出版社
www.buptpress.com

内 容 简 介

本书全面而系统地介绍了认知无线电和认知网络两大技术,认知无线电网络是目前唯一成熟的认知网络实例化网络应用。本书从认知科学方法论特性开始,具体介绍了认知无线电的发展、频谱感知和分配,重点介绍协同感知技术,频谱共享技术;认知网络定义、特征及关键技术、认知网络路由、跨层设计及安全问题,标准化进展和认知无线电实验平台等。

本书旨在为研究认知无线电、认知网络及下一代网络技术的专业技术人员、管理人员,特别是从事该方向理论研究和算法设计的人员作为专业学习书籍使用。同时,本书也适合学习认知无线电、认知网络技术的大专院校的相关专业师生提供阅读参考,并可作为理论教材和学习参考书。

图书在版编目(CIP)数据

认知无线电与认知网络/张勇,滕颖蕾,宋梅编著.--北京:北京邮电大学出版社,2012.5
ISBN 978-7-5635-2891-2

Ⅰ.①认⋯ Ⅱ.①张⋯②滕⋯③宋⋯ Ⅲ.①无线电通信—通信网 Ⅳ.①TN92

中国版本图书馆 CIP 数据核字(2012)第 008039 号

书　　　名	认知无线电与认知网络
著作责任者	张　勇　滕颖蕾　宋　梅　编著
责 任 编 辑	孔　玥
出 版 发 行	北京邮电大学出版社
社　　　址	北京市海淀区西土城路 10 号(邮编:100876)
发 行 部	电话:010-62282185　传真:010-62283578
E-mail	publish@bupt.edu.cn
经　　　销	各地新华书店
印　　　刷	北京联兴华印刷厂
开　　　本	787 mm×960 mm　1/16
印　　　张	17.75
字　　　数	388 千字
印　　　数	1—3 000 册
版　　　次	2012 年 5 月第 1 版　2012 年 5 月第 1 次印刷

ISBN 978-7-5635-2891-2　　　　　　　　　　　　　　　　定　价:36.00 元

· 如有印装质量问题,请与北京邮电大学出版社发行部联系 ·

前　　言

　　近年,宽带无线通信技术不断推陈出新,泛在网、物联网等技术蓬勃发展,而智慧地球、智慧城市的概念的提出,以及世界范围内正在推进的智能城市建设,更是将整个社会生活对信息网络建设的需求推到了极致,社会生活的各行业对 ICT 行业翘首以待,冀望能借助信息网络实现诸如智能交通、智能旅游、智能政府办公等各种凌驾于全互联网络的沟通。在无线通信领域不断演进发展的二十余年的时间里,通信行业一直被有限的频谱资源与日益增长的服务需求之间的矛盾所困扰,直到现今的 3G、4G 系统中无线传输资源仍捉襟见肘。笔者认为,对当前无线通信所面临的突出问题,可更准确的表述为:封闭式静态固化的频率资源分配与无限的接入和网络需求之间的矛盾,而这是现在的无线网络或者传统网络建设思路所无法克服的。

　　智能天线、MIMO、OFDM 等 3G 及 B3G 的新技术的运用,对于改善无线通信系统的数据传输速率和链路可靠性有积极意义,却无法突破性地改善频谱利用效率。这是由于目前所采用的通信技术,无论是空间、时间、频率单独或者两两结合的分集,主要针对改善无线信道自身的多径衰落、阴影效应等问题,而对由于系统间或小区间普遍采用的固化或静态频率分配、条形分割所造成的频率利用率低下的问题并无显著效果。

　　只有改变当前固定频谱分配政策,部分甚至全部采用动态频谱分配策略,使多种技术可以实现"频谱共享",才能彻底解决频谱缺乏的问题。认知无线电技术,能够自动检测无线电环境,调整传输参数.从空间、时间、频率、调制方式等多维度共享无线频谱,大幅度提高频谱利用效率,为解决频谱资源不足、实现频谱动态管理及提高频谱利用率开创了崭新的局面。目前,认知无线电(CR,Cognitive Radio)网络已被业界许多组织机构认为是一种充分开发 B3G系统潜能的核心技术,并且被预言为未来对无线技术最有革命性意义的技术。

　　另一方面,多域多网络共存问题,逐渐凸显,这无疑会给无线网络的发展和建设带来极大挑战。覆盖区域重叠、通信协议不一致、缺乏统一的服务管控的异构网络格局,不仅没有使得泛在、异构的网络突显其优势,反而使得用户面临更加复杂的网络环境,难以获得优质的服务体验。我们认为,未来通信网络的前景是一个泛在、异构融合的网络模式,多接入方式并存,多节点协同工作,支持不同程度的无缝移动特性,同时它又是一个智能化无线通信系统,能够随时感知外界环境,并根据当前的网络状况自配置以响应和动态自适应环境和操作的改变。认知网络技术能够依靠人工智能的支持,感知无线通信环境,根据一定的学习和决策算法,自适应地改变系统工作参数(如传输功率、载频、调制方式等),从获知的环境参量中不断增强学习,从而满足日益增长的未来通信对网络智能化要求。

可见,认知技术是未来通信发展的一大趋势,循此促笔,本书编撰者结合多年来在认知无线电及认知网络方向的研究及项目经历,作为综合性介绍认知网络和认知无线电最新研究动向的专业书籍,第一次全面而系统地介绍了认知无线电和认知网络两大技术。以认知科学与思想作引,从认知无线电到认知网络,娓娓道来,分别着眼于无线射频和网络两个角度,研究智能化、自适应、自配置、自优化、自愈合的通信网络系统。

本书共包括11章,其中,第1章从认知思想讲起,为后续认知无线电和认知网络内容的展开,给出一个方法论和思想方面的引子。第2章至第5章为认知无线电部分,基于认知无线电的国内外最新研究,对认知无线电的关键技术,前沿技术体系分明地给予了比较详细的介绍。针对其中的几个重点问题给了进一步的阐述和研究,包括频谱感知,频谱共享技术以及认知无线电的路由协议等,书中还对频谱聚合的若干问题给予了讨论。认知无线电的研究目标是无线电用户,而认知网络的目标则是建立在端到端网络性能的基础上的。显然对于认知网络关键技术的研究对于整个通信系统显得更为重要。本书第6章至第9章将重点阐述认知网络中的如下关键问题:概念、网络架构、跨层设计及安全问题。第10章则撰述了认知无线电、认知网络相关的标准化发展进展,同时本书的最后简介了认知无线电仿真平台并对当前已得到广泛应用的平台 GNU Radio 给予重点介绍,并附有入门代码供从事认知无线电系统及认知组网开发的人员参考。

对于初接触这个领域的人员,可能会困惑于这样的问题,何为认知无线电网络和认知网络?如何界定认知无线电网络和认知网络?笔者认为,认知无线电网络是基于认知无线电技术组建的网络结构,现在的研究认识更偏重于如何借助于感知技术实现认知接入,偏重于接入网的层次;而认知网络则是更大的网络范畴,可以使从物理层到应用层完全革新的网络,物理层技术可以但不局限于使用认知无线电技术,还可以充分借助于人工智能技术改造和革新现有的通信网络,从而实现一个真正的智能化无线通信系统。当然,从现在网络发展来看,也可以是仅仅对核心网侧基于认知技术改造的结果,例如现在LTE、IEEE802.16m 在推进的 SON 功能,便是偏重对核心网侧自配置、自优化、自治愈的内容。

本书在编撰时沿用现在比较通常的思路,即将认知无线电从网络接入的层次考虑,而将认知网络作为网络层以上,偏重于核心网络的层次来论述。但是,未来无线通信系统对网络智能化的需求却不会停止,不会仅局限于核心网的智能性、接入网的智能性、终端的智能性,等等。需求不止,新的技术便会层出不穷。无论怎样,网络发展认知化、智能化是趋势所向。

本书深入浅出地介绍了认知无线电和认知网络的最新发展。本书可供从事下一代无线通信系统研究的专业技术人员、管理人员,特别是从事认知无线电和认知网络研究工作的研究者作为专业书籍使用;也可以供学习认知无线电和认知网络理论的相关专业的师生阅读参考;亦可作为研究生阶段认知无线电和认知网络相关课程的教材或参考书使用。

本书的编撰工作凝结了北京邮电大学 ICN&CAD 中心多名教师、博士生及硕士生近年研究成果及辛勤劳动,尤其是陈俊杰、何智锋、徐浩漫、刘媛媛、谢星光、戴超、施莹、牛芳、杨帆等参与了本书中重要部分的编写工作,在这里特别表示感谢。此外,王莉、魏翼飞、满毅、刘洋等教师对本书的若干内容提出了很好的建议,在此向他们表示衷心的感谢。此外,还要感谢国家 863 计划、国家自然科学基金等项目对于相关研究的资助。

由于水平所限,书中内容纰漏难免,殷切地希望广大读者及同行专家批评指正,不吝珠玉。唯裨补阙漏,方能广益。

编著者

目　　录

第1章 认知科学与技术

在介绍本书的主要内容——认知无线电与认知网络——之前,有必要先认识它们的来源——认知科学与技术。

认知无线电的概念最早由瑞典的 Joseph Mitola 博士提出,他定义认知无线电系统能够感知周围环境的变化,并据此调整系统工作参数,实现最佳适配[1,2,3]。而认知网络的概念最初由弗吉尼亚大学提出,他们强调网络自身能够对当前网络环境进行观察,动态地调整网络的配置,在此基础上进行计划、决策和行动,从而灵活地适应网络环境的变化[4,5,7]。两者共有的一个最重要特性就是认知过程,这是网络性能最优化的核心,认知过程的关键部分就是能够从过去的决策中学习并将其应用于对未来的决策中。因此,对认知过程以及认知理论的初步了解有助于读者更好认识本书的关键内容。

现代认知理论认为,认知是指对周围的事物认知的过程以及对认知过程的分析,它包括了感知、领悟、推理和决策等几个阶段。换言之,认知就是关于人或事物如何获取信息,并如何在信息加工的基础上对周围环境做出反应的问题,其对象是各类获取的具体信息,其过程是对这些信息进行的编码、存储、提取、应用等具体操作。其中,学习能力无疑是认知过程的一大特性。

本章的内容力图从认知科学入手,使读者对于认知思想及认知科学有个初步的认识,更有助于读者从本源上学习本书的两大关键内容——认知无线电及认知网络。

1.1 认知科学的发展

20 世纪 50 年代中期开始兴起了对人工智能的研究,该研究目标在于研制可以从功能上模拟人类智能的人工系统,即把人的某些智能赋予计算机,让机器代替和模拟人的某些智能,这也被称做"机器智能"或"智能模拟"。智能机器具有运用知识解决问题的能力,这点与人的智能很相似,于是就出现了把人看做是和计算机相似的信息处理系统的思想。这一思想也最终导致了认知科学的产生。

希金斯(R. L. Higgins)于 1973 年开始使用"认知科学"一词,它的公开出现则是在 1975 年 D. Bobrow 和 A. Collins 合著的书中。1979 年 8 月,在美国加利福尼亚州,正式以"认知科学"的名义,邀请了不同学科的著名科学家,对认知科学的各方面进行了阐述,并决定成立美国认知科学学会,这些举措极大地推动了国际上对认知科学的研究。我国也于 1984 年 8 月 7 日至 11 日召开了思维科学学术讨论会。认知科学逐渐引起了计算机科学、心理学、语言学、脑科学和哲学等各方面研究人员的兴趣和重视[16]。

21世纪初，美国国家科学基金会（NSF，National Science Foundation）和美国商务部（DOC，Department of Commerce）共同资助了一项雄心勃勃的计划——"提高人类素质的聚合技术"，将纳米技术、生物技术、信息技术和认知技术看做是21世纪四大前沿技术，并将认知技术视为最优先发展的领域，主张这四大技术的融合发展。

因此，可以认为认知科学是在20世纪70年代中期诞生并兴起的，是一门旨在研究人脑和心智的工作原理及其发展机制的交叉性和综合性学科。它涉及心理学、计算机科学、神经科学、语言学、人类学、哲学这六大学科，是这些学科交叉、渗透与聚合的产物。认知科学作为一门独立学科，已经逐渐形成了一套独特的研究纲领、工作范式和基础假设，可以说认知科学的发展将为信息科学技术的进一步智能化作出巨大的贡献。

随着认知科学的不断发展，也就出现了越来越多的新兴的认知技术，这些技术涉及医疗、人工智能（AI，Artificial Intelligence）、无线通信和计算机网络等多个学科和行业，认知技术的出现大大改善了某些行业中因技术问题而存在的瓶颈，为推动相关行业的发展带来了契机。

1.2 认知技术概述

1.2.1 认知技术的基本概念

认知技术（CT，Cognitive Technology）指的就是根据认知过程中影响情感和行为的理论假设，并通过认知的行为和技术来指导当前活动的总称[25,26]。它的基本观点是，认知过程是行为和情感的中介，提供学习和训练的机会来改变认知或者用新的认知来取代，从而增强自身及技术的自适应能力。

我们可以这样来看待认知问题：首先，人的认知过程不是被动地对环境的响应，而应该是一种主动行为，人们在环境信息的刺激下，通过从动态的信息流中抽取不变性，在交互作用下产生有知觉的操作或控制；其次，认知技术的计算是动态的、非线性的，通常不需要一次将所有的问题都计算清楚，而是对所需要的信息加以计算；再则，认知技术应该是自适应的，认知技术系统的特性应该随着与外界的交互而变化。因此，认知技术应该是外界环境和人的认知感知共同作用的结果，两者缺一不可，而不是简单地发生在头脑中的。

1997年在日本举办的关于认知技术的第二次国际会议上，与会的讨论者们共同给出了认知技术的定义[5,6]：

"认知技术是对人与事物间交互过程的学习。它所涉及的技术包括有如何指导机器工具以人类的视角来感知周围事物动态的变化，模拟自然的人际交往过程，以及操控拟人化的认知自适应过程。认知系统的设计应该不仅依据它们自身的目标和计算能力，还应该根据它们所塑造和拥有的额外的物质和社会环境中的认知能力。这样的设计理念不仅可以获取对实际问题的良好技术解决办法,还可以使得所设计的机器工具获得灵敏的认知能力和类人化的情感特征。"

1.2.2 认知技术的理论基础和特征

认知科学的兴起带来了认知技术的不断发展进步,认知科学为认知技术的研究发展奠定了理论基础。广义上来说,认知科学包括认知心理学、人工智能和认知神经科学等多个学科,其中又以人工智能技术最为关键。

1. 认知心理学

认知心理学是以信息加工观点为核心的心理学,又可称为信息加工心理学。认知心理学兴起于 20 世纪 50 年代中期,并于 60 年代之后迅速发展起来。美国心理学家 Neisse 出版的《认知心理学》一书,该书的问世标志着认知心理学的确立。Neisse 认为,认知心理学是研究信息经感觉输入的转换、加工、存储、恢复、提取与使用的过程,并把认知心理学划分为视认知、听认知和记忆与思维高层次心理过程三大部分。

认知心理学有广义和狭义两种。广义的认知心理学主要是研究人的心理活动过程以及个体认知的发生和发展,探讨人的心理时间、心理表征与信念、意向等心理活动。而狭义的认知心理学是指信息加工心理学。它是以信息加工理论为核心内容的心理学。其中,它把人和计算机进行了类比。计算机从周围环境接收输入的信息,经过加工并存储起来,然后产生有计划的输出。人对知识的获得也是对各种信息的输入、转换、存储和提高的过程,人的认知的各种具体形式就是整个信息加工的不同阶段。现在,一般所称的认知心理学大体上就是指信息加工心理学。

2. 认知神经科学[17,18]

认知神经科学是在传统的心理学、生物学、信息科学、计算机科学、生物医学工程,以及物理学、数学、哲学等交叉的层面上发展起来的一门新兴科学,旨在阐明自我意识、思维想象和语言等人类高级精神活动的神经机制。换句话说,它是研究人脑是如何进行创造的。

认知神经科学发端于 20 世纪 70 年代后期,形成于 90 年代,是由美国心理学家米勒首先提出来的。正是由于 20 世纪 50 年代末,将计算机的信息加工理论应用于研究人的认知过程即认知心理学的产生,及计算机在生物学中的应用导致脑时间相关电位(ERP, Event-Related Potential)的出现,以及 20 世纪 80 年代正电子发射断层扫描技术的出现,才使得认知神经科学的出现成为可能。

其后,随着科学技术的不断发展,认知神经科学开始在 70 年代后期得到迅速发展。其发展是沿着两大研究方向进行的。其一是对神经消息传递、编码和加工的研究;其二是生物医学构象技术,特别是对功能性磁共振成像技术可以用于人类认知活动的研究,其中涉及的脑时间相关电位、脑磁图和高分辨脑成像等方法,可以为人脑认知功能研究提供诸多新的数据。随着这些技术的发明和使用,认知神经科学正展现出更加强大的活力,并确定了神经科学在整个认知科学中的基础地位,对认知科学产生了广泛的影响。

3. 人工智能[7,19]

人工智能是一门综合了计算机科学、心理学以及哲学的交叉学科。它是研究如何用计算机模拟、延伸和扩展人的智能,如何使计算机变得更聪敏、更能干,如何设计和制造具有更高智能水平的计算机的理论、方法、技术及应用系统的一门新兴的科学技术。

作为一门科学,人工智能于1956年问世,它由"人工智能之父"麦卡锡及一批科学家在达特茅斯召集的一次会议上首次提出。由于不同专家提出的方法论及追求的目标存在着差异,研究角度存在不同,因而在不同的时期形成了不同的研究学派,分别有符号主义学派、联结主义学派和行为主义学派。

人工智能的研究领域目前比较广泛,它更多的是结合具体的领域进行的,主要研究领域有专家系统、机器学习、模式识别、自然语言理解、自动定理证明、自动程序设计、机器人学、博弈、智能决定支持系统和人工神经网络。总的来说,它是面向实际应用的,也就是说什么地方有人在工作,或需要有人在工作,它就可以用在什么地方。

人工智能领域中有一个重要的分支,就是"专家系统"(ES, Expert System)。ES是目前人工智能中最活跃、最有成效的一个研究领域之一,它是一个在特定领域内具有大量知识与经验的程序系统,应用人工智能技术,模拟人类专家水平。该系统可以辅助某些领域的非专家人员去解决复杂问题,如用于医疗诊断的专家系统、故障诊断的专家系统等。

除了"专家系统"以外,人工智能还开发出了各种类型的应用智能软件系统。如机智博弈的智能软件、智能控制、智能通信、智能管理等。像IBM的"深蓝"就是机器智能水平的一个经典范例。

目前,随着计算机网络、通信和并行程序设计技术的发展,当前的研究主要集中在如何将多个自主的智能体集成到网络上,并使它们通过协作与协商来解决问题,这一思想已体现在目前大多数的分布式网络当中,并且也是这些网络的未来发展方向。

在国外,已经把智能体的研究应用于智能教学系统、远程教学系统及健康教育系统等。在国内,将多智能技术应用于处理像Internet这样的具有异构、分布、动态、大规模及自主性的系统,是人工智能技术在信息处理方面的一个崭新应用。

并且,人工智能的研究与计算机软件开发有着不可分割的关系:一方面,各种人工智能需要依赖于计算机软件实现;另一方面,许多计算机软件也要应用人工智能的理论、方法和技术去开发。当然,它们二者之间还是有着显著的差别的,如表1-1所示。

表 1-1　人工智能与传统计算机程序的区别

人工智能	传统计算机程序
基本上是符号加工	一般是数字处理
启发式搜索	算法
控制结构与领域知识分开	信息和控制结合在一起
通常较易调整、更新	调整有难度
某些不正确答案是可容的	要求正确的答案
满意的答案是可接受的	寻求最佳的可能解法

从上面的介绍可以看出，由于涉及的学科种类很多，认知技术所涵盖的技术面也是非常广泛的，但究其理论原理，无外乎都是来源于以上所介绍的这些理论基础学科，尤其是人工智能技术(认知无线电技术的产生正是来源于将人工智能技术与软件无线电技术相结合)，因此，结合这些学科特点，可以知晓认知技术具有以下几类特征。

(1) 感知特性。几乎所有的认知系统在其终端处都有具备感知功能的认知设备或传感器，这些设备具有和工作环境交互的能力，能够通过交互获取所需的感知数据，以供核心部分的计算机处理使用。

(2) 记忆特性。正如人脑的功能一样，人们感知过的事物，思考过的问题，体验过的情感和从事过的活动，都会在人们头脑中留下不同程度的印象，在一定的条件下，根据需要这些存储在头脑中的印象又可以被唤起，参与当前的活动，得到再次应用，整个过程就包括了编码、保持和提取三个基本过程。同样，认知技术正是参考了人脑的这个特性，在认知系统中设置了一类具有记忆功能的存储器，记录系统的以往工作信息，并且可以根据需要在当前的工作状态中调用这些历史数据以供系统自适应地做决策使用。

(3) 学习特性。学习能力是人类智能的根本特征，而作为模拟人类智能而产生的认知技术，学习特性自然也就是它的最重要特征。H. A. Simon 对于学习特性的定义是："系统为了适应环境而产生的某种长远变化，这种变化使得系统能够更有效地在下一次完成同一或同类工作。"也就是说，认知系统中具有按照特定的利益模式进行自适应调整学习的模型，通过添加这样的模型和技术手段，应用系统就转变为动态化、智能化，这也就引领了现代工程技术的一次重大飞跃。此外，影响学习特性最重要的因素还是提供系统信息的环境，特别是这种信息的水平和质量。环境对学习单元提供信息，学习单元利用这些信息改善知识库，执行单元利用知识库执行它的任务，最后，执行任务时所获得的效用信息再反馈给学习单元以加以改进，如此反复循环执行。

(4) 自我决策特性。一般的认知系统都拥有按照特定规则和相应的思维机制进行按规则判决的能力。决策指的就是当面对一系列分歧或需要权衡的可选方案时，出于自身的目的或是最佳的考虑，做出相应的选择和行动，以便获得所期望的或避免一定的结果。信息是决策的基础，但并不是说只要有了信息，就一定可以做出正确的决策，关键在于如何对信息进行科学的加工处理,这也正是研究将人脑功能引入人工智能技术的出发点。只有对充分的信息进行适当的处理,才能产生出新的、用以指导行动的策略选择。

(5) 自适应(自我调整)特性。自适应特性可以看做是一个能根据环境变化智能调节自身特性的反馈控制认知系统,这样系统能按照一些实时设定的标准或边界约束条件工作在最优状态。

1.3　认知技术在通信领域的发展应用

开展对于认知技术的研究不仅是为了满足人类智慧上的好奇心,更重要的是服务于人类,推动人类科技的不断进步,从而更好地提高人类的生活质量。并且,也只有将认知技术真正应用到实际的生产生活领域中才能真正地实现其价值。认知技术,不仅在医疗、教学等生活方面被广泛应用,也在人工智能、通信领域中呈现宽广的应用前景。

1. 临床医疗领域

认知科学特别是神经科学方向的研究将使攻克神经性疾病成为可能。在我国,脑与认知科学国家重点实验室将为脑与认知功能障碍的防治提供理论基础和方法写入了计划书中,该实验室的中期目标包括阐明神经退行性疾病和心境障碍的发病机制,并为其防治提供新的思路以及针对某些脑与认知功能衰退和障碍的防治提出有效方法。

2. 教学领域

进入信息时代,怎样从海量的数据中提取出信息并加以吸收和理解,如何快速有效地传播知识是人类面临的一个重大难题。利用相关的认知技术来帮助人们更为有效地学习,把实验室的相关研究成果应用到具体的教育实践和知识传递中,是应对信息爆炸所带来的挑战的最佳解决方案。

3. 人工智能领域[20,22,23]

智能机器和机器人制造一直以来都是人类的梦想,然而现实却是,应用到生产中的机器人及智能设备仍然处于初级阶段,人工智能经过初期的飞速发展后似乎也陷入了瓶颈。这种现实与理想的差距在很大程度上是由于长久以来认知科学一直把大脑比作标准意义上的计算机来进行研究而造成的。新近研究表明大脑的工作无法用简单的计算机原理来进行描述,但这样的理解还远远不够。

当代认知科学从新的角度入手研究,使得智能机器的出现变得不再遥远。美国在四大科学技术领域的聚合技术报告中提出了"人工仆人(artificial servants)"这一全新的智能体概念,人类的需求、感情、信仰、态度和价值观都将会渗透到这种新型的智能机器中。日本"脑科学时代计划"的"模拟大脑"项目侧重于从理论和工程的角度来揭示大脑的机制,从而为大脑式计算机(brain-style computer)以及为能够处理知识和情感的计算机和机器人的最终开发奠定坚实基础。加拿大不列颠哥伦比亚大学计算机科学系的计算智能实验室致力于研究使智能推理、行动和知觉成为可能的计算方式并把已有成果应用到了被称为"柏拉图野兽(Platonic Beasts)"的新一代高自由度机器人的开发中。在我国,脑与认知科学国家重点实验室也把建立高级认知功能的理论模型及其在新一代机器智能系统设计中的应用列入实验室的中期目标之中。

4. 通信领域

众所周知,频谱资源是一种宝贵且稀缺的重要资源,但随着无线通信技术的飞速发展,频谱资源也变得越来越紧张,究其原因主要是由于目前的频谱资源分配体制是基于静态的频谱资源分配,造成不少频段的利用并不充分,显然这样的方式并不合理。认知技术的引入为解决这一难题提供了一种新的解决思路,也随之诞生了一种新型的无线电技术——认知无线电(CR,Cognitive Radio)技术,这也正是本书所关心的核心内容[4,6,13]之一。

认知无线电技术产生并发展于软件无线电之上[12],随着软件无线电技术的进一步完善和相关学科的技术进步,无线电技术已经可以采用人工智能实现类似于人的一些反应,于是就诞生了认知无线电。当一个无线电设备具有了感觉(awareness)、适应性(adaptivity)和学习(learning)的能力,就表明进入了认知无线电阶段[10,14,15]。认知无线电技术之所以区别于以往的无线电技术就在于它不只单纯依靠硬件,还依靠认知的软件功能予以辅助,这里着重介绍一下在其中起到关键作用的认知引擎技术。

认知无线电是一种智能的无线电通信系统,其智能主要来自于认知引擎。认知引擎基于软件无线电平台,引入了人工智能领域的推理与学习方法实现认知环路,从而实现CR 的感知、自适应与学习能力。认知引擎的要素包括建模系统、知识库、推理机、学习机和各类接口,并涉及知识表示、机器推理和机器学习等关键技术。可以说,认知引擎是CR 的"大脑",认知引擎技术是实现 CR 的核心技术[8,9,11]。在现有的认知引擎中,比较典型的是美国弗吉尼亚工学院(VT)的无线通信中心(CWT)和美国国防部(DoD)的通信科学实验室(LTS)研究开发的认知引擎。

弗吉尼亚工学院的 CWT 研究人员提出了一种通用 CR 架构,认知引擎被设计为独立于传统电台的单独模块,通过对用户域、无线域以及政策域信息的认知,来优化控制整个无线通信系统。CWT 的研究人员认为,CR 为了适应特定的频谱环境,需要对波形的诸多参数进行调整,如频率、功率、调制方式、星座大小、编码方式、编码速率等,因此,CR 适应无线环境的过程是一个多目标优化的过程,而遗传算法是解决多目标优化的有效算法,基于通用 CR 架构,CWT 利用遗传算法设计了如图 1-1 所示的基于遗传算法的认知引擎。其中,无线信道遗传算法模块使用遗传算法对无线信道和环境进行建模,无线系统遗传算法模块则利用遗传算法生成新的波形,认知系统监控模块包含有知识库,并且还实现了基于案例的决策器(CBD,Case Based Decision),即如果知识库中存在相同的案例则直接应用以前优化的结果,否则就执行优化过程。目前,该认知引擎已通过 Matlab 仿真实验与弗吉尼亚工学院的 CR 测试平台实验。

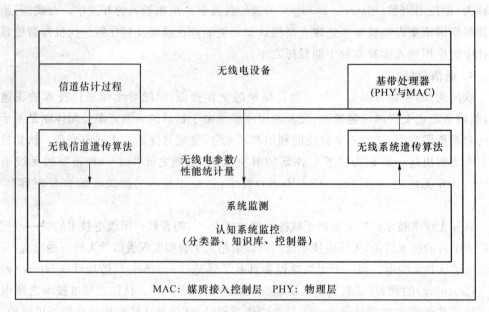

图 1-1　VT-CWT 设计的基于遗传算法的认知引擎

　　另外,Charles Clancy,Erich Stuntebeck 等人在 LTS 工作时,对 CR 和认知引擎进行了研究,他们基于软件通信体系架构(SCA,Software Communication Architecture)开发了开源的认知无线电(OSCR,Open Source Cognitive Radio),设计了能够在各种信道条件下调整调制和编码方式,实现信道容量最大化的认知引擎。

　　Clarles 等人认为,CR 就是增加了认知引擎的软件无线电,在认知引擎与软件无线电平台之间需要定义一个良好的应用程序接口(API,Application Programming Interface),认知引擎包括了知识库、推理引擎与学习引擎,如图 1-2 所示,目的是驱动软件无线电的重配置。在 OSCR 的认知引擎中,基于知识库中的长期知识来做出决策,这些决策是通过先前的推理和学习得到的;推理引擎类似于专家系统,利用知识库进行智能的决策;学习引擎则从经验中获取知识,更新知识库,随着不断的学习,学习引擎存入知识库中的知识又将作为推理引擎后续工作的基础。OSCR 认知引擎的学习功能是通过试错搜索的方法实现的,在加性高斯白噪声信道中,信道容量依据香农公式计算给出,波形的 BER(Bit Error Rate)也可以通过理论公式计算得到,因此最佳的波形可以通过推理得到。

　　由此可见,对于认知引擎来说,其模型无外乎由建模系统、知识库、推理机、学习机等组成[21,24],而对于 CR 来说,频谱管理是其非常重要的一个问题,可以将政策引擎引入到认知引擎中进行一体化考虑,其频谱政策的输入与判决可以在建模系统中实现,动态频谱政策管理与应用则可以分解到推理与学习模块中。认知引擎主要涉及人工智能领域的技术,在认知引擎的实现上涉及的关键技术有知识表示技术(SDL,UML,RKRL 等)、机器推理技术(神经网络、模糊逻辑、遗传算法等)和机器学习技术(贝叶斯逻辑、决策树、Q 学习法等)。

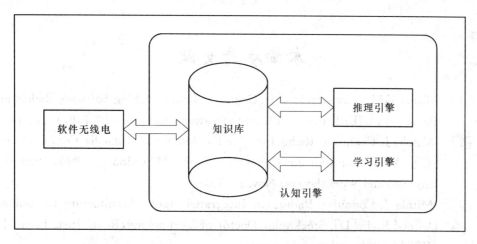

图 1-2　DoD-LTS 设计的认知引擎

　　同时,近些年对于认知技术的研究也延展到了认知网络的领域。认知网络的提出更加凸显了认知和智能的观点,已不再局限于无线电的学科领域,传统网络中的节点在通信时只是简单受控的,而认知网络中的节点通过使用人工智能技术可以从环境中学习,有目的地实时改变某些操作参数,从而实现了任何时间、任何地点的高可靠通信以及对异构网络环境中有限的资源进行高效地利用。

　　未来通信网络将是一个泛在、异构的网络模式,具有自我配置、自我优化和自动学习的能力。可以看出,未来通信网络向着认知网络发展将是未来通信技术发展的一个重要方向。为了应对这一发展趋势,各大标准组织纷纷在标准制定时提出新的要求。在 2009 年 2 月,IEEE 802.16m 提出的最新文档中要求网络能够支持自组织(Self-Organization)功能,包括网络的自配置(Self-Configuration)和自我优化(Self-Optimization)。3GPP 工作组在 R8 中就提出了自组织网络(SON,Self-Organization Network)的概念和需求,并在 2008 年 12 月更新的文档中要求自组织网络具有自配置、自优化和自愈合(Self-Healing)的能力。两大标准在网络自组织功能方面的基本思想都是未来网络需要具有智能特性,能够尽可能多地进行自我的管理和重构,减少人工对网络配置和管理的干预。显然,网络具有自我意识是未来网络发展的一个普遍要求。可以预测未来 4G 的通信网络将向着认知网络的方向发展,同时,对认知网络的研究也将极大地促进未来4G 网络技术的发展。

　　除了以上这几类典型的应用领域外,认知技术的发展应用还在社会规划、企业组织管理、软件工程等诸多方面发挥了难以估量的作用。尤其是在 IT 通信领域,国家目前正在积极倡导的物联网、机会和社会网络等新兴技术领域也已经在运用由认知技术构建的设备终端。

　　总之,认知技术的引入已经给通信领域带来了一场新的变革,作为本书的重点,关于认知无线电和认知网络的内容将在后续的章节中逐渐展开介绍。

本章参考文献

[1] Mitola J, Maguire Gerald Q Jr. Cognitive Radio: Making Software Radios more Personal[J]. IEEE Personal Communications Magazine, 1999, 6(4): 13-18.

[2] Mitola J. Cognitive Radio for Flexible Mobile Multimedia Communications [C]//Mobile Multimedia Communications 1999 (MoMuc' 99), 1999 IEEE International Workshop on Nov. 1999: 3-10.

[3] Mitola J. Cognitive Radio: An Integrated Agent Architecture for Software Defined Radio[D]. Stockholm: Doctor of Technology, Royal Inst. Technology (KTH), 2000.

[4] Simon Haykin. Cognitive Radio: Brain-Empowered Wireless Communications [J]. IEEE Journal, 2005, 23(2): 201-220.

[5] Bruce A Fette. History and Background of Cognitive Radio Technology[M]// Cognitive Radio Technology. 2009: 37-74.

[6] John Polson. Cognitive Radio: The Technologies Required[M]//Cognitive Radio Technology. 2006: 23-54.

[7] Rondeau T W. Application of Artificial Intelligence to Wireless Communications [D]. Blacksburg: Virginia Polytechnic Institute and State University, 2007.

[8] Clancy C, Hecker, Stuntebeck E, et al. Application of Machine Learning to Cognitive Radio Networks[J]. IEEE Wireless Communications, 2007, 14(4): 47-52.

[9] Nolan K E, Sutton P, Doyle L E. An Encapsulation for Reasoning, Learning, Knowledge Representation and Reconfiguration Cognitive Radio Elements [C]//Cognitive Radio Oriented Wireless Networks and Communications. 2006: 1-5.

[10] Feng Ge, Qinqin Chen, Ying Wang, et al. Cognitive Radio: From Spectrum Sharing to Adaptive Learning and Reconfiguration[C]//Aerospace Conference, 2008 IEEE. 2008: 1-10.

[11] Rondeau T W, Bin Le, Maldonado D, et al. Optimization, Learning, and Decision Making in a Cognitive Engine[C]//Proceeding of the SDR 06 Technical and Product Exposition. 2006: 145-151.

[12] Rondeau T W, Bin Le, Rieser C J, et al. Cognitive Radios with Genetic Algorithms: Intelligent Control of Software Defined Radios[C]//Software Defined Radio Forum Technical Conference, Phoenix. AZ: 2004: 3-8.

[13] Rondeau T W,Bin Le,David Maldonado,et al. Cognitive Radio Formulation and Implementation[C]//1st International Conference on Cognitive Radio Oriented Wireless Networks and Communications,2006. 2006:1-10.

[14] Balodo N,Zorzi M. Learning and Adaptation in Cognitive Radios using Neural Networks[C]//Consumer Communications and Networking Conference. 2008:998-1003.

[15] Zhenyu Zhang,Xiaoyao Xie. Intelligent Cognitive Radio:Research on Learning and Evaluation of CR Based on Neural Network[C]. ITI 5th International Conference on Information and Communications Technology,2007:33-37.

[16] Stillings N A,Weisler S E,Chase C H,et al. Cognitive Science:An Introduction 2nd ed[D]. Massachusetts Institute of Technology,1995.

[17] Cummins R,Cummins D D. Minds,Brains and Computers:The Foundations of Cognitive Science[M]. An Anthology Blackwell Publishers Ltd,2000:111-143.

[18] Rechtel W. Connectionism and the Philosophy of Mind:An Overview[M]. The Southern Journal of Philosophy,1990:29-30.

[19] 戴汝为. 社会智能科学[M]. 上海:上海交通大学出版社,2007:45-132.

[20] Ruqian Lu,Songmao Zhang. Automatic Generation of Computer Animation:Using AI for Movie Animation[D]. Berlin:Springer,2002.

[21] Storey M A D,Wong K,Muller H A. Cognitive Design Elements to Support the Construction of a Mental Model During Software Exploration[J]. Journal of Systems and Software,1999,44(3):171-185.

[22] Card SK,Moran TP. The Psychology of Human Computer Interaction[M]. NJ(ed):Lawrence Erlbaum,1983:32-87.

[23] James D. He Nature of Indexing:How Humans and Machines Analyze Messages and Texts for Retrieval[J]. Information Processing and Management,2001,37(4):3210-3218.

[24] Floyd M. Simulation techniques[M]. New York:John Wily& Sons Inc,1996:46-132.

[25] Luber S. Cognitive Science Artificial Intelligence:Simulating the Human Mind to Achieve Goals[C]//3st International Conference on Computer Research and Development(ICCRD),2006. 2011:207-210.

[26] Andreichuk N. Informational Approach as Cognitive Science Methodology[C]//10th International Conference on CAD Systems in Microelectronics(CADSM),2009. 2009:157-161.

第2章 认知无线电概述及发展

    无线通信频谱是一种有限的宝贵资源,目前在我国主要是由国家无线电管理委员会(SRRC,State Radio Regulatory Commission)统一授权使用。每一个无线通信系统独立地使用一个频段,以使各个不同的系统之间互不干扰。这种授权的、静态(固定)的频谱分配方式固然可以避免系统间的干扰,但是由于各个系统间频谱使用的不完全性,极易造成频谱浪费的现象。认知无线电(CR)概念的提出正是基于以上考虑[13,14,15],它能够实现动态分配频谱,有效缓解了当前频谱资源紧张的状况。

    认知无线电技术被认为是继软件无线电(SDR,Software Definition Radio)之后无线通信技术的"下一件大事(Next Big Thing)",因而受到了极大关注。CR技术具有其独特的优势,虽然当前大多仍处于研究阶段,技术还不够成熟,应用前景不够明朗,并且仍有很多难题需要解决,但是我们相信,随着研究和应用的不断深入,认知无线电技术凭借其灵活的无线电特征、动态频谱使用的优势,在无线通信领域的发展前景将是十分诱人的。

2.1 认知无线电概述

    认知无线电,顾名思义,就是在现有无线电技术的基础上加以"认知"技术,具体地,新型的无线通信系统能够通过某些智能学习的方式来自发、合理和择机地使用频谱资源[9],以达到最优化频谱资源的目的。

2.1.1 认知无线电的产生

    1934年,美国议会成立联邦通信委员会(FCC,Federal Communications Commission)用于完善与巩固各个州之间的通信,它的职责是管理和授权美国境内的所有无线电频段。随着无线通信技术的发展与推广,世界各国相继组建了各自的无线频谱管理组织。

    在无线频谱的管理上,各国的无线频谱管理组织都具有共同的特点:都是将无线频谱划分为连续的频段,并将每个频段分给特定的用户使用并授予这些用户在给定地理区域内频段的绝对所有权,而不允许其他未授权的用户在这些区域使用授权的频谱资源。图2-1展示了由美国国家电信与信息管理局(NTIA,National Telecommunications and Information Administration)获得的固定频谱分配图。

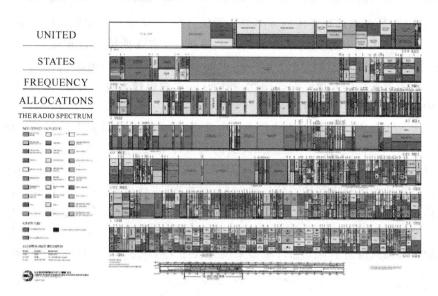

图 2-1 NTIA 获得的固定频谱分配图

20 世纪 70 年代以后,随着半导体技术、微电子技术和计算机技术的发展,移动通信得到了迅猛的发展和应用。进入 21 世纪,通信服务的重点已向无线 Internet、多媒体通信等需要较宽频谱和较高下载速率的服务转移。从移动电话网到无线局域网,人们期望不论何时何地都可以获得可靠的宽带网络连接。与之相对的,如图 2-1 给出的频率分配图所示,可用频谱的缺乏已经成为高性能数据服务的严重障碍。在这种固定的频谱分配框架下,人们希望在有限而狭窄的可用频段里提供更高的传输速率或者支持更多的用户,希望能够通过调制、编码、多天线以及其他技术来最大化系统的频谱效率,然而即便是最先进的系统也只能够提供接近香农极限的容量,却并不能为系统增加额外的可用容量。因此,无线频谱资源的匮乏问题并不能单纯通过具有更高频谱效率的通信技术来解决。

与传统认识不同的是,实际测量表明很多已被分配的频谱资源依然处于频谱利用率不高的状态。另外,FCC 的频谱策略任务工作报告(*Spectrum Policy Task Force*)显示,目前已分配频段的频谱的利用率在 15%～85% 之间波动。

因此,可以这样认为,当前的频谱分配方式并不能为无线通信系统提供更多的带宽利用机会,并且实际的频谱利用率测量表明许多已经分配的频段在空间和时间上并没有被充分利用。这一结果不禁令人对当前频谱分配模式的合理性产生质疑。从某种程度上讲,频谱资源的缺乏主要是由于陈旧的频谱分配方式造成的,而并非频谱资源本身的缺乏。

在这种频谱资源使用不充分的情形下,如何提高频谱的多维度利用率,即在不同地区的不同时间段里有效地利用不同的空闲频谱,成为无线通信领域至关重要的技术问题。

认知无线电的概念正是在这种背景下提出的,其目的在于通过智能化监测当前无线电环境的变化,动态地选择空闲的频率进行通信,同时最大限度地限制对授权用户系统造成的干扰。认知无线电有别于现有的频谱共享技术,它既能够通过重叠共享(underlay sharing)的方式与授权用户共用公用频段,也能够通过交叉共享(overlay sharing)的方式来共享当前未被使用的频谱空洞。因此,利用认知无线电技术可以有效地利用频谱空洞,频谱利用率可以得到显著的提升。

Joseph Mitola 博士最早提出软件无线电概念时[1,2,3],认为认知无线电是一种智能的无线通信技术,它能够连续不断地感知周围的通信环境,通过对环境信息的分析、理解和判断,然后通过无线电知识描述语言(RKRL, Radio Knowledge Representation Language)自适应地调整其内部的通信参数(如发射功率、工作频率、编码方式等),以适应环境的变化。其核心思想是通过检测出那些处于空闲状态的频谱,在不影响授权用户的前提下智能地选择和利用这些空闲频谱,从而提高频谱的利用率。Mitola 博士还提出了基于机器学习和模式推理的认知循环模型来展开认知无线电的研究,如图 2-2 所示。

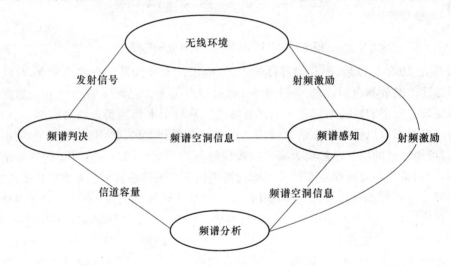

图 2-2　认知循环模型

随着之后的不断发展,到现在,认知无线电的研究和应用已经不再局限于最初的范畴,不同的研究者从不同的角度对认知无线电给出了定义。

FCC 对于认知无线电的定义是:"认知无线电是指能够通过与工作环境的交互,改变发射机参数的无线电设备。认知无线电的主体可能是软件无线电(SDR),但对认知无线电设备而言,不一定必须具有软件或者现场可编程要求。"[12]

Simon Haykin 对于认知无线电的定义是:"认知无线电是一个智能无线通信系统,它能够感知外界环境,并使用人工智能技术从环境中学习,通过实时改变某些操作参数,使其内部状态适应接收到的无线电信号的统计性变化,从而实现认知无线电的两个最主要的目标——任何时间任何地点的高度可靠通信以及对频谱资源的有效利用。"[5,8]

IEEE 1900.1 给出的认知无线电定义是:"认知无线电是一个能够感知外部环境的智能无线通信系统,能从环境中学习,并根据环境的变化动态调整其内部状态,以获得预期的目的。其认知功能可以采用人工智能技术,也可以采用一些简单的控制机制来实现。"[5,8]

目前,一般意义上的认知无线电系统中具有以下两类基本用户组成:授权频段的拥有者,称为"主用户(PU,Primary User)";具备认知功能,以机会方式接入频谱的用户,称为"认知用户(SU,Secondary User)"。认知用户可以以机会方式使用空闲频谱,并避免对主用户的干扰。主用户对授权频段具有最高的优先权,一旦该频段的主用户出现,认知用户必须及时腾出信道给主用户。

2.1.2　认知无线电的关键技术

目前对认知无线电系统的研究主要集中在频谱感知、频谱管理和功率控制等方面,研究的目的主要是在不干扰授权用户的情况下来提高系统和资源的频谱利用率。本小节将会对这些关键技术进行简单介绍。

1. 频谱感知[4]

频谱感知是认知无线电技术区别于其他技术的主要特征之一,要发现频谱空洞,认知无线电用户需要对目标频段进行扫描。当前的感知技术从感知节点的个数上,可以分为单点感知和协作感知两大类。

(1) 单点感知

在单点感知中目前研究的比较多的有能量检测、匹配滤波检测和循环平稳特征检测。详细的内容将会在后续 3.2 节中进行介绍,这里不多做叙述。

此外,频谱感知还可以在授权用户的接收端来进行,即通过判断授权用户接收端是否处于工作状态来判断频谱的使用情况,目前的主要方法有本振泄露功率检测和基于干扰温度的检测。

授权用户接收机工作时,接收的高频信号经过本地振荡器后,会产生特定频率的信号,由于天线泄露的原因,一些信号会泄露出去,本振泄露功率检测的方法就是通过检测有无泄露信号来判断认知无线电用户是否在工作。这种方法的检测范围比较小,为了保证可靠性需要的检测时间也会比较长,而且在实际中授权接收机的位置是很难得知的,如像电视机这种"哑终端"。

基于干扰温度的检测方法[24,25]是依据预先设定好的干扰温度模型,在某个频段内,采用能量检测的方法,只要在授权用户接收机处检测到的由认知无线电用户发射机带来的干扰温度能量权值总和不超过规定的干扰温度判决门限,那么就认为认知无线电用户的工作不会对授权用户造成干扰,认知无线电用户就可以共享该频段进行通信。当然,这种方法还有它的难点[26,27],因为估算干扰温度通常要求 CR 节点知道授权用户的位置,然而很多授权用户的位置却难以确定，需要大量的传感器进行感知，不易实现，因此目前仍然没有一种有效的方法来衡量或估算授权用户处的干扰温度。

（2）协作感知[18,20,21]

单点感知虽然操作起来比较简单，不需要认知无线电用户间的协调和信息交互，但是在感知的准确性上并不是很令人满意，由于实际场景中多径衰落和阴影遮蔽的影响，信号的强度会大大降低，从而影响认知无线电用户对检测到的授权用户信号的估算。研究证明，通过认知无线电用户之间的协作感知，可以有效改善低信噪比下的感知性能。

感知设备的主要任务是尽可能快地检测到授权用户的状态，当认知无线电用户距离授权发射机距离较远，尤其是位于发射机功率覆盖的边缘上时，认知无线电用户接收到的授权信号强度将会很低，因此，发生误检、漏检的概率将会很高。因此为了获得更好的感知，研究人员提出了协作感知的思想，如图 2-3 所示为系统中两用户协作的示意图。

在协作感知技术中，多个认知无线电用户感知同一信道，将各自的感知信息发送到融合决策中心，融合决策中心根据适当的判决准则（包括"and"，"or"和"most"算法等）做出最后的判决，如图 2-4 所示为一个协作感知的系统模型。这里举的是一个集中式协作感知的例子，利用空间中的多个认知无线电用户的感知信息，协作感知方法能取得远好于单个认知无线电用户的感知效果。

总之，协作检测的优点是可以有效地对抗阴影和多径衰落，提高检测性能，缺点是增加了共享感知信息而带来的信令开销和处理不同 CR 用户感知信息的运算复杂度。

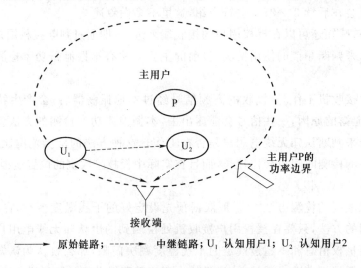

图 2-3　两个认知无线电用户间的协作

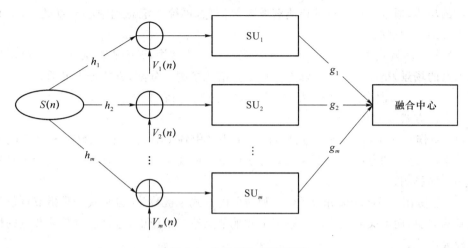

图 2-4　协作感知系统模型

2. 频谱分配

由于空闲频谱资源有限，认知无线电用户之间需要竞争使用空闲频谱。不同认知无线电用户的优先级、QoS 要求等级不同，因此要求认知无线电系统在保证优先级高的认知无线电用户优先得到服务的同时也要保证频谱资源不会被某些认知无线电用户独占，即认知系统需要公平而有效地管理空闲频谱资源，一定程度地改善系统性能、提高系统容量、提高 QoS 等级等。[22,23]

认知无线电用户由于受到授权用户工作状况的影响，可用频谱的数量和位置随时间不断变化，因此对于这些"不确定"的频谱资源进行优化分配存在很大程度的动态性。需要注意的一点是，动态性是 CR 频谱分配技术区别于其他无线通信系统的最主要特点。授权用户是否使用频谱是一个随机过程，实际的可用频谱信息不断变化，因此，要求相应的动态频谱分配算法能够尽量缩短执行时间，并降低算法复杂度、减小信令开销。[28,29]

目前关于频谱分配技术的分类方式有许多种，按分配方式分类有：

（1）静态频谱分配（SSA，Static Spectrum Allocation）：指的是基于某种固定的频谱分配方式将频谱资源分配给系统内各个用户，一旦分配完成则不能改变，即用户不能根据自身的需求来及时地调整频谱；

（2）动态频谱分配（DSA，Dynamic Spectrum Allocation）：与上述静态方式恰好相反，系统可以采用一个自适应的策略来及时地调整频谱资源分配，以满足用户在不同时刻对资源的不同需求；

（3）混合式频谱分配（HAS，Hybrid Spectrum Allocation）：方式是指静态频谱分配和动态频谱分配相结合的方式，它兼具前面两种分配方式的优点。

按网络结构分类有：

（1）集中式频谱分配：一个中心节点来集中地控制管理频谱资源，而其他节点只是起

到辅助的功能,通过其他节点的检测获取频谱信息,再统一汇总到中心节点处,由中心节点来指挥调度频谱的分配;

(2) 分布协调式则[10,11]是指网络小区采用分布式结构,无中心控制节点,主要用于无基础架设的场景,小区中的节点都参与可用频谱的检测和分配,方式更为灵活;

(3) 集中分布混合式频谱分配:同样的,也是前面两者的结合。

按合作方式分类有:

(1) 协作式(Cooperative):频谱分配是指小区中各个节点间相互合作,相互之间实现信息共享,所采用的分配策略不仅仅要考虑该节点的要求,还要综合考虑由此所带来的对其他用户的影响;

(2) 非协作式(Non-Cooperative):频谱分配方式也被称为"自私式",是指节点仅仅考虑自身的需要,而不关心该策略对系统中其他节点造成的影响,这可能对其他节点的性能造成较大影响。

如图 2-5 所示,而在实际的应用中,按不同的性质分类的频谱分配技术往往混合使用,例如,采用的可能是协作式的分布式频谱分配方式。

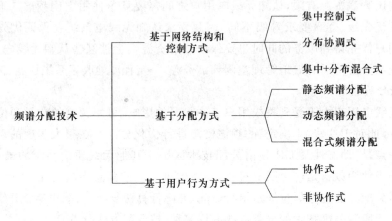

图 2-5　频谱分配技术分类

3. 功率控制

采用认知无线电技术实现频谱共享的前提是保证不对授权用户造成干扰,因此需要找到一种有效的针对认知网络的功率控制方法。

首先考虑两用户(单个认知无线电用户与单个授权用户)共享频谱时的功率控制问题,一种可行的方法是将测量到的授权用户接收机信号的本地信噪比,近似为认知无线电用户与授权用户间的距离,从而相应地调整用户的发射功率。此外,Clemens 等人提出了一种相对智能的功率分配策略[16],将对策论和遗传算法相结合,即采用两用户重复对策理论建模,借助遗传算法来搜索策略空间,可实现在保证授权用户不受干扰的前提下"贪婪"地增加认知无线电用户的发送功率。

对于既存在合作又存在竞争的多址系统，为避免多用户间的冲突问题，分布式功率控制研究更为重要。多址系统的发送功率控制受到给定的干扰温度和可用频谱空洞数量这两类网络资源的限制。到目前为止，一般的解决办法都是应用信息论和博弈论的模型。多用户系统的功率控制问题首先就可看做是一个博弈的问题，若不考虑竞争现象，可看做纯合作博弈，这样该问题就简化为一个最优控制问题，但仍有诸多限制方面，实际上功率控制问题应该是一个非合作博弈。

实现功率控制的另一种方法是基于信息论的迭代注水法。分析表明，迭代注水法更适用于多用户环境，它可通过增加学习机制以提高性能，可以支持更多用户的接入。

2.1.3　认知无线电频谱礼仪及共存方式

认知无线电之所以能有序地工作是因为它有一整套规范行为的无线电礼仪规则，我们称之为认知无线电的频谱礼仪。这是一组由射频频段、空中接口、协议、空时模型以及为缓解频谱使用紧张而制定的高层协商规则所组成的规范模式。频谱租赁程序、用户优先级策略和无线电知识描述语言等都为频谱的统筹规范使用提供了保障，为实现认知无线电的频谱共享提供了规范。以下将对频谱礼仪的整个内容进行介绍[30,31]。

由于认知无线电系统可以允许多个无线接入用户共存与竞争，这样就有可能带来经典的"公用悲剧"问题，即所有用户为了提高自身性能而过度使用共有的资源，并以降低其他用户的性能为代价，这种无序使用共有资源的后果是资源并不能得到有效的利用。因此，选择合理的频谱礼仪势在必行，通过频谱礼仪的设计，来规范频谱资源的接入并使资源得到合理利用[19]。

最初的频谱礼仪定义就是让所有工作在无执照（unlicensed）频段的无线电系统遵守的一组无线资源管理规范。但是随着认知无线电技术的发展，频谱礼仪的应用范畴已逐渐扩展，只要可以帮助实现公平接入无线资源，同时达到对无线频谱更有效的利用，都可以认为属于频谱礼仪的范畴，例如，CogNet 网络就在这方面开展了一些研究工作，利用一个公共频谱协调信道（CSCC，Common Spectrum Coordination Channel）来协调相互间的通信，其基本思想就是通过一个简单的标准化公共协议来传递无线及服务参数。

频谱礼仪的主要目的在于公平性和有效性。公平性是指如果所有的系统都遵循一定的频谱礼仪，就能实现公平地共享无线资源；而有效性是指遵循一定的频谱礼仪，可以使当前的无线频谱得到更有效的利用。

频谱礼仪的定义独立于任何无线电系统，它仅提供一个行为框架，它可以适用于任何传输方式（如扩频通信、OFDM 或者是 UWB 方式）和所有的多址方式。每个无线电系统都可以在频谱礼仪的约束下应用自己的算法，即便是使用了相同的频谱礼仪，应用不同的算法的不同无线电系统也会体现其相互间的差别。

频谱礼仪具体由无线电系统提供的动作和行为空间构成的机制进行描述，这些动作和行为空间的定义如下。频谱礼仪提供基本的动作集合（action set）包括：传输功率选择

(TPS,Transmission Power Selection)、信道选择(CHS,Channel Selection)、带宽选择(BWS,Bandwidth Selection)和发前侦听(LBT,Listen Before Talk)四种基本动作。这四种基本动作的集合也就构成了动作空间。

(1) 传输功率选择(TPS)

受信道状态和干扰的影响,系统可能工作在不同的传输功率上,这样就存在传输功率的选择问题。选择高的传输功率,通信出错的概率将会减小,但是对其他系统的干扰也就会越高。

(2) 信道选择(CHS)

受到信道条件和干扰的影响时,无线电系统中的用户就需要改变自己工作的频谱信道,这样就存在信道的选择问题。在决定何时选择新的信道和选择哪条信道时,不仅要考虑对系统用户的影响,还要考虑到该策略对其他无线电系统的影响。

(3) 带宽选择(BWS)

无线系统会根据自己所需的服务和信道状况的不同,请求不同的信道带宽。

(4) 发前侦听(LBT)

发前侦听又称做载波侦听多址接入(CSMA,Carrier Sense Multiple Access)。使用发前侦听操作的无线电系统常常在无线资源的共享上能够取得某种程度的公平性。

采取某个动作就是行为,行为的实体是无线电系统。频谱礼仪规则就是对系统基于某个特定的事件而选择某个特定的行为的准则。

由于可以通过频谱礼仪来规范频谱资源的接入与合理使用,而频谱资源的接入与合理使用又与用户密切相关,换言之,用户如何选择适合自身的数据传输需要遵循的一些准则,这样看来,其相互作用的过程与博弈论的思想相类似,因此有很多关于频谱礼仪的问题都可以通过博弈论的方法来进行分析讨论。

合理的频谱礼仪设计,为实现认知无线电的频谱共存提供了良好的指导和规范。下面简要介绍认知无线电的几类主要的频谱共存方式。

研究发现,一些频段资源在很多时候并没有被充分利用,一些频段只是被部分利用,而另一些频段在同一时刻或同一地方却严重紧张,频谱共享技术正是考虑到这种频谱资源利用的不平衡性,采用共存的方式充分利用未被利用的频谱资源。频谱共存方式是指在不改变现有频谱分配总体结构(即指配给各通信系统的频段基本不变)的前提下,允许认知无线电用户以"伺机介入"的方式接入授权用户的空闲频段,以提高频谱利用率。

本书中将提供共享频谱资源的授权用户称为主用户,择机使用主用户频谱资源的非授权用户称为次用户。根据次用户和主用户协作情况的不同以及对共享频谱使用的优先级不同,可以将频谱共存方式分为以下两类[6,7]。

(1) Overlay 方式

Overlay 方式又称为覆盖式或机会与用户方式,在这种情况下不同无线电系统共享同一频段,用户间不存在协作。即如果分配给某一无线电系统的频谱未被充分利用,那么另一个无线电系统就有权使用这一频段,这也是频谱共存最简单和最早的思想。

Overlay 系统使用的是那些未被主用户使用的频谱部分,如图 2-6 所示,此用户利用频谱空洞来进行发送行为,并且其发送过程设置了一些保护间隙,以保证对主用户的干扰达到最小。因此,对于 Overlay 系统的两个主要设计要求是:

① 最小化对于授权传输的干扰;

② 最大化时域和频域中频谱空洞的利用率。

为了达到以上两个目标,Overlay 系统需要通过定期地执行频谱检测来获取授权系统的频谱使用信息。为了提高频谱效率,提出了频谱池的方法,它能够使得次用户在使用频谱空洞接入授权频带的时候其发送行为不会对主用户系统造成干扰。

频谱池的想法就是合并不同的频谱拥有者(如军队、中继无线电等)的频谱范围而形成一个公共的频谱池,这样其他用户就可以暂时地在授权用户使用的空闲期借用一部分的频谱资源,这样次用户就可以使用那些被授权的频带了。在频谱池系统中,存在有一个集成实体,它能够在检测周期内收集由次用户终端得到的频谱检测信息,并且能够维护当前的频谱使用信息。通过这个集成实体所获取的信息,频谱池中的空闲频谱资源就能很好地被次用户使用了。

对于 Overlay 的频谱共存系统来说最主要的挑战是不同的无线电系统用户能否在相同的频带上实现共存,相关研究中提出了几类方法以避免这类问题的出现,例如,对处于 OFDM 频谱边缘的子载波进行失活处理、应用加窗技术以及对子载波进行加权等。

Overlay 这种共存方式有时可能比较危险,因为没有任何协作,无法控制用户间的干扰,次用户可能形成对主用户较大的干扰。因此,很多无线电系统无法采用这种简单的频谱共存方式。

(2) Underlay 方式

Underlay 方式也称为衬底方式,通过在共享频谱前限定次用户对主用户的干扰门限,使得次用户和主用户可以在同一频段上互不干扰地进行工作。Underlay 系统使用的主要是扩频技术,例如,UWB 和 CDMA 以及 Wi-Fi 方式。该方式中最为关键的工作是要保证信号的强度低于频谱的噪声门限,即不超过干扰温度限制,以不影响主用户的工作。如图 2-7 所示,Underlay 系统在发送时使用的是宽频带低功率的信号,这样就增加了系统总的噪声温度,并且与未采用 Underlay 技术的系统相比较,对主用户的容错稳定性提出了新的要求,为了避免对于主用户的干扰,Underlay 系统需要采用一些干扰避免技术,如采用多波适配器等。

在几类频谱共存方式中,共存式(Underlay)频谱共存方法在实际中应用的是最多的,这主要是因为它实现简单,特别是干扰控制简单,无须感知周围频谱环境,但是这种频谱共存方法要求次用户在共享频谱前限定较低的发射功率,以使对主用户的干扰完全控制在许可范围内,导致其应用范围很窄,只适合短距离通信,特别是无线局域网通信。

另外，还有 Overlay 方式和 Underlay 方式同时存在的混合方式，以及主次用户协作方式[6,7]。

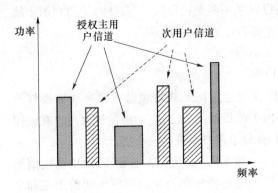

图 2-6　Overlay 方式　　　　　　　图 2-7　Underlay 方式

要实现频谱资源共享，就要使无线电设备具备感知能力，通过感知无线电检测外部环境，包括检测电磁场环境中其他用户的情况，以及动态地改变无线电特性参数（如功率、频率和调制编码等参数），实现空闲频谱资源的有效利用，同时避免对通信系统正常工作造成干扰。

2.1.4　认知无线电的研究现状

近年来，认知无线电已成为无线通信领域的研究热点，国内外许多高校、组织、研究机构及工业界都对其展开了广泛的研究。下面对国内外一些比较典型的认知无线电研究进行相关介绍[32]。

1. 国外研究现状

（1）频谱池（Spectrum Pooling）系统[17]

德国 Karlsruhe 大学的认知无线电研究组开展了对频谱池相关技术的研究，主要研究的是基于正交频分复用（OFDM，Orthogonal Frequency Division Multiplex）的中心控制频谱池系统。该系统的架构包括了基站和移动用户，应用场景主要集中在采用 OFDM 技术的无线局域网（如 IEEE 802.11a/g）与 GSM 网络的频谱资源动态共享系统当中。当前，该系统正在研究的内容包括了物理层的频谱接入检测和干扰抑制、媒质接入控制（MAC，Medium Access Control）层的调度和切换等。

（2）CORVUS 系统

CORVUS 是一种基于认知无线电的虚拟免执照频谱的方法。该系统由美国加州大学 Berkeley 分校的 R. W. Brodersen 教授领导的研究组研究，其目标是通过协调的方式检测和使用频谱。目前，该系统正处于开发实验床阶段。

（3）IEEE 802.22 WRAN 系统

IEEE 802.22 无线区域网系统（WRAN,Wireless Region Area Network）的目标是在不对电视广播产生干扰的前提下,通过认知无线电技术,利用当前未被使用的电视广播频段,为农村地区、边远地区以及低人口密度且通信服务质量较差的地区提供类似于在城区或郊区使用的宽带接入技术。其工作组是第一个在世界范围内的、基于认知无线电技术的空中接口标准化组织。目前,已基本形成 IEEE 802.22 WRAN 技术标准草案,其草案涉及物理层、MAC 层等关键技术。

（4）E^2R 项目

欧盟端到端重配置（E^2R,End to End Reconfigurability）研究项目是 DRIVE/OVERDRIVE 项目的扩展,研究通过端到端重配置网络和软件无线电技术将不同类型的无线网络融合起来,为用户、服务提供商和管理者提供更多可选的服务,其主要目的是设计开发基于系统的可重配置设备,同时研究蜂窝、无线局域网、地面数字视频广播（DVB-T,Digital Video Broadcasting-Terrestrial）等多种无线接入系统的共存。在 2006—2007 年的 E^2R 第二阶段中,项目组从干扰温度（IT,Interference Temperature）的辨识和量化、资源检测与频谱分配、分布式无线资源分配的角度出发,利用新的设计和分析工具进行了进一步的研究,并开发出了相应的验证系统,同时还在德国、法国和西班牙进行了频谱占用的相关测量,以便为上述研究提供可靠的数据支持。

（5）欧盟第七框架项目

目前,欧盟第七研究框架内（FP7）有多达 5 个有关认知无线电及其网络的项目,经论证立项并于 2008 年 1 月以后陆续开始启动,包括了欧盟 FP7 重点大型跨国项目,如 E3 项目,以及欧盟 FP7 中型跨国项目,如 ARAGORN 项目、SENDORA 项目与 PHYDAS 项目。

2. 国内研究现状

在 2008 年初,中国国家重点基础研究发展计划（973 计划）在信息领域研究专项中启动了对认知无线网络的基础研究。2008 年 2 月,中国国家自然科学基金委员会信息科学部根据通信领域的发展需求,在认知无线电领域设立了重点项目群,拟支持 4~6 个重点项目。

总之,从目前国内外对认知无线电技术及其网络的研究来看,越来越多的研究机构都认识到了认知无线电技术的重要性,特别是 2008 年还被业界称为是"认知无线电年"。因此,认知无线电作为当前的一项前沿技术,有着广阔的研究与应用前景。

2.2　认知无线电的应用

美国联邦通信委员会认为,实现认知无线电需要高度的灵活性来适应快速变化的信道质量和干扰环境。在美国联邦通信委员会的报告中,进一步描述了认知无线电的五个可能应用领域：

（1）在低人口密度和低频谱使用率（如郊区）的区域增加认知无线电的应用；

（2）授权用户以可以强行收回使用权的方式向认知无线电用户出租频谱；

（3）利用用户的空间和时间特性动态协调频谱共享；

（4）促进不同系统间的兼容性和互操作性；

（5）利用发射功率控制和环境判决实现多跳射频网络。

从前面的研究现状中可以看到，认知无线电用户可以根据需要在授权频谱或非授权频谱上工作，下面对认知无线电可能的一些应用场景进行介绍[33]。

1. 电视广播频段

电视广播频段作为传统的授权频段，一直担负着电视广播信号的传输运载工作。然而在整个电视广播频段，有一部分频段带宽一直未被使用，且在使用的频段带宽内，由于一些电视节目并非 24 小时持续播出以及其他一些原因，频谱资源的利用率不高。而利用认知无线电技术，可以充分使用这个频段的频谱资源，使电视广播频段内的频谱使用达到较高的利用率。此外，电视广播业务本身的特性决定其频谱的慢变特性，这也为认知无线电技术在电视广播频段的使用提供了有利条件。利用该频段的典型认知无线电系统是 IEEE 802.22 WRAN 系统。

2. 蜂窝移动通信频段

蜂窝移动通信面临的一个突出问题仍然是频谱资源的合理使用问题，虽然划分了固定频段给蜂窝系统使用，但频谱资源的利用却不合理，白天忙时和夜晚空闲时段对频谱利用的差别很大，造成空闲时段频谱大量浪费而拥堵时段频带异常拥挤的情况，重大节假日期间频谱资源的匮乏则更加突出。面对此类问题，就可以依靠认知无线电灵活、自适应地使用频率的特性来解决。

在蜂窝移动通信系统中引入认知无线电技术，其具体的应用规范还有待研究，特别是传统移动通信系统由于拥有足够的频谱预留空间，当前并没有要在系统中引入认知无线电的意向。对大多数电信运营商而言，认知功能在现有系统中的引入从成本上来看还比较高，但是从技术层面而言，蜂窝移动通信系统能够共享频谱是认知无线电的一个发展方向，目前 DIM SUM NET 系统已开始了这方面的一些研究工作。

3. 应用于非授权频段

（1）应用于 WLAN

当前的无线局域网（WLAN，Wireless Local Area Network）常常会面临以下一些问题：

① 干扰问题。因为 WLAN 网络间是共同共享非授权的频段，这就有可能造成相互间严重的干扰。

② 服务质量(QoS,Quality of Service)问题。随着 WLAN 数量的大幅增加,未来的 WLAN 网络需要更大的容量并要将服务质量纳入考虑中,特别是在共享频段上实现分布式的 QoS 保证是未来无线通信的关键挑战之一。

③ 安全性问题。最初的 WLAN 协议中的有线等效加密(WEP,Wired Equivalent Privacy)协议非常脆弱,使得 WLAN 面临着巨大的安全隐患,尽管随后研究的 802.11 i 协议加强了 WLAN 的安全性,但由于 WLAN 使用非授权共享频段,安全性依然是制约 WLAN 发展的重要因素。解决上述问题的关键在于改善 WLAN 的射频(RF,Radio Frequency)管理机制,而频谱探测和管理正是认知无线电的优势所在。因此,在 WLAN 中引入认知无线电技术是完全可行的,现阶段已有针对认知无线电在 WLAN 中应用的标准制定工作。

(2) 应用于 UWB

超宽带(UWB,Ultra Wide Band)信号波形分布在很宽的频域内,不可避免地与现有的已经申请了频谱使用权的窄带无线电系统(例如,全球定位系统、蜂窝无线系统和无线局域网系统等)相重叠,就有可能对这些授权系统造成干扰,从而影响它们的工作。因此共存和兼容成为了 UWB 技术中的一个难点,迫切需要研究新的解决方法。

引入认知无线电技术就可以帮助 UWB 实现协作共存策略,因为具有认知功能的网络设备可以感知周围的环境,并根据当前的信道和 QoS 要求自动调整参数来提高通信效率和降低干扰。近年来已有一些研究将认知无线电技术与 UWB 技术相结合,这样的研究对认知无线电的实现提供了一种新思路,其代表项目为在 2008 年 4 月启动的欧盟第七框架中的 EUWB 项目。

(3) 应用于 WiMAX

微波接入全球互联技术(WiMAX,Worldwide Interoperability for Microwave Access)发展面临的最大问题就是频段问题。目前已经认可的频段是 3.4~3.8 GHz 授权频段和 5.725~5.85 GHz 免授权频段。然而,由于其穿透力差,使用这些频段的 WiMAX 系统很难与 LTE 系统竞争,并且与 3G 移动通信相比性能较差。因此,WiMAX 系统的频段使用问题成为制约其技术发展的重点。

由于认知无线电能够择机利用授权用户的空闲频谱资源,自适应地改变自身的通信参数,合理有效地对频谱资源进行利用,从而成为了 WiMAX 解决频谱资源匮乏问题的有效途径。现阶段已有 IEEE 802.16h 标准,致力于改进诸如增强的媒介访问控制等机制,以确保基于 IEEE 802.16 标准的免授权系统之间的共存,以及与授权用户系统之间的共存。

2.3 认知无线电的发展前景

认知无线电技术被称为未来无线通信领域的"下一个大事件(Next Big Thing)",具有广阔的应用前景。认知无线电技术能够有效地控制和减少干扰,因而可将其应用于现有的所有频谱共享系统中,解决频谱共享带来的干扰问题,以及频谱资源的匮乏问题。

认知无线电最早的设计应用是在 TV 频段下,这方面的标准是由美国所提出的 802.22 WRAN标准。考虑到当前应用于移动无线通信的带宽日益紧张,然而却有许多分配给其他系统的频段并未充分利用,于是迫切地需要一种能够利用这些空闲频段(如 TV 频段等)的技术。802.22 正是试图实现在不影响频段原有授权使用者的情况下,尽最大可能地利用空闲频谱进行通信。其核心内容就是它的共存性(Coexistance)机制,包括与主用户共存以及和其他 802.22 基站的共存两个方面。

另外,认知无线电还可应用于 UWB 系统和工作在免授权开放频段的无线局域网、蓝牙等通信系统。

前文中已提到,UWB 的超宽带特性会对共享频段内的其他窄带系统产生干扰,并且其自身也易受到其他系统的强干扰影响。于是将 CR 技术和 UWB 技术相结合,就为 UWB 系统解决上述问题提供了一种全新的思路。利用认知无线电技术的频谱检测技术和动态频谱共享技术自适应地构建 UWB 系统的频谱结构,一方面能够有效地抑制各种干扰,与其他的系统和平共存,另一方面也能提高频谱利用的灵活性,改善频谱共享效率,提高 UWB 系统的数据传输速率及传输距离。

基于 IEEE 802.11 b/g 和 IEEE 802.11 a 的无线局域网设备工作在 2.4 GHz 和 5 GHz的免授权频段上,在这个频段上可能会受到包括蓝牙设备、微波炉、无绳电话以及其他一些工业设备的干扰,因此,具有认知功能的无线局域网设备就可以通过终端对频谱的不间断扫描识别出可能的干扰信号,并结合对其他信道通信环境和质量的认知,自适应地选择最佳的通信信道。并且,具有认知功能的终端,在正常通信业务进行的同时,通过认知模块对其工作的频段以及更宽的频段进行扫描分析,可以尽快地发现非法的恶意攻击终端,这样的技术可以进一步增强通信网络的安全性。类似的,将认知技术应用在其他类型的宽带无线通信网络中也会进一步提高系统的性能和安全性。

认知无线电技术能够提高不同无线电系统间的协同工作能力和检测干扰的能力,在军用领域也可发挥出保护传输、辨识对方通信等方面的优势。美国国防部先进研究项目局(DARPA,Defense Advanced Research Projects Agency)正在积极开展这方面的研究工作,早在 2003 年就成立了下一代通信计划(XG,next Generation)项目工作组,着眼于开发认知无线电的实际应用技术和动态频谱接入标准。美国国防部的联合战术无线电系统(JTRS)项目也计划将 CR 技术应用到移动自组织(Ad Hoc)网络当中去,将认知无线电具有的射频特性和 MANET 网络架构的易适应性相结合,希望通过创建灵活的频谱接入和自适应的网络组织方案以提高频谱利用率。

　　在认知无线电的市场化进程方面,近期的主要目标就是提高频谱利用率。研究预计,随着认知无线电技术的不断发展深入,频谱利用率将提高 3％～10％不等。并且认知无线电的长期目标是认知能力,这一点可以通过不断发展的软件无线电技术而得到增强。认知无线电的实际应用已经取得了一定的进展,英特尔公司计划生产一种可改装的芯片,这类芯片能够利用软件分析自己所处的环境,并选择最佳的数据传输协议和频段。

　　因此,虽然认知无线电技术目前仍大多停留在研究阶段,但不论是从无线通信的发展趋势还是从市场的需求来看,该技术的应用都是势在必行的,并且随着越来越广泛的无线接入,这一要求也会越来越迫切。

<h1 align="center">本章参考文献</h1>

[1]　Mitola J. Cognitive Radio for Flexible Mobile Multimedia Communications [C]//Mobile Multimedia Communications, IEEE International Workshop. 1999:3-10.

[2]　Mitola J. Cognitive Radios:Making Software Radios more Personal[C]//IEEE Personal Communications. 1999:13-18.

[3]　Mitola J. Cognitive Radio:An Integrated Agent Architecture for Software Defined Radio[D]. Stockholm:Royal Inst Technok(KTH),2000.

[4]　Cabric D,Mishra S M,Brodersen R W. Implementation Issues in Spectrum Sensing for Cognitive Radios [C]//Conference on Signals, Systems, and Computers,vol 1. 2004:772-776.

[5]　Kolodzy P. Spectrum Policy Task Force:Findings and Recommendations [C]//International Symposium on Advanced Radio Technologies (ISART). 2003:171-175.

[6]　Srinivasa S. The Throughput Potential of Cognitive Radio:A Theoretical Perspective[C]// Fortieth Asilomar Conference on Signals, Systems and Computers(ACSSC'06). 2006:221-225.

[7]　Goldsmith A. Breaking Spectrum Gridlock With Cognitive Radios:An Information Theoretic Perspective[J]. Proceedings of the IEEE, 2009:894-914.

[8]　Dimitrakopoulos G,Demestiehas P,Grandbtaise D,et al. Cognitive Radio, Spectrum and Radio Resource Management[M]. Wireless World Research

Forum Working Group 6 White Paper,2004:108-163.

[9] Rahul Urgaonkar,Michael J Neely. Opportunistic Scheduling for Reliability in Cognitive Radio Networks[J]. CSI TECH. REPORT,2007(7):1-9.

[10] Nan Hao, Hyon Tae-In, Yoo Sang-Jo. Distributed Coordinated Spectrum Sharing MAC Protocol for Cognitive Radio[C]//DySPAN 2007. 2007: 240-249.

[11] Capar F,Weiss T,Martoyo I,et al. Analysis of Coexistence Strategies for Cellular and Wireless Local Area Networks[C]//Vehicular Technology Conference(VTC'03). 2003:1812-1816.

[12] FCC. Notice of Proposed Rule Making and Order. ET Docket No. 03-322[S]. 2003.

[13] Tuttlebee W. Software Defined Radio:Origins,Drivers and International Perspectives [M]. New York:Wiley,2002:23-111.

[14] Akyildiz I F,Lee W,Vuran M C,et al. Next Generation/Dynamic Spectrum Access/Cognitive Radio Wireless Networks: A Survey[J]. Elsevier Computer Networks,2006,50:2127-2159.

[15] Cabric D,Mishra S M,Willkomm D,et al. A Cognitive Radio Approach for Usage of Virtual Unlicensed Spectrum[C]//The 14th 1st Mobile and Wireless Communications Summit. 2005:202-206.

[16] Buddhikot M M,Kolodzy P,Miller S,et al. DIMSUMNet:New Directions in Wireless Networking Using Coordinated Dynamic Spectrum Access[C]// IEEE International Symposium on a World of Wireless, Mobile and Multimedia Networks(ISWWMMN'05). 2005:78-85.

[17] Kamakaris T,Buddhikot M M,Iyer R A. Case for Coordinated Dynamic Spectrum Access in Cellular Networks[C]//IEEE International Symposium on New Frontiers in Dynamic Spectrum Access Networks(DySPAN'05). 2005:289-298.

[18] Buddhikot M M,Ryan K. Spectrum Management in Coordinated Dynamic Spectrum Access Based Cellular Network[C]//IEEE International Symposium on New Frontiers in Dynamic Spectrum Access Networks (DySPAN'05). 2005: 299-307.

[19] Faulhaber G,Farber D. Spectrum Management:Property Rights, Markets

and the Commons[C]//Proc. of the Telecommunications Policy Research conference(TPRC'03). 2003:174-178.

[20] Ghasemi A, Sousa E S. Collaborative Spectrum Sensing for Opportunistic Access in Fading Environment[C]//IEEE International Symposium on New Frontiers in Dynamic Spectrum Access Networks (DySPAN'05). 2005: 131-136.

[21] Mishra S M, Sahai A, Brodersen R W. Cooperative Sensing among Cognitive Radios[C]//IEEE International Conference on communications(ICC'06). 2006:1658-1663.

[22] Tang P K, Chew Y H, Ong L C, et al. Performance of Secondary Radios in Spectrum Sharing with Prioritized Primary Access [C]//Military Communications Conference (MILCOM'06). 2006,1:1-7.

[23] Mishra A. A Multi-channel MAC for Opportunistic Spectrum Sharing in Cognitive Networks[C]//Military Communications Conference (MILCOM' 06). 2006:1-6.

[24] Clancy T. Formalizing the Interference Temperature Model[J]. Wiley Journal on Wireless Communications and Mobile Computing, 2007, 7(9):1077-1086.

[25] Federal Communications Commission. Establishment of Interference Temperature Metric to Quantify and Manage Interference and to Expand Available Unlicensed Operation in Certain Fixed Mobile and Satellite Frequency Bands. Notice of Inquiry and Proposed Rulemaking, ET Docket No. 03-289[S]. 2003.

[26] Capar F, Weiss T, Martoyo I, et al. Analysis of Coexistence Strategies for Cellular and Wireless Local Area Networks[C]//Vehicular Technology Conference(VTC'03). 2003,3:1812-1816.

[27] Huang J, Berry R A, Honig M L. Spectrum Sharing with Distributed Interference Compensation[C]//IEEE International Symposium on New Frontiers in Dynamic Spectrum Access Networks(DySPAN'05). 2005:88-93.

[28] Ma L, Han X, Shen C C. Dynamic Open Spectrum Sharing MAC Protocol for Wireless Ad Hoc Network[C]//IEEE International Symposium on New Frontiers in Dynamic Spectrum Access Networks (DySPAN'05). 2005: 203-213.

[29]　Lili Cao，Haitao Zheng. Stable and Efficient Spectrum Access in Next Generation Dynamic Spectrum Networks[J]. IEEE INFOCOM 2008，2008(4)：870-878.

[30]　Satapathy D P，Peha J M. Etiquette Modification for Unlicensed Spectrum：Approach and Impact[C]//Proc. VTC'98，272-276，May. 1998：18-21.

[31]　Nie N，Comaniciu C. Adaptive Channel Allocation Spectrum Etiquette for Cognitive Radio Network[C]//Proc. DySPAN'2005. 2005：269-278.

[32]　郭彩丽，冯春燕，曾志民. 认知无线电网络技术及应用[M]. 北京：电子工业出版社，2010：32-87.

[33]　周小飞，张宏纲. 认知无线电原理及应用[M]. 北京：北京邮电大学出版社，2007：1-25.

第3章 频谱感知

认知无线电技术的基本出发点就是为了提高频谱利用率,具有认知功能的未授权无线通信设备可以按照某种"伺机"的方式工作在已授权的频段内,在不干扰授权系统的前提下充分利用空闲的授权频段。认知无线电收发设备具有感知所处的无线电环境,并根据环境变化自适应调整系统参数等特性,这些特性使得认知无线电用户能够共享主用户的频谱资源,从而提高频谱利用率,同时增加频谱拥有者的收益。从这个角度来说,频谱检测是认知无线电技术成立的前提和先决条件,只有先通过扫描所有自由度(时间、频率和空间)以发现当前传输可用的频段,才能确保感知无线电不会干扰主用户,同时使得频谱资源得到充分利用。

频谱感知技术对认知无线电发现频谱空洞以实现动态频谱接入有关键意义。本章对认知无线电中的频谱感知技术进行了深入的研究。介绍了单点感知算法,如能量检测、匹配滤波检测、循环平稳特征检测、基于本地振荡器的能量泄漏检测、基于干扰温度检测等;并对协作感知技术中的硬融合判决算法和软融合判决算法做了简单介绍及性能分析;同时,分析了控制信道设计和感知系统设计商的一些考虑因素。

3.1 频谱感知技术概述

次用户在使用频谱时具有较低的优先级,这决定了主用户在任何授权信道的随时出现都要迫使次用户不得不中止在该信道上的工作,切换到新的频段或者调整传输方式以不影响主用户的通信。因此次用户必须以较高的灵敏度连续检测特定地域主用户的存在与否,获得当前频率使用情况。所以,频谱感知技术在认知无线电中具有基础地位,是认知无线电系统的基本功能,是实现频谱管理、频谱共享的前提。

次用户在时域、频域和空域对分配给主用户的频段不断地进行频谱检测,检测这些频段内的主用户是否正在工作,从而得到频谱使用的信息。如果该段频谱没有被主用户使用,那么这段频谱称为"频谱空穴"。

频谱感知的本质是次用户通过对接收信号进行检测来判断某信道是否存在主用户。这里的信道是指广义信道,可代表时隙、频率、码字等。它与信号解调不同,不是必须恢复原来的信号波形,而只需判断主用户信号的有无。在认知无线电网络中,由于主用户信号类型和信道传播特性的多样性,以及主用户所能承受干扰级别的不同,对频谱检测的性能要求更高,加大了频谱检测的技术复杂度。

频谱感知的目的就是发现频谱空穴,保证在利用频谱空穴通信的同时不对主用户的使用造成有害干扰。为不对主用户造成有害干扰,次用户需要能够独立地检测出频谱空洞及主用户的重新出现。这就要求次用户能够实时地连续侦听频谱,以提高检测的可靠性。对次用户使用的频谱感知技术的要求是能够及时、可靠地检测出主用户的信号。

频谱感知技术可分为单点频谱感知(Local Sensing)技术和协作感知(Cooperative Sensing)技术。单点频谱感知是指单个次用户独立执行频谱感知技术,又分为主用户接收端检测和主用户发射端检测。主用户接收端检测包括本地振荡器泄漏功率检测和基于干扰温度的检测,主用户发射端检测主要包括能量检测、匹配滤波器检测和循环平稳特征检测。而在协作感知中,多个次用户感知同一信道,然后把感知信息发送到融合决策中心;或者多个次用户之间共享感知信息,融合决策中心或者次用户根据适当的判决主用户是否存在。应当注意,协作感知技术的实现是建立在单点感知技术之上的。频谱感知技术的分类如图 3-1 所示。

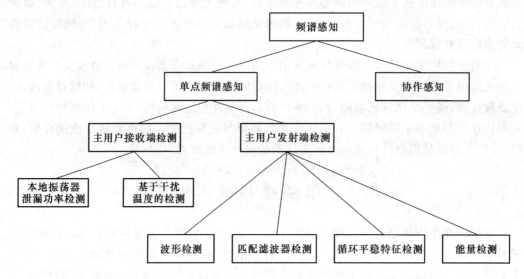

图 3-1　频谱感知技术的分类

下面先对几种主要的单点感知技术的基本原理做简单介绍。

3.2　单点感知技术及其性能比较

3.2.1　主用户发射机检测

在介绍单点感知技术之前,先定义感知技术的性能指标,分别是检测概率、虚警概率。检测概率是指在主用户信号存在的条件下,次用户正确检测出主用户信号存在的概率。而在主用户信号存在的条件下,次用户错误判决主用户信号不存在的概率称为漏警概率。假设 H_0 表示在某个频段不存在主用户信号的事件，H_1 表示在某个频段存在主用户信号的事件。H_* 表示次用户检测出主用户信号存在这一事件，则 $\overline{H_*}$ 表示次用户未检测出主用户信号存在的事件。记检测概率为 P_d，虚警概率为 P_f，则

$$P_d = P(H_* \mid H_1)$$

$$P_f = P(\overline{H_*} \mid H_1) = 1 - P_d$$

其中，检测概率是指次用户在主用户信号存在条件下正确检测出它的概率，而虚警概率是指次用户在主用户信号不存在的条件下错误判决主用户信号存在的概率。

一般地，认为造成次用户漏警的原因是主用户的无线信号经过从主用户到次用户的信道后信号强度衰减，在次用户端信号强度过小从而导致次用户不能正确检测到信号的存在。造成虚警的原因一般是因为次用户受到噪声或者干扰信号的影响，把噪声或者干扰信号误认为是主用户信号从而错误认为主用户信号存在。为了减少对主用户的干扰，次用户使用的感知技术应该具有较高的检测概率以准确检测出主用户信号的存在。为了提高对空闲频谱的利用率，次用户的感知技术应该具有较低的虚警概率以准确地发现空闲频谱的存在。下面将以检测概率与虚警概率为性能指标，分析几种感知技术的性能。

（1）能量检测

能量检测法是一种比较简单的信号检测方法，属于信号的非相干的检测，通过直接对时域信号采样值求模，然后平方即可得到；或利用 FFT（Fast Fourier Transform）转换到频域，然后对频域信号求模平方也可得到。它的优点是实现简单，无须知道检测信号的任何先验知识，对信号类型也不作限制；缺点是性能容易受到噪声功率不确定性的影响。

能量检测法的原理本质上是通过检测在一定频带范围内作能量积累作为信号存在与否的判断依据，如果积累的能量高于一定的门限，则说明信号的存在；如果低于一定的门限，则说明仅有噪声。

能量检测方法将输入信号首先通过一个带通滤波器，然后进行平方运算，通过积分器对 T 时间段进行累加[1,2]，能量检测模型如图 3-2 所示。

图 3-2 能量检测模型

设在均值为零的加性高斯白噪声（AWGN，Additive White Gauss Noise）信道下，次用户对在一段时间内对接收信号进行 N 次采样，则次用户在第 n 次采样中接收信号的检测模型表示为[3]

$$\begin{cases} H_0: x(n) = v(n) \\ H_1: x(n) = s(n) + v(n), n = 1, 2, \cdots, N \end{cases} \tag{3-1}$$

其中，$v(n)$ 为均值为 0，方差为 σ^2 的加性高斯白噪声，$s(n)$ 表示主用户发射的信号，$x(n)$ 表示次用户接收到的信号，H_0 表示在某个频段不存在主用户信号，H_1 表示在某个频段

存在主用户信号。

记 $\boldsymbol{x}=(x(1),x(2),\cdots,x(N))^{\mathrm{T}}$，则次用户根据下式做出是否存在主用户信号的判决：

$$\begin{cases} H_0:T(\boldsymbol{x})=\sum_{n=1}^{N}|x(n)|^2<\gamma \\ H_1:T(\boldsymbol{x})=\sum_{n=1}^{N}|x(n)|^2\geqslant\gamma \end{cases} \tag{3-2}$$

其中，γ 为能量判决门限，因为 $x(n)$ 服从高斯分布，并且 $T(\boldsymbol{x})$ 是 N 个高斯变量的平方和，所以 $T(\boldsymbol{x})$ 服从自由度为 N 的卡方分布[4]。根据中心极限定理，当 N 足够大时（实际应用中 $N>20$ 已经足够），卡方分布 $T(\boldsymbol{x})$ 近似服从高斯分布，这时

$$T(\boldsymbol{x})\sim\begin{cases} H_0:\mathrm{Normal}(N\sigma^2,2N\sigma^4) \\ H_1:\mathrm{Normal}(N\sigma^2+Np_s,4N\sigma^4p_s) \end{cases} \tag{3-3}$$

其中，$p_s=\dfrac{\sum_{n=1}^{N}|s(n)|^2}{N}$ 表示次用户接收到的主用户信号平均功率。这样，当 N 足够大时，可以得到次用户的虚警概率

$$P_f=P(T(\boldsymbol{x})>\gamma|H_0)=Q\left(\frac{\gamma-N\sigma^2}{\sigma^2\sqrt{2N}}\right) \tag{3-4}$$

次用户的检测概率

$$P_d=P(T(\boldsymbol{x})>\gamma|H_1)=Q\left(\frac{\gamma-N\sigma^2-Np_s}{\sigma\sqrt{2N\sigma^2+4Np_s}}\right) \tag{3-5}$$

其中，$Q(x)=\dfrac{1}{\sqrt{2\pi}}\displaystyle\int_x^{+\infty}\mathrm{e}^{-\frac{t^2}{2}}\mathrm{d}t$ 表示正态高斯互补累积函数。

若用 $r=\dfrac{P_s}{\sigma^2}$ 表示次用户接收到的主用户信号的信噪比，根据式（3-4）和式（3-5）的关系，可以看出为了到达想要的 (P_f,P_d) 水平，需要的采样次数为

$$N=2\left[Q^{-1}(P_f)-Q^{-1}(P_d)\sqrt{1+2r}\right]^2r^{-2} \tag{3-6}$$

可以看出，在信噪比较大也就是 $r\geqslant1$ 时，需要进行 $O(1/r)$ 次采样以到达想要的 (P_f,P_d) 水平〔$y=O(g(n))$ 表示存在着常数 k 使得 $\lim_{n\to\infty}(\gamma/g(n)\leqslant k)$〕。另外，可以看出在信噪比较小也就是 $r\leqslant1$ 时，为了到达想要的 (P_f,P_d) 水平，需要进行 $O(1/r^2)$ 次采样。值得注意的是，当唯一预先知道的信息是噪声功率时，在黎曼-皮尔逊准则下能量检测方法是最优的检测方法[5]。

对次用户来说，低检测概率意味着不能有效检测出主用户信号，从而导致对主用户的干扰增加；另外，高虚警概率将使次用户失去更多使用频谱空洞的机会，从而使频谱使用

率降低。一种较好的频谱感知技术应该拥有较高的检测概率和较低的虚警概率。

(2) 匹配滤波器检测

当主用户信号的先验信息(如调制类型等)对次用户而言属于先验信息的时候,最优检测算法为匹配滤波器检测[6]。匹配滤波器检测在输出端能使信噪比最大化,同时达到较高的处理增益所需时间比较少。缺点是需要知道主用户信号的先验信息,若信息不准确,检测性能会受到很大影响;它是一种相干检测,对相位同步要求很高,解调时必须通过时间同步或载波同步甚至是信道均衡来保证,计算量也较大。

假设信号仍然满足上一节的条件。匹配滤波器把已知信号 $s(n)$ 与未知接收信号 $x(n)$ 进行自相关运算,通过下式做出决策:

$$
\begin{cases}
H_0: T(\boldsymbol{x}) \triangleq \sum_{n=1}^{N} x(n) s^*(n) < \gamma \\
H_1: T(\boldsymbol{x}) \triangleq \sum_{n=1}^{N} x(n) s^*(n) \geqslant \gamma
\end{cases}
\tag{3-7}
$$

$T(\boldsymbol{x})$ 服从正态分布,即

$$
T(\boldsymbol{x}) \sim
\begin{cases}
H_0: \text{Normal}(0, N p_s \sigma^2) \\
H_1: \text{Normal}(N p_s, N \sigma^2 p_s)
\end{cases}
\tag{3-8}
$$

次用户的虚警概率为

$$
P_f = P(T(\boldsymbol{x}) > \gamma \mid H_0) = Q\left(\frac{\gamma}{\sigma^2 \sqrt{N p_s}}\right)
\tag{3-9}
$$

检测概率为

$$
P_d = P(T(\boldsymbol{x}) > \gamma \mid H_1) = Q\left(\frac{\gamma - N p_s}{\sigma \sqrt{N p_s}}\right)
\tag{3-10}
$$

同样,可以看出为了到达想要的 (P_f, P_d) 水平,需要的采样次数

$$
N = [Q^{-1}(P_f) - Q^{-1}(P_d)]^2 r^{-1} = O(1/r)
\tag{3-11}
$$

使用匹配滤波器进行信号检测已知被检测主用户信号的先验知识,如调制方式、脉冲波形、数据包格式等,如果这些信息不准确,就会严重影响其性能。因此,它一般用于检测一些特定的信号。另外,由于对每类主用户,系统都要配置一个专门的接收器,这大大增加了系统的资源耗费量和复杂度,综合各方面考虑,匹配滤波器检测在实际应用中较难实现[7]。

(3) 循环平稳特性检测

调制后的主用户信号一般包含载波、脉冲串、跳频序列或者循环前缀等,这些都能使信号具有内在的周期性。由于调制信号的均值和自相关函数都呈现出周期性,且周期与信号周期相同,所以这些调制信号都能表现出循环平稳特性。由于噪声是宽平稳信号,所以没有循环平稳特性和相关性。

可以通过分析信号谱相关函数中循环频率的特性来确定主用户信号是否存在。谱相关函数中,零循环频率处体现的是信号的平稳特性,非零循环频率处体现信号的静态循环特征。因为噪声是平稳的,在非零循环频率处不呈现频谱相关性,而主用户信号是循环的,在非零循环频率处呈现频谱相关性。因此可以判定,若非零循环频率处呈现频谱相关性,说明存在主用户信号。若仅在零循环频率处呈现频谱相关性,则说明只存在噪声,主用户信号不存在[8]。简言之,循环平稳特性检测法利用调制信号的相关函数的周期性来检测信号的存在与否。如图 3-3 所示是循环平稳特性检测法模型。

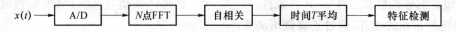

图 3-3　循环平稳特征检测模型

假设 $n(t)$ 是均值为 0,方差为 σ^2 的加性高斯白噪声,$s(t)$ 表示主用户发射的信号,$x(t)$ 表示次用户接收到的信号。

对于零均值循环平稳信号 $x(t)$,其时变自相关函数

$$R(t,\tau)=E[x(t)x(t+\tau)]$$

即

$$R_x(t,\tau)=R_x(t+T,\tau) \tag{3-12}$$

$x(t)$ 的循环自相关函数为

$$R_x^\alpha(\tau)=\lim_{T\to\infty}\frac{1}{T}\int_{-\frac{2}{T}}^{\frac{2}{T}}R_x(t,\tau)\mathrm{e}^{-\mathrm{j}2\pi\alpha t}\,\mathrm{d}t \tag{3-13}$$

$R_x^\alpha(\tau)$ 的傅里叶变换为

$$S_x^\alpha(f)=\int_{-\infty}^{\infty}R_x(\tau)\mathrm{e}^{-\mathrm{j}2\pi\alpha t}\,\mathrm{d}\tau \tag{3-14}$$

其中,$S_x^\alpha(f)$ 为循环谱密度函数;$\alpha=\dfrac{k}{T}$,为循环频率。

设主用户发射信号和噪声的循环谱密度函数分别为 $S_s^\alpha(f)$,$S_n^\alpha(f)$,信号与噪声互不相关,接收信号的循环谱密度函数为 $S_x^\alpha(f)$,则[9]

$$S_x^\alpha(f)=S_n^\alpha(f)+S_s^\alpha(f) \tag{3-15}$$

因为是 $n(t)$ 高斯噪声,因此它在周期频率 α 上不呈现谱相关特性,即有

$$S_n^\alpha(f)\begin{cases}\equiv0,\alpha\neq0\\\neq0,\alpha=0\end{cases} \tag{3-16}$$

所以,可以定义以下的检测:

当 $\alpha=0$ 时,

$$S_x^\alpha(f)\begin{cases}=S_n^\alpha(f)+S_s^\alpha(f),\text{存在主用户}\\=S_n^\alpha(f),\text{不存在主用户}\end{cases} \tag{3-17}$$

当 $\alpha\neq0$ 时,

$$S_x^\alpha(f) \begin{cases} = S_s^\alpha(f), 存在主用户 \\ = 0, 不存在主用户 \end{cases} \tag{3-18}$$

可见,信号和噪声在 $\alpha=0$ 处都有频谱成分,但在 $\alpha \neq 0$ 处噪声的频谱分量是为零的。因此只需判别在 $\alpha \neq 0$ 处有无频谱成分出现就可确定是否存在主用户。

循环平稳特性检测相对于传统的平稳信号模型的检测方法,更适用于实际的通信系统,更能反映信号的本质[10]。其优点是基于信号特征离散分布在循环谱的循环频率中,而噪声和干扰在非零循环频率处不会呈现谱相关特性,因而具有较高的信号辨识能力。这种方法的局限在于算法要进行两次傅里叶变换对信号进行处理,因此它的计算的复杂度很高,所要求的观测时间较长。

3.2.2　主用户接收机检测

（1）本地振荡器的能量泄漏检测

现在的无线电接收机结构中,利用超外差接收机接收信号时,往往需要将信号从高频变换到中频,本地振荡器（LO,Local Oscillator）就是用来对射频信号进行下变频的。在这个频率转换的过程中,接收机不可避免地存在能量泄漏问题,一些本地振荡器的能量会通过天线泄漏[10],如果将微小、低功耗的传感器节点放置在主用户的接收机附近,这些节点就可以检测到本地振荡器的能量泄漏,从而决定接收机正在使用信道的状况,此即为本地振荡器的能量泄漏检测,其一般模型如图 3-4 所示。

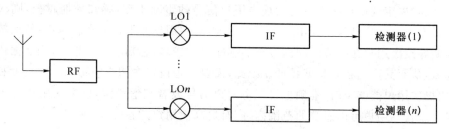

图 3-4　本地振荡器的能量泄漏检测模型

基于本振泄漏检测方法需要大量的低成本传感器节点,并将它们安放在距离接收机很近的地方;此外还需要以很高的精确度检测本振泄漏并且在毫秒级下做出判决。末端的检测器如果要采用匹配滤波器进行相干检测,实际上是比较难实现的,若采用次优的能量检测的话,该方法检测性能相对来说就较差。因此能否将基于本振泄漏的检测方法的应用扩展还需要进一步的讨论。

（2）基于干扰温度的检测

通常无线电环境是以发送端为中心考虑的,但经常存在不可预测干扰源,从而使噪声基准增大,引起信号传输性能的下降,为了避免这种情况,FCC 提出了干扰的估测过程,从以发送端为中心转换到以发送端和接收端的自适应实时交互为中心,为了确定和控制无线电环境中的干扰源,提出了新的度量标准——干扰温度[11]。干扰温度是单位频带内接收机天线处射频功率的等效温度,单位为 K(Kelvin),定义如下:

$$T_1(f_c,B)=\frac{P_1(f_c,B)}{kB}$$

其中,$P_1(f_c,B)$ 为以 f_c 为中心频率、B 为带宽的频谱内平均功率;k 为玻耳兹曼常数,其值为 1.38×10^{-23} J/K。次用户需根据自身的发射功率和位置信息,估计在原有的环境噪声基础上由于认知发射机辐射功率造成的对主用户接收机处的干扰温度。

干扰温度模型在接收机处设置干扰温度极限,用于表示接收机可以承受的最大干扰范围,只要认知无线电用户的信号传输能保证主用户接收机的干扰温度在这个范围之内,认知无线电用户就可以使用该频带。这种接收机端干扰温度检测模型实现的最大困难在于如何有效地测量干扰温度。干扰温度的估算仍面临一系列的技术难题,例如,包括无法评测所有接收机的接收性能,有些接收机处于正常解码范围的边缘,主用户收发机用定向天线等[12]。因此该算法在实际应用中还存在一些问题需要解决。

3.2.3　单点感知技术前沿研究

从单点感知技术的数学原理可知,次用户的感知时间长度(和感知过程采样次数相关)影响着次用户的感知准确度(检测概率与虚警概率),从而影响到次用户对主用户的干扰程度以及对频谱空洞的利用率。次用户的感知周期(即次用户每隔多长时间对授权信道进行感知)决定次用户能否及时发现主用户信号的重新出现,感知周期越短,则次用户能够及时发现主用户信号重新出现的概率越大,对主用户的干扰概率就越小;然而较短的感知周期导致次用户在一段时间内进行的感知次数较多,感知时间就越长,则数据传输时间就越短,从而其数据吞吐量就越低。因此,需要合理设置次用户的感知时间长度和感知周期,使得次用户能够及时、准确地发现主用户信号或者频谱空洞,以把次用户对主用户的干扰限制在主用户可以忍受的范围内,同时提高次用户的吞吐量。

很多学者针对这个问题进行了深入研究。本章文献[13]把授权信道的使用规律建模为时间连续的只有 0-1 两种状态(空闲和忙碌状态)的 Markov 过程,引入奖励和惩罚机制,次用户根据自身的感知结果决定是否接入授权信道,当次用户接入频谱空洞时得到奖励,次用户因为漏警而接入主用户正在使用的授权信道时受到惩罚,次用户的目标函数=奖励-惩罚。研究表明,通过最大化其目标函数,次用户可以得到一个最优的感知时间长度与感知周期,从而在保证对主用户的干扰不超过一定范围的条件下保证次用户的吞吐量。

另一方面,次用户的感知周期越短,则频谱感知的能量开销越大,从而影响次用户的工作寿命。本章文献[14]提出一种非周期感知算法,次用户根据自身的数据速率要求和频谱可用性进行非周期感知,从而在保证数据速率的同时减少了感知能量开销。具体来说,次用户通过如下机制来实现以上目的:

（1）如果当前次用户的数据传输速率小于速率要求，则进行频谱感知来寻找更多的频谱空洞，满足速率要求。

（2）使用 NPS（Non-Periodic Sensing，非周期感知）算法来计算下一个感知时刻。

（3）如果发现频谱空洞，则接入并进行传输；如果没有发现频谱空洞，则返回步骤 2。

（4）若经过 L 次感知后仍然没有发现频谱空洞，则退出当前的感知，并等待下一个感知时刻。此处，L 是预先设定的值。

设计了 3 种 NPS 算法，仿真结果表明这 3 种算法的数据速率与感知能耗之比均大于传统的周期感知方法。

本章文献[15]提出一种感知时间长度最优化算法，把次用户的吞吐量期望函数表示为感知时间长度、数据传输时间长度、虚警概率以及检测概率的函数，通过限制次用户的检测概率不小于一定值的条件下，最大化其吞吐量期望函数，得出次用户的最优感知时间长度，从而在减少对主用户的干扰和提高次用户的数据吞吐量之间取得折中。本章文献[16]，[17]和[18]等也研究了类似的问题，有兴趣的读者可参阅。

3.3　协作感知技术及性能分析

在 3.2 节介绍单点感知的基础上，本节主要介绍协作感知技术[19]。

在频谱感知中存在如下不利因素，使得频谱感知变得十分困难。

1. 主用户系统的信噪比很低

因为认知无线电系统一般远离主用户系统，这样可以减小感知系统对授权系统的干扰。但是，同时感知设备接收到主用户的信号强度也会比较低，从而使感知器很难把主用户信号与噪声区别开来，导致频谱感知效果很差。

2. 信道衰落和阴影效应导致了信号感知更加困难

因为无线信道的衰落和阴影效应影响，信号在传输过程当中的衰减可能很大，导致次用户接收到的主用户信号强度很小，这给信号的感知造成了非常大的困难。

3. 频谱感知必须在规定的时间内完成

在认知无线电中，频谱的感知是周期性的，且感知时间有限。这是因为在感知某一频段的时间内，次用户必须在该频段上保持静默，不然则会无法分清此频谱段是被主用户还是次用户使用。若感知时间过长，则会影响次用户接入频段进行数据传输。有限的感知时间的限制导致了频谱感知更加的困难。

由于这些不利因素的存在，单个次用户获取的感知结果有时很难满足系统对感知性能的要求。此时，可以通过多个次用户进行协作感知。在协作感知技术中，多个次用户感知同一信道，然后把感知信息发到融合决策中心，或者多个次用户之间共享感知信息，然后融合决策中心或者次用户根据适当的规则做出最后判决。协作感知由于利用了空间中的多个次用户的信息，能取得远远好于单个次用户的感知效果。

3.3.1 协作感知的架构

根据网络架构的不同,协作感知可以分为集中式感知、分布式感知和外部感知[20,21]。

1. 集中式协作感知

集中式协作感知网络模型如图 3-5 所示,网络中包括一个融合决策中心(FC,Fusion Center)与多个次用户,次用户将感知结果通过专用控制信道发送给 FC,FC 对多个次用户的感知结果进行分析,做出一个融合判决(fusion decision)以确定主用户的状态,再将该融合判决结果广播给所有次用户,或根据融合判决结果直接控制各次用户的通信业务。这种方案对 FC 的依赖程度较高,并且对 FC 的计算能力、硬件条件与功耗方面有较高要求。

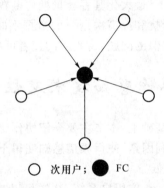

○ 次用户; ● FC

图 3-5 集中式协作感知模型

2. 分布式协作感知

分布式协作感知中,各相邻次用户通过一定方式共享彼此的认知信息,利用共享的信息自己做出决策。由于不需要融合决策中心,从而节省了建设 FC 的硬件成本,并且由于减少了对 FC 的依赖,从而使得系统具有更高的自主性和可靠度。但由于相邻次用户之间需要通信以交换认知信息,并由自己做出融合决策,这对次用户的天线接收灵敏度以及计算能力提出了较高的要求。分布式协作感知模型如图 3-6 所示。

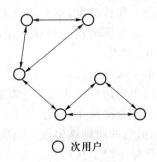

○ 次用户

图 3-6 分布式协作感知模型

3. 使用外部专用设备的协作感知

外部感知使用专门的感知设备进行感知,并将结果广播给所有次用户。采用这种方式次用户的设备不需要参与感知与协作,完全交由代理设备处理,自身只需正常通信即可,从而提高了次用户的实际可用通信带宽(不需要花费资源进行感知与协作)。而且代理设备不存在移动性以及电池供电问题,从而解决了单个认知设备因移动性问题造成的感知误差以及能耗问题。显然,代理感知系统的建设将大幅增加认知系统的建设成本。

3.3.2　融合判决算法

在协作感知中,需要把不同的次用户的感知信息进行融合以判决主用户是否存在,感知信息的融合方式称为融合判决算法。根据次用户发送的感知信息的类型,融合判决算法可以分为硬判决算法(Hard Decision Fusion)[21]和软判决算法(Soft Decision Fusion)[21]。

1. 硬判决算法

在硬判决方案中,各次用户将自己的感知结果 H_0 或者 H_1 发送给融合决策中心,融合决策中心通过一些简单运算做出融合决策。H_0 或者 H_1 表示主用户存在/不存在。

目前的硬判决算法有[22]以下几种。

"或"判决算法(OR logic operation):对于一共有 N 个协作感知次用户的系统,只要有任意 1 个次用户报告的感知结果为 H_1,融合决策中心就做出 H_1 的判决,否则做出 H_0 的判决;

"与"判决算法(AND logic operation):对于一共有 N 个协作感知次用户的系统,只有所有的次用户报告的感知结果均为 H_1 时,融合决策中心才会做出 H_1 的判决,否则做出 H_0 的判决;

"k-out-of-N"判决算法:对于一个有 N 个协作感知次用户的系统,当有 k 个或以上的次用户报告的感知结果为 H_1 时,融合决策中心做出 H_1 的判决,否则做出 H_0 的判决。

容易看出,"与"判决算法和"或"判决算法分别是"k-out-of-N"判决算法的特殊形式,分别对应着 $k=1$ 和 $k=N$ 的情况。

下面分别介绍这三种硬判决算法的数学原理并对其性能进行分析。

(1)"或"判决算法

"或"判决算法,即 FC 将每个检测节点的判决结果用逻辑"或"的方式进行融合决策。从物理意义上可理解为:当任何一个节点认为有授权信号存在时就最终判决有主用户出现,否则判决没有主用户出现[22]。

假设有 N 个次用户参与协作感知,其中第 i 个次用户的虚警概率为 $P_{f,i}$,检测概率为 $P_{d,i}$,则采用"或"判决算法后得到的融合决策虚警概率 P_F 与检测概率 P_D 分别为

$$P_F = 1 - \prod_{i=1}^{N}(1 - P_{f,i}) \tag{3-19}$$

$$P_D = 1 - \prod_{i=1}^{N}(1 - P_{d,i}) \tag{3-20}$$

对于"或"判决算法,容易看出融合判决后的虚警概率 P_F 和检测概率 P_d 都大于单个次用户的虚警概率 $P_{f,i}$ 和检测概率 $P_{d,i}$,这意味着主用户和次用户之间的干扰冲突概率减少的同时带来了频谱利用率的下降。

(2)"与"判决算法

"与"判决算法,即 FC 将每个检测节点的判决结果用逻辑"与"的方式进行融合决策。从物理意义上可以理解为:当所有的节点都认为有授权信号存在时才最终判决有主用户出现,否则判决没有主用户出现[22]。

假设参与协作感知的次用户的数量及其检测概率与虚警概率仍然满足上一节的条件,则采用"与"判决算法后得到的融合决策虚警概率 P_F 与检测概率 P_D 分别为

$$P_F = \prod_{i=1}^{N} P_{f,i} \tag{3-21}$$

$$P_D = \prod_{i=1}^{N} P_{d,i} \tag{3-22}$$

对于"与"判决算法,容易看出融合判决后的虚警概率 P_F 和检测概率 P_D 都小于单个次用户的虚警概率 $P_{f,i}$ 和检测概率 $P_{d,i}$,这意味着频谱利用率提高的同时也带来了更高的主用户和次用户之间的冲突概率。

(3)"k-out-of-N"判决算法与 k 值选择

"k-out-of-N"判决算法从物理意义上可理解为:当 N 个参与协作感知的次用户中,任意 k 个或以上的次用户认为有授权信号存在时就最终判决有主用户出现,否则判决没有主用户出现。从数学角度可以认为,FC 将 N 个次用户的判决结果加起来,将所得的数值与预先设定的门限 k 相比较[23]。若超过该门限值,则判决有主用户信号存在,否则判决没有主用户信号存在。

假设次用户 i 报告的判决结果为 D_i,则判决法则可以表示为

$$\begin{cases} H_1 : \sum_{i=1}^{N} D_i \geqslant k \\ H_0 : \sum_{i=1}^{N} D_i < k \end{cases} \tag{3-23}$$

假设参与协作感知的次用户的数量及其检测概率与虚警概率仍然满足第(1)节的条件,并且 $P_{f,i} = P_{f,j} = P_F, P_{d,i} = P_{d,j} = P_D, i \neq j$。则采用"k-out-of-N"融合判决算法后得到的融合决策虚警概率 P_F 与检测概率 P_D 分别为

$$P_F = \sum_{i=k}^{N} C_N^i (P_f)^i (1 - P_f)^{N-i} \tag{3-24}$$

$$P_D = \sum_{i=k}^{N} C_N^i (P_d)^i (1 - P_d)^{N-i} \tag{3-25}$$

对于使用"k-out-of-N"的融合决策算法的虚警概率 P_F、检测概率 P_D 和单次用户的虚警概率 P_f、检测概率 P_d 比较,与具体的 k 值及节点数 N 有关。为了限制次用户对主用户的冲突,P_D 应该越大越好;为了提高次用户对授权频段的频谱利用率,P_F 应该越小越好。而由于式(3-24)与式(3-25)具有相同的形式,所以在单个次用户的虚警概率 P_f 和检测概率 P_d、协作感知的次用户数量 N 值确定的条件下,k 值的变化对 P_F 与 P_D 值的变化有相同的影响。k 值增大,则 P_F 与 P_D 值均下降;k 值减少,则 P_F 与 P_D 值均增大。因此,不存在一个最优的 k 值能够同时使得 P_F 值最小,P_D 值最大而达到最优的融合决策性能。

通常的做法是使用黎曼-皮尔逊法则,在限制融合决策算法的虚警概率 P_F 在一定范围内的条件下,选择适当的融合决策算法,也就是 k 值,使得融合决策算法的检测概率 P_D 最大。

下面讨论如何使用黎曼-皮尔逊准则选择适当的融合决策算法。

设融合决策算法的虚警概率 P_F 的上限为 a,即

$$P_F = \sum_{i=k}^{N} C_N^i (P_f)^i (1-P_f)^{N-i} \leqslant a \tag{3-26}$$

根据黎曼-皮尔逊准则,如果融合虚警概率满足式(3-26),应选择 k 值使得融合后的检测概率达到最大值。从式(3-25)可知,融合决策算法的检测概率 P_D 与 k 值成反比,即随着 k 值增加,P_D 值逐渐变小。

因此,为了满足黎曼-皮尔逊准则使融合后的检测概率达到最大,应该考察满足式(3-26)的最小 k 值,即令

$$\min_k \sum_{i=k}^{N} C_N^i (P_f)^i (1-P_f)^{N-i} \leqslant a \tag{3-27}$$

满足式(3-27)的 k 值的"k-out-of-N"即可作为黎曼-皮尔逊准则下的融合决策。

2. 硬融合判决算法性能仿真分析

(1) 不同融合判决法则下融合中心侧的协同感知 ROC 曲线比较

设置主用户信号调制方式为 BPSK(Binary Phase Shift Keying),主用户信号受到 AWGN 干扰,加性高斯白噪声在所有的次用户端服从独立同分布。次用户接收到的主用户信号的功率与次用户端的加性高斯白噪声的功率之比为次用户端的信噪比(SNR)。协作次用户数量等于 5,这 5 个协作感知用户具有不同的信噪比并且都较低,高斯信道下分别为 -36 dB,-32 dB,-28 dB,-24 dB 和 -20 dB。设各协作感知用户具有相同的虚警概率,当给定融合判决虚警概率和融合判决准则时,可通过式(3-19)、式(3-21)或者式(3-27)得到各次用户的虚警概率,进而得到各次用户的判决门限。

在这些条件下分析了融合中心侧的协同感知(ROC,Complementary Receiver Operating Characteristic)曲线。特别指出的一点是"k-out-of-N"判决算法在仿真中设置为多数判决算法(MOST logic operation),也就是当且仅当超过半数的次用户认为主用户信号存在时,融合判决结果为主用户信号存在。

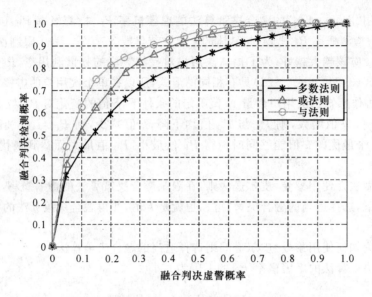

图 3-7　不同融合判决法则下协同感知检测概率随信噪比的变化

（2）不同融合判决法则下检测概率随信噪比的变化

设置融合中心在不同融合判决法则下的虚警概率都为 0.1，并且设在高斯白噪声信道中各次用户的信噪比分别相同，协作次用户数量为 5。

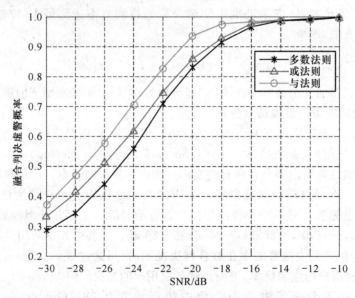

图 3-8　不同融合判决法则下融合中心侧的协同感知（ROC）曲线比较

3. 软判决算法

在软融合判决[23]中，每个次用户把自身的原始感知数据不经过处理直接发送到融合决策中心,FC 按照一定的方法融合这些感知数据后做出决策。

假设次用户仍然采用 3.2.1 小节所述的能量检测法,次用户 i 接收到的信道噪声 $v_i(n)$ 为均值 0,方差为 σ_i^2 的加性高斯白噪声,各个次用户接收到的信道噪声相互独立。次用户 i 在感知时间内对要感知的频段的信号经过 N 次采样后,得到的统计感知数据(接收到的总能量)为

$$T_i(\boldsymbol{x}) = \sum_{n=1}^{N} |x_i(n)|^2 \tag{3-28}$$

其中,

$$\begin{cases} H_0 : x_i(n) = v_i(n) \\ H_1 : x_i(n) = s(n) + v_i(n), t = 1, 2, \cdots, N \end{cases} \tag{3-29}$$

则 M 个次用户向 FC 发送的统计感知数据可以表示为

$$\boldsymbol{y} = (T_1(\boldsymbol{x}_1), T_2(\boldsymbol{x}_2), \cdots, T_M(\boldsymbol{x}_M))$$

我们的目标是在限制融合决策算法的虚警概率在一定范围内的条件下,最大化融合决策算法检测到主用户信号的概率。因此,使用黎曼-皮尔逊准则。在黎曼-皮尔逊准则下,似然比值检验(LRT,Likelihood-Ratio Test)能够得到最优的性能[24,25],则 FC 根据下式做出主用户信号是否存在的判决:

$$\begin{cases} H_0 : L(y) = \dfrac{p(\boldsymbol{y} \mid H_1)}{p(\boldsymbol{y} \mid H_0)} < \gamma^* \\ H_1 : L(y) = \dfrac{p(\boldsymbol{y} \mid H_1)}{p(\boldsymbol{y} \mid H_0)} \geqslant \gamma^* \end{cases} \tag{3-30}$$

其中,γ^* 为在固定融合决策算法的虚警概率的条件下得出的融合决策算法的最优判决门限。

根据中心极限定理,当次用户的信号采样次数 N 足够大时,$\boldsymbol{y}$ 趋向于正态分布,也就是

$$\boldsymbol{y} \sim \begin{cases} H_0 : \text{Normal}(\boldsymbol{\mu}_0, \boldsymbol{\Sigma}_0) \\ H_1 : \text{Normal}(\boldsymbol{\mu}_1, \boldsymbol{\Sigma}_1) \end{cases} \tag{3-31}$$

其中,$\boldsymbol{\mu}_0 = N(\sigma_1^2, \sigma_2^2, \cdots, \sigma_M^2)^{\mathrm{T}}$

$$\boldsymbol{\Sigma}_0 = 2N \begin{bmatrix} \sigma_1^4 & & \\ & \ddots & \\ & & \sigma_M^4 \end{bmatrix}$$

$$\boldsymbol{\mu}_1 = N(\sigma_1^2 + P_{s_1}, \sigma_2^2 + P_{s_2}, \cdots, \sigma_M^2 + P_{s_M})^{\mathrm{T}}$$

$$\boldsymbol{\Sigma}_1 = 2N \begin{bmatrix} \sigma_1^2(\sigma_1^2 + 2P_{s_1}) & & \\ & \ddots & \\ & & \sigma_M^4(\sigma_M^2 + P_{s_M}) \end{bmatrix}$$

则式(3-30)可以改写为

$$\frac{p(\boldsymbol{y}|H_1)}{p(\boldsymbol{y}|H_0)} = \frac{\det^{-\frac{1}{2}}(\boldsymbol{\Sigma}_1)\exp\left[-\frac{1}{2}(\boldsymbol{y}-\boldsymbol{\mu}_1)^{\mathrm{T}}\boldsymbol{\Sigma}_1^{-1}(\boldsymbol{y}-\boldsymbol{\mu}_1)\right]}{\det^{-\frac{1}{2}}(\boldsymbol{\Sigma}_0)\exp\left[-\frac{1}{2}(\boldsymbol{y}-\boldsymbol{\mu}_0)^{\mathrm{T}}\boldsymbol{\Sigma}_0^{-1}(\boldsymbol{y}-\boldsymbol{\mu}_0)\right]}$$

其中,$\det(\boldsymbol{A})$为矩阵$\boldsymbol{A}$的行列式。考虑到自然对数,似然比例检验$L(\boldsymbol{y})$可以简化为二次型:

$$L_q(\boldsymbol{y}) = \boldsymbol{y}^{\mathrm{T}}(\boldsymbol{\Sigma}_0^{-1} - \boldsymbol{\Sigma}_1^{-1})\boldsymbol{y} + 2(\boldsymbol{\mu}_1^{\mathrm{T}}\boldsymbol{\Sigma}_1^{-1} - \boldsymbol{\mu}_0^{\mathrm{T}}\boldsymbol{\Sigma}_0^{-1})\boldsymbol{y} \tag{3-32}$$

由于基于LRT的融合决策通常涉及非线性(二次型的)计算,所以性能分析与门限优化会变得十分复杂。

另一种比较简单的软融合决策算法可以通过简单地把各个次用户的本地感知能量进行融合来进行融合决策[25]。特别地,判决准则可以表示为以下形式:

$$\begin{cases} H_0 : L_q(\boldsymbol{y}) = \boldsymbol{w}^{\mathrm{T}}\boldsymbol{y} < \gamma^* \\ H_1 : L_q(\boldsymbol{y}) = \boldsymbol{w}^{\mathrm{T}}\boldsymbol{y} \geqslant \gamma^* \end{cases} \tag{3-33}$$

其中,$\boldsymbol{w}$为单个次用户对融合决策的贡献的权重矢量(需要进行选择)。例如,如果某个次用户的观察值有很高的信噪比,那么该次用户有更高的可能性做出正确的判决,则该次用户应该被分配一个更大的权重系数。由于多个高斯随机变量经过线性融合的结果后仍然是高斯随机变量,则线性融合决策算法的性能可以表示为:

检测到频谱空洞的概率

$$P(H_0|H_0) = 1 - Q\left(\frac{\gamma - \boldsymbol{\mu}_0^{\mathrm{T}}\boldsymbol{w}}{\sqrt{\boldsymbol{w}^{\mathrm{T}}\boldsymbol{\Sigma}_0\boldsymbol{w}}}\right) \tag{3-34}$$

漏检概率

$$P(H_0|H_1) = 1 - Q\left(\frac{\gamma - \boldsymbol{\mu}_1^{\mathrm{T}}\boldsymbol{w}}{\sqrt{\boldsymbol{w}^{\mathrm{T}}\boldsymbol{\Sigma}_1\boldsymbol{w}}}\right) \tag{3-35}$$

这里要解决的问题是在$P(H_0|H_1)$限制在一定范围内的条件下最大化$P(H_0|H_0)$。根据不同的应用场合,还可以提出在$P(H_0|H_0)$限制在一定范围内的条件下最小化$P(H_0|H_1)$的问题。从数学角度来看,这种问题与式(3-40)是同一类的问题,因此可以对该节使用的算法稍加修改就可以解决。这个问题可以表示为

$$\begin{aligned} \max_{\gamma,\boldsymbol{w}} \quad & P(H_0|H_0) \\ \text{s.t.} \quad & P(H_0|H_1) \leqslant \varepsilon \end{aligned} \tag{3-36}$$

由于Q函数是单调递减的,因此通过求解如下所示的一个无限制条件的最优化问题,可以同时优化权重矢量$\boldsymbol{w}$和门限值γ[25]:

$$\max_{\boldsymbol{w}} f(\boldsymbol{w}) = \frac{Q^{-1}(1-\varepsilon)\sqrt{\boldsymbol{w}^{\mathrm{T}}\boldsymbol{\Sigma}_1\boldsymbol{w}} + (\boldsymbol{\mu}_1 - \boldsymbol{\mu}_0)^{\mathrm{T}}\boldsymbol{w}}{\sqrt{\boldsymbol{w}^{\mathrm{T}}\boldsymbol{\Sigma}_0\boldsymbol{w}}}$$

其中，

$$\gamma = Q^{-1}(1-\varepsilon)\sqrt{\boldsymbol{w}^{\mathrm{T}}\boldsymbol{\Sigma}_1\boldsymbol{w}} + \boldsymbol{\mu}_1^{\mathrm{T}}\boldsymbol{w} \tag{3-37}$$

直接求解式(3-41)比较困难。这里，要采用分而治之的算法，把问题分解成几个子问题，然后联合求解[25]。首先，考虑 $f(\boldsymbol{w}) \geqslant 0$，即 $P(H_0|H_0) \geqslant \dfrac{1}{2}$，次用户侵略性地(aggressive)寻找用于机会传输的频谱空洞的情况。无限制条件的式(3-42)可以等同于如下的受限制的优化问题：

$$\begin{aligned} \max_{\boldsymbol{z}} \quad & Q^{-1}(1-\varepsilon)\sqrt{\boldsymbol{z}^{\mathrm{T}}\boldsymbol{\Sigma}_1\boldsymbol{z}} + (\boldsymbol{\mu}_1-\boldsymbol{\mu}_0)^{\mathrm{T}}\boldsymbol{z} \\ \text{s.t.} \quad & \boldsymbol{z}^{\mathrm{T}}\boldsymbol{\Sigma}_0\boldsymbol{z} \leqslant 1 \end{aligned} \tag{3-38}$$

其中，

$$\boldsymbol{z} = \frac{\boldsymbol{w}}{\sqrt{\boldsymbol{w}\boldsymbol{\Sigma}_0\boldsymbol{w}}} \tag{3-39}$$

对于 $Q^{-1}(1-\varepsilon) \leqslant 0$（即 $\varepsilon \leqslant 1/2$）的情况，上面的问题是一个可以轻易求解的凸优化问题。对于 $\varepsilon > 1/2$ 并且 $Q^{-1}(1-\varepsilon) > 0$ 的情况，式(3-39)成为一个通过椭面最大化凸函数（或者最小化凹函数）的问题，这种问题可以通过一种使用二次型限制的二次型规划重组[25]的迭代算法来求解。

现在考虑 $f(\boldsymbol{w}) < 0$，即 $P(H_0|H_0) < \dfrac{1}{2}$，次用户保守地寻找用于机会传输的频谱空洞的情况。式(3-40)可以表示为

$$\begin{aligned} \max_{\boldsymbol{z}} \quad & Q^{-1}(1-\varepsilon)\sqrt{\boldsymbol{z}^{\mathrm{T}}\boldsymbol{\Sigma}_1\boldsymbol{z}} + (\boldsymbol{\mu}_1-\boldsymbol{\mu}_0)^{\mathrm{T}}\boldsymbol{z} \\ \text{s.t.} \quad & \boldsymbol{z}^{\mathrm{T}}\boldsymbol{\Sigma}_0\boldsymbol{z} \geqslant 1 \end{aligned} \tag{3-40}$$

这个问题同样可以通过本章文献[25]提出的迭代算法来求解。本章文献[26]提出了一种利用半定规划的更快的算法来求解此类非凸的优化问题。

与基于似然比值检验的决策算法相比，线性融合决策算法更加简单而有效。本章文献[21]证明，最优线性融合算法能够达到与基于似然比值检验的最优决策算法相当的性能。

一般来说，利用分布在不同地理位置的认知节点的统计感知数据进行融合判决的融合决策算法（软判决算法）能够比硬判决算法有更优的可靠性，但是需要更大的控制信道带宽来让次用户发送统计感知数据，并且由于算法复杂度较高，对融合判决中心的计算能力要求较高，所需的判决时间较长，带来了更大的系统时延。其他的协作感知的次优线性融合决策，如最大化偏差融合和最大化比率融合算法，可以参考本章文献[27]和[15]。限于算法复杂度，这里不对软融合判决算法做仿真性能分析。

3.3.3 协作感知技术前沿研究

协作感知中,有以下几个主要因素影响协作感知算法的感知性能。

1. 协作感知次用户的数量 M

从前面几种协作感知算法的数学原理可知,M 的值对协作感知算法的检测概率、虚警概率有直接的影响,其影响性质(正面或者反面)视协作感知算法的判决法则而定。另外,M 对信令开销也有影响。M 越大,则需要发送的感知结果信息越多,系统的信令开销越大。

2. 协作感知次用户的感知时间长度 T

由于感知时间长度对单个次用户的感知性能有影响,而单个次用户的感知性能又影响着协作感知算法的感知性能,因此 T 影响到协作感知算法的感知性能。一般来说,由于 T 越大,单个次用户的感知性能越好,从而协作感知算法的感知性能也越好。

3. 融合判决法则 k

从前面几种协作感知算法的数学原理可知,采用不同的 k 值,能够获得不同的感知性能(检测概率与虚警概率)。如何选择适当的 k 值,在检测概率与虚警概率之间取得折中,以限制对主用户的干扰的同时保证次用户的吞吐量,是一个值得深入研究的问题。

4. 协作感知次用户的选择

由于不同的次用户有不同的地理位置,导致授权信号到不同的次用户的信道条件不同,造成不同的次用户对主用户的感知性能不同。次用户的感知性能越好,则协作感知的感知性能越好,反之越差。因此,我们应该选择具有较好的感知性能的次用户参与协作感知,以期提高协作感知性能。

很多学者针对这些问题进行了深入研究。本章文献[28]提出一个感知-吞吐量折中的方案来最优化 k 和 T。该方案中,次用户的吞吐量期望函数表示为 k 和 T 以及次用户的能量判决门限 λ 的函数,次用户的目标是在限制对主用户的检测概率大于一定值以及固定 λ 的条件下,通过最优化 k 和 T,最大化吞吐量函数。仿真结果表明,与"或"判决算法、"与"判决算法相比,该方案能够在保证对主用户的检测概率的条件下,获得更高的次用户吞吐量。

本章文献[29]使用黎曼-皮尔逊准则和贝叶斯准则在 M 固定的条件下,通过最大化检测概率与最小化虚警概率,得出最优的 k 值。并且通过最优化 M 值,在感知性能与信令开销之间取得折中。仿真结果表明,在合理选择单点能量感知判决门限值和 k 值的条件下,通过最优化 k 值,能够在满足系统要求的感知性能的同时最小化信令开销。

本章文献[4]的研究表明,在使用或判决算法的条件下,让所有的次用户参与协作感知虽然能够获得更高的检测概率,但是虚警概率会增大至次用户难以忍受的地步。因此,文献中提出了一种协作感知次用户选择算法,在已知次用户与主用户的地理距离的条件下,选择一部分与主用户的距离较近,从而其接收到的主用户信号的强度较高的次用户参与协作感知。仿真结果表明,在一个存在着 200 个次用户的网络中,在固定协作感知虚警概率的条件下,使用上述算法选择 19 个次用户进行协作感知与让所有 200 个次用户参与协作感知相比,"与"判决算法的协作感知检测概率从 92.04% 上升至 99.88%。在固定协作感知检测概率的条件下,使用上述算法选择 19 个次用户进行协作感知与让所有 200 个次用户参与协作感知相比,"或"判决算法的协作感知虚警概率从 6.02% 下降至 0.06%。

对协作感知优化进行了相关研究的文献还有本章文献[30],[31],[32]以及[33]等,有兴趣的读者可以参阅。

3.4 基于隐马尔可夫模型的频谱机会预测

如果次用户能够预测将来某个时刻的频谱使用情况,就能够根据预测结果(通常是某个频谱段在某个时刻处于某种状态的概率)决定在某个时刻的行为(感知或者退出某频段的使用),从而减少感知或者退出行为的盲目性,进而减少因为盲目性而带来的系统时延,而系统时延会带来次用户吞吐量的降低,尤其是在次用户的感知能力受硬件条件限制的情况下。由于次用户具有频谱感知和学习能力,系统期望次用户能够根据过去和当前观察到的主用户的频谱使用状况,来预测将来的频谱使用状况,从而减少次用户感知和接入行为的盲目性,减少次用户系统的时延。

从数学原理角度上,可以使用基于数据统计分析的预测算法设计频谱机会预测模型。隐马尔可夫模型(HMM,Hidden Markov Models)由于具有深厚的理论基础和易处理性被广泛地应用于数据预测领域[34,35]。本节简要介绍一种基于 HMM 的动态频谱接入方法,运用 HMM 估计授权信道的使用规律并预测将来的使用状况,使次用户能够尽快找到空闲的授权信道,达到减少接入时延的目的[36]。

3.4.1 隐马尔可夫模型的数学原理

在正常的马尔可夫模型中,状态对于观察者来说是直接可见的。这样状态的转换概率便是全部的参数。而在隐马尔可夫模型中,状态并不是直接可见的,但受状态影响的某些变量则是可见的。每一个状态在可能输出的符号上都有一概率分布。因此输出符号的序列能够透露出状态序列的一些信息。

具体来说,隐马尔可夫模型是一个双内嵌随机过程,由两个随机过程组成,一个是隐含的状态转移序列,它是一个单纯的马尔可夫过程;另一个是与隐状态相关的观测序列。其中隐状态转移序列是不可观测的,只能通过另一个随机过程的输出观测序列进行推断,所以称之为隐马尔可夫模型。隐马尔可夫模型的基本要素包括:隐状态数目 N、每个状态可能的观察值数目 M、状态转移概率矩阵 A、给定状态下观察值概率分布 B 和初始状态的概率分布π。因此要描述一个完整的隐马尔可夫模型需要用模型参数($N,M,A,B,$ π),或简写为$\lambda=(A,B,\pi)$。隐马尔可夫模型的难点是从可观察的参数中确定该过程的隐含参数,然后利用这些参数对过去、现在或者将来的过程的隐状态进行分析或预测。

3.4.2　基于隐马尔可夫模型的频谱预测算法

假设信道的状态变化过程是马尔可夫随机过程,但是马尔可夫过程的参数未知,基于隐马尔可夫模型的动态频谱预测算法利用不同时刻观察到的信道状态,来估算马尔可夫过程的参数,并利用估算的模型参数和观察到的信道状态来估算最佳隐状态序列,利用估算的模型参数和最佳隐状态序列,预测信道在下一个时刻可能的状态,再根据观察到的信道状态来优化参数。所以基于隐马尔可夫模型的动态频谱预测是一个观察状态→优化参数→估算最佳隐状态序列→预测状态→观察状态→优化参数→估算最佳隐状态序列→预测状态→观察状态的循环过程。只考虑一个主用户时,基于隐马尔可夫模型的频谱预测算法的流程图如图3-9所示。

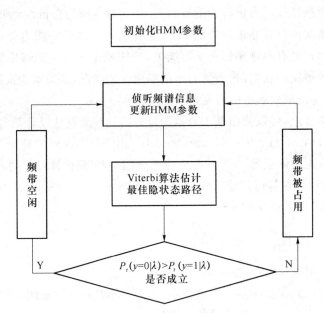

图 3-9　基于隐马尔可夫模型的频谱预测算法的流程图

其中,主用户的频谱使用建模为二进制序列{0,1},符号1表示在当前时刻频谱被主用户占用,符号0表示未被占用。主用户的频谱使用状况是不能直接知道的,只能通过次用户的观察结果推测,因此这里隐状态数目$N=2$。状态转移概率矩阵A为当前观察时刻频谱使用状态转移到下一观察时刻的频谱使用状态的概率矩阵。次用户观察到的主用户频谱使用情况也可以表示为{0,1},符号1表示当前时刻观察到频谱被主用户占用,符号 0 表示观察到未被占用。因此这里每个状态可能的观察值数目 $M=2$。由于次用户对主用户信号的感知结果不一定正确,也就是说观察结果不一定是真实的频谱使用状态,所以给定状态下观察值概率分布 **B** 表示在某个频谱使用状态下次用户对频谱使用状况的观察结果,可以用频谱感知的检测概率、虚警概率、漏警概率和频谱空洞检测概率来表示。初始状态的概率分布 **π** 表示次用户首次对主用户的频谱使用状况进行观察时频谱被占用或者未被占用的概率。

简单来说,算法过程为:在一系列的观察时刻中,根据次用户观察到的主用户频谱使用情况作为相应隐马尔可夫模型的训练序列去优化模型的参数,然后估计最佳隐状态序列,并计算频谱空闲和被使用的概率,以此判定将来的频谱使用状况。具体算法描述为:

(1) 初始化隐马尔可夫模型参数 $\pmb{\lambda}=(\pmb{A}_0,\pmb{B}_0,\pmb{\pi}_0)$

(2) 侦听频谱信息,得到观测数据 $O=\{O_1,O_2,\cdots,O_t\}$。针对观测数据,采用前向 Baum-Welch 算法进行模型训练得到 $\hat{\pmb{\lambda}}_{ML}=\arg\max\limits_{\lambda} f(O|\pmb{\lambda})$,即寻找 $\hat{\pmb{\lambda}}_{ML}=(\hat{\pmb{A}},\hat{\pmb{B}},\hat{\pmb{\pi}})$ 使得似然值 $f(O|\pmb{\lambda})$ 达到最大。

(3) 针对观测数据 $O=\{O_1,O_2,\cdots,O_t\}$ 和模型参数 $\hat{\pmb{\lambda}}_{ML}=(\hat{\pmb{A}},\hat{\pmb{B}},\hat{\pmb{\pi}})$,采用 Viterbi 算法估计最佳隐状态序列。

(4) 根据得到的最佳隐状态序列和模型参数计算下一个观察时刻的频谱被占用概率 $P_r(y=1|\pmb{\lambda})$ 和频谱空闲概率 $P_r(y=0|\pmb{\lambda})$,预测在下一观察时刻的频谱使用状态。y 表示某个时刻主用户的频谱使用状况。然后重复进行步骤(2)~(4)。

该方法可以简单地扩展到有多个主用户并且主用户的频谱使用状况不相关的情况,只需要为每个主用户分配一个隐马尔可夫模型,根据动态频谱感知得到的频谱信息,利用基于隐马尔可夫模型的动态频谱预测算法去预测每个主用户下一时刻的状态。在主用户的频谱使用状况相关的情况下,需要考虑频谱使用状况的相关性来设计隐马尔可夫模型。

3.5 控制信道设计

3.5.1 控制信道的作用

无论是集中式的还是分布式的认知无线电网络,都有专门的控制信道来实现频谱管理与共享。次用户与基站通过在控制信道上交换控制信息实现感知任务下发、感知结果上报、频谱分配和频谱切换等频谱资源管理功能,次用户之间通过在控制信道上交换控制信息实现感知信息共享和协商双方使用的数据信道等频谱共享功能。

3.5.2 控制信道的设计需要考虑的问题

1. 控制信道的接入控制技术

在多数据信道环境中,认知节点之间通常使用控制信道交换与频谱相关的控制信息来协商收发双方之间数据信道。当认知节点数量较多,网络负载较重的时候,会导致认知节点在控制信道接入过程中的相互冲突,造成控制信息的碰撞,使得数据信道的利用率下降,从而影响系统的吞吐量,这种情况称为控制信道饱和问题。为了提高数据信道的利用率从而提高系统吞吐量,需要设计一种能够有效地避免或减轻认知节点的接入冲突的接入控制技术,通过决定认知节点何时、以何种方式访问共享的控制信道和发送数据,减少节点在控制信道上同时发送竞争请求而造成的冲突。当前的许多认知无线电 MAC(Medium Access Control)协议中都使用随机接入方式 CSMA/CA(Carrier Sense Multiple Access with Collision Avoidance)协议作为认知无线电网络的媒体接入控制协议,并对 CSMA/CA 协议进行相应改进以使其能够适应认知环境。

2. 控制信道的数量与带宽设计

为了减轻控制信道的饱和问题,还可以使用多个控制信道交换控制信息。通过在多个控制信道上进行收发双方的握手,可以减少不同节点在相同的控制信道上同时发送竞争请求而造成的冲突,提高了控制信息发送的成功率,从而保证了数据信道的利用率。有文献证明,在认知节点以无竞争的接入协议接入控制信道的时候,控制信道与数据信道的数量存在着一个最优的比例关系,使得数据信道的利用率和系统的吞吐量达到最大。另外,控制信道的带宽会限制控制信息的传输速率和认知节点的规模,从而影响数据信道利用率。

3. 局部控制信道与全局控制信道

传统的认知网络假设网络中的所有节点都能接入一条公共控制信道。然而,由于频谱的可用性随着时间和地点的变化而变化,在开放性的频谱环境中,地理位置不同的次用户可能观察到的可用频谱可能不同。在这种情况下,可能难以找到一段所有节点都能够使用的频谱作为公共控制信道。一个解决的方案是使用一条授权信道作为专用的控制信道成为所有节点的公共控制信道。但是,这种方法有几个缺点:首先,部署一条固定的授权信道会带来复杂度和成本的上升;其次,授权信道的固定带宽对认知节点数量和通信流量造成制约,从而限制了认知网络的规模;最后,如果公共控制信道受到攻击,整个网络的通信都会中断,对网络的安全性造成影响。

分布式协调方案可以在一定程度上解决频谱异质性和以上问题。网络中不同地理位置的次用户可以自组织成为多个用户组,每个用户组里的次用户根据本地频谱的可用性,协调本地的公共控制信道,从而消除了在整个网络部署一条公共控制信道的必要。这种方案可以极大地减少部署成本,比全局控制信道方案具有更好的适应网络大小、网络拓扑结构和网络节点密度变化的能力,并提高了网络安全性。然而,由于在算法复杂度方面的提高,对次用户的计算能力提出了更高的要求,而且本地公共控制信道的协商也带来了额外的控制信令开销。

3.6　感知系统设计上的权衡

频谱感知的设计和实现存在多种折中,系统设计者应该综合考虑应用需求、硬件成本、实现复杂性和可用的基础设施等方面,设计合理感知方案设计。

3.6.1　协作开销与本地处理开销

在协作感知中,协作次用户数量越多,对单个次用户的灵敏度要求越低,需要执行检测的时间也越短,本地处理开销相应减少。与此同时,多个次用户之间的通信和协调决策引入了额外的通信协作开销。因此,在协作开销和本地处理开销之间需要进行权衡,以便配置最佳的协作次用户数量以最小化总体感知开销[37]。协作次用户的最优数量依赖于底层协作机制的效率。如果采用的方法是由融合判决中心轮询协作次用户,那么轮询的时间开销随次用户的数量呈线性增长;如果允许次用户同时收集感知数据,与轮询方式相比可显著减少时间开销,但代价是增加了协议的复杂性。另外,还可以适当考虑信道的衰落特性的影响,如果衰落频率较快,较弱,则可需要相应增加感知频率,或者在单节点感知频率不变的情况下,增加协作次用户数量等。

3.6.2　反应式与先验式

按照搜索频谱空洞的方式不同可以将频谱感知机制划分为反应式和先验式[38]。反应式机制只在认知无线电用户需要传输数据时才检测频谱空洞,而先验式机制则需要定期执行频谱检测以维护可用的频谱资源列表,从而最小化频谱检测的时延,但代价是增加了检测开销。直观上看,时延敏感的应用更适合采用先验式感知,而能量受限的应用更倾向于采用反应式感知。因此,认知无线电设备必须根据可用的资源和应用特性来调整其频谱感知方式。但是,一旦认知无线电用户开始使用频谱空洞,它就必须定期执行搜索检测,确定主用户是否重新活动(active),从而保障主用户传输的优先权。

3.6.3　通信可靠性与数据速率

认知无线电中主用户的频谱接入优先级高于次用户,因此次用户一旦发现主用户重新出现,就必须立即停止传输数据并重新搜索和利用新的频谱资源。尽管采用先验感知方式可以减少由于重新搜索频谱空洞所带来的时延,但是次用户仍需要面对自身的 QoS降级问题,这主要是因为通信各方需要协调频率迁移及设置协议栈各层的参数。这时,如果同时使用多个许可频带传输数据,可以提供通信的可靠性。在这种情况下,当主用户要求重新占用其中一个频带时只会减少次用户的传输带宽,而不会造成通信的完全中断。实际上可以将来自多个不可靠主频带的频率块组合在一起构成更可靠的通信频带,如采用 OFDM(Orthogonal Frequency Division Multiplexing)[39]作为底层调制技术,它可以实现在非连续频带的频谱聚合,这个问题将在本书 4.5 节进行讨论。另外,采用多个频带传输的缺点在于频谱感知必须针对多个频带进行,浪费了部分可用的时间,降低了次用户的有效数据传输时间。因此确定需要感知的频带数量时必须根据上层应用的特性权衡考虑数据速率和通信的可靠性/稳定性。例如,对于视频流应用,通信可靠性更加重要;而对于普通文件传输则更愿意获得更高的数据速率。不难看出,权衡决策往往依赖于上层应用的信息,即频谱感知技术需要利用跨层设计思想[40],协议栈各层密切合作来优化系统的性能。

本章参考文献

[1] 江莹,杨震. 认知无线电的几种频谱感知方法研究[J]. 科技资讯,2007(10),6-7.

[2] 赵知劲,郑仕链,孙宪正. 认知无线电中频谱感知技术[J]. 现代雷达,2008(5),65-69.

[3] 周来秀. 感知无线网络中频谱检测与动态接入技术研究[D]. 长沙:中南大学,2007.

[4] Peh Edward,Yingchang Liang. Optimization for cooperative sensing in cognitive radio networks[C]//IEEE WCNC2007. Kowloon:2007.

[5] Kay S M. Fundamentals of Statistical Signal Processing:Detection Theory [M]. New Jersey:Prentice-Hall,1998.

[6] Peng Q. A Distributed Spectrum Sensing Scheme Based on Credibility and Evidence Theory in Cognitive Radio Context[C]//IEEE 17th International Symposium on Personal,Indoor and Mobile Radio Communications. 2006:1-5.

[7] 谭学治,姜靖,孙洪剑. 认知无线电的频谱感知技术研究[J]. 通信技术,2007(2):11-19.

[8] Gardner W A. Signal Interception:A Unifying Theoretical Framework for Feature Detection[J]. IEEE Trans. On Communications,August 1988. 1998,36(8):897-906.

[9] Weiss MerrillS Weller. New measurements and predictions of UHF television receiver local oscillator radiation interfenence[EB/OL]. [2012-02-19]. http://h-e. com/pdfs/rw bts03.

[10] 范幼君,邓建国,张锐. 认知无线电中基于循环统计量的频谱空穴检测方法 [J]. 电视技术,2008(3):16-20.

[11] FCC. ET Docket No 03-237. Notice of inquiry and notice of proposed Rule making. http://hraunfoss. fcc. gov/edocs _ public/attachmatch/FCC-03-

289A1. pdf.

[12] Gandetto M, Regazzoni C. Spectrum sensing: A distributed approach for cognitive terminals[J]. IEEE Selected Areas in Communications, 2007, 25 (3):546-557.

[13] Moayeri N, Hui Guo. How often and how long should a cognitive radio sense the spectrum? [C]//2010 IEEE Symposium on New Frontiers in Dynamic Spectrum. 2010:1-10.

[14] Ning Zhang, Wei Wang, Zhaoyang Zhang. NPS: Non-periodic Sensing for Opportunistic Spectrum Access [C]//2010 International Conference on Wireless Communications and Signal Processing. 2010:1-5.

[15] Yingchang Liang, Yonghong Zeng, Peh E C Y, et al. Sensing-Throughput Tradeoff for Cognitive Radio Networks[J]. IEEE Transactions on Wireless Communications, 2008,7(4):1326-1337.

[16] Hang Su, Xi Zhang. Power-Efficient Periodic Spectrum Sensing for Cognitive MAC in Dynamic Spectrum Access Networks[C]//2010 IEEE Wireless Communications and Networking Conference. 2010:1-6.

[17] Yulong Zou, Yudong Yao, Baoyu Zheng. Spectrum Sensing and Data Transmission Tradeoff in Cognitive Radio Networks[C]//2010 19th Annual Wireless and Optical Communications Conference. 2010:1-5.

[18] Jian He, Changqing Xu, Li Li. Joint Optimization of Sensing Time and Decision Thresholds for Wideband Cognitive OFDM Radio Networks[C]//IET 3rd International Conference on Wireless, Mobile and Multimedia Networks. 2010:230-233.

[19] Ghasemi A, Sousa E S. Collaborative spectrum sensing for opportunistic access fading environments[C]//2005 First IEEE International Symposium on New Frontiers in Dynamic Spectrum Access Networks. 2005:131-136.

[20] Tevfik Y″ucek, H″useyin Arslan. Survey of Spectrum Sensing Algorithms for Cognitive Radio Applications[J]. IEEE COMMUNICATIONS SURVEYS & TUTORIALS, 2009:11(1):116-130.

[21] Zhi Quan, Shuguang Cui, Vincent Poor H, et al. Collaborative Wideband Sensing for Cognitive Radios[J]. IEEE SIGNAL PROCESSING MAGAZINE, 2008, 25(6): 60-73.

[22] 彭启航. 认知无线电中频谱感知技术研究[D]. 成都:电子科技大学,2006.

[23] Barkat M. Signal detection and estimation[M]. 2nd ed. Artech House Inc, 2005.

[24] Poor H V. An Introduction to Signal Detection and Estimation[M]. New

York: Springer-Verlag, 1994.

[25] Quan Z, Cui S, Sayed A H. Optimal linear cooperation for spectrum sensing in cognitive radio networks[J]. IEEE J. Select. Topics Signal Process, 2008, 2 (1): 28-40.

[26] Quan Z, Ma W K, Cui S, et al. Optimal linear fusion for distributed detection via semidefinite programming[J]. IEEE Transcations on Signal Processing, 2010, 58(4): 2431- 2436.

[27] Quan Z, Cui S, Sayed A H. An optimal strategy for cooperative spectrum sensing in cognitive radio networks[C]//IEEE Global Commun. Conf.. Washington D. C.: 2007(11): 2947-2951.

[28] Peh E C Y, Liang Y C, Guan Y L, et al. Optimization of Cooperative Sensing in Cognitive Radio Networks: A Sensing-Throughput Tradeoff View[J]. IEEE Transactions on Vehicular Technology, 2009, 58(9): 5294-5299.

[29] Quan Liu, Jun Gao, Lesheng Chen. Optimization of Energy Detection Based Cooperative Spectrum Sensing in Cognitive Radio Networks [C]//2010 International Conference on Wireless Communications and Signal Processing (WCSP). 2010: 1-5.

[30] Shengli Xie, Yi Liu, Yan Zhang, et al. A Parallel Cooperative Spectrum Sensing in Cognitive Radio Networks[J]. IEEE Transactions on Vehicular Technology, 2010, 59(8): 4079-4092.

[31] Dongliang Duan, Liuqing Yang, Principe J C. Cooperative Diversity of Spectrum Sensing in Cognitive Radio Networks[C]//2009 IEEE Wireless Communications and Networking Conference. 2009: 1-6.

[32] Sanna M, Murroni M. Optimization of Linear Collaborative Spectrum Sensing with Genetic Algorithms [C]//2010 IEEE 71st Vehicular Technology Conference (VTC 2010-Spring). 2010: 1-5.

[33] Jun Ma, Guodong Zhao, Ye Li. Soft Combination and Detection for Cooperative Spectrum Sensing in Cognitive Radio Networks[J]. IEEE Transactions on Wireless Communications, 2008, 7(11): 4502-4507.

[34] PARK Chang-hyun, K M Sang-won, L M Sun-min. HMM based channel status predictor for cognitive radio[C]. Bangkok: Asia-Pacific Microwave Conference, 2007: 1-4.

[35] EPHRA IRN Y, M ERHAV N. Hidden markov process[J]. IEEE Transactions on Information Theory, 2002, 48 (6): 1518-1569.

[36] 康桂华, 李佳珉. 认知无线电中基于 HMM 的动态频谱接入技术[J]. 解放军

理工大学学报(自然科学版),2008,9(6):603-606.

[37] Ghasemi A,Sousa E. Spectrum Sensing in Cognitive Radio Networks:The Cooperation- Processing Trade-Off[J]. Wiley Wireless Commun ications and Mobile Comp. ,2007,7(9):1049-1060.

[38] Amir Ghasemi,Elvino S Sousa. Spectrum Sensing in Cognitive Radio Networks:Requirements,Challenges and Design Trade-offs[J]. IEEE Communications Magazine,2008,46(4):32-39.

[39] 佟学俭,罗涛. OFDM 移动通信技术原理与应用[M]. 北京:人民邮电出版社,2003.

[40] 王海涛,刘晓明. Ad hoc 网络中跨层设计方法的研究[J]. 电信科学,2005,21(2):22-26.

第4章　频谱共享接入技术

可用频谱的有限性和频谱资源利用率低下决定了需要一种新的通信方式利用现有频谱,研究人员提出了开放式频谱管理的思想。当前日益稀缺的频谱资源已成为制约无线通信业务迅速发展的重要因素,无线频谱共享技术已成为新一代无线移动通信的核心技术。频谱共享技术是认知无线电网络中的重要技术,是机会式频谱利用的核心。通过频谱共享能够对不可再生的频谱资源实现再利用,有效解决频谱稀缺和利用率低下的问题。

4.1　概　　述

4.1.1　频谱共享的分类

目前在认知无线电频谱共享方面的研究主要包括频谱共享的方式与策略设计,涉及协议栈中的多层协议之间的协调工作,并且与网络结构和控制方式有关。频谱共享可以从网络结构、用户行为以及接入方式三个角度进行分析,如图4-1所示。

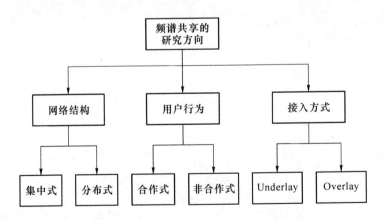

图 4-1　频谱共享的分类方式

1. 从网络结构上看

从网络结构上看,频谱共享可分为集中式和分布式。集中式下,要求集中控制节点负责频谱的分配和接入过程,网络中的每个分布式节点都把自己探测感知的频谱信息汇聚到集中控制单元,由控制单元绘制出频谱分配的映射图。分布式结构下,通过各节点竞争或者局部协商方式获取资源。其中本章文献[1]～[3]的研究是属于集中式频谱共享,本章文献[4]～[9]的研究则是在分布式的网络中进行的频谱共享研究。集中式的共享需要中心节点,它是网络中通过中心实体,如基站或者网络接入点来控制频谱的分配和接入过程。分布式的共享适合在分布式网络中应用,各个节点间是平等关系,每个节点都需要具有频谱共享分配的功能。这种共享方式的选择主要取决于现有设备和网络情况。

2. 从用户行为上看

从用户行为上看,频谱共享可以分为合作式和非合作式。合作式下各节点需要和周围节点进行信息共享,决策在共享信息基础上得出。非合作式下各节点根据自己的信息和策略进行频谱资源管理和选择。其中,本章文献[1],[4],[7]～[9]中的共享技术为合作式,节点通信时考虑对其他节点造成的影响,节点间共享干扰测量等信息,频谱分配算法是在考虑这些共享信息基础上得出的,由于共享是考虑了大部分节点的综合情况下作出的选择,这种方式的公平性比较好,频谱利用率和网络整体性能一般较好。本章文献[5],[6],[10]中的共享技术属于非合作共享,仅自私性地从节点自身考虑,这种方法可以减小通信开销,但会导致频谱利用率降低。因此,这两种方式的选择就需要在实际应用中找到通信开销与利用率之间的平衡。

3. 从接入方式上看

从接入方式上看,分为 Underlay 和 Overlay 两种,可以产生三种方案。第一种是基于 Underlay 的扩展频谱技术,要求认知无线电用户把传输功率扩展到全频带上[8],如 CDMA 和 UWB;第二种是避免干扰的 Overlay 方案,要求认知无线电用户选择对主用户干扰最小的射频带进行通信[4-7,9-10];第三种是一种混合方案,即避免干扰的基于 Underlay 的扩展频谱方案,除了要求认知无线电用户把传输功率扩展到全频带外,还要求在主用户传输的频带上无能量分配或者能量最低。

4.1.2　频谱共享的过程

频谱共享技术是认知无线电最重要的技术之一,机会式频谱利用的核心技术就是频谱共享。认知无线电网络的实质就是基于认知无线电技术的频谱共享网络。频谱共享的含义既包括主用户与次用户的频谱共享,也包括次用户之间的频谱共享。传统的频谱共享技术,如 ISM 2.4 GHz 频段的开放接入,在提高频谱利用率的同时却增加了干扰,限制了通信系统的容量和灵活性,而基于认知无线电的频谱共享技术能够智能地感知无线通信环境,动态检测和有效地利用空闲频谱。频谱共享主要包括以下步骤:频谱检测、频谱分配、频谱接入和频谱移动,如图 4-2 所示。

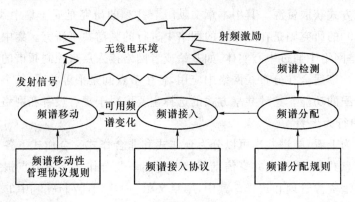

图 4-2　频谱共享过程图

1. 频谱检测

频谱检测也称频谱感知,其目的是检测所有可用自由度(时间、频率、空间)上的频谱,以辨识出当前可用于认知无线电用户通信的信道。为了不对主用户造成干扰,次用户在利用频谱空洞进行通信的过程中,需要能够快速感知到主用户的出现,并迅速腾空频谱,或在主用户干扰门限之下继续通信。这就需要借助于认知无线电的频谱感知的功能,实时地连续侦听频谱,以提高检测的可靠性。如图 4-3 所示为认知无线电工作流程,认知无线电用户接收机进行信道感知,确定信道干扰温度与空闲信道,并还可进行信道状态估计等操作,将信息发送给高层,高层根据这些信息进行网络组网方式、频段使用等决策,发射机综合高层决策及接收机的信道信息,进行集中式或分布式的频谱管理、功率控制等。由此可见,认知无线电技术应用的前提是对该地无线信道环境的感知,即频谱检测和空洞搜寻与判定。

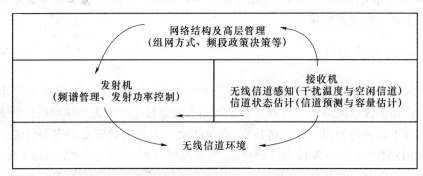

图 4-3　认知无线电工作流程

如果将待查的频段分为三种不同的情况:

① 黑空,存在高功率的干扰。

② 灰空,存在低功率的干扰。

③ 白空,仅存在环境噪声,包括热噪声、瞬时反射、脉冲噪声等,那么频谱检测的任务

就是查找适合认知无线电业务的白空,同时对工作频段在黑空(或灰空)和白空进行监测。

　　检测频谱空洞的方法,也称为频谱感知,在第 3 章中进行了详细的介绍,这里不再赘述。在认知无线电中,频谱检测技术不仅仅在频谱空洞的搜寻和判定中起关键作用,在系统的通信过程中,它还需要负责频谱状态的实时监测。对频谱的监测一方面可以搜集无线环境的统计资料,为高层的频谱管理提供辅助;另一方面进行的实时干扰温度估计为系统的发射端进行功率控制提供必要的参数支持。在某些情况下,监测频谱也能够比较准确地判定射频信号碰撞事件,使认知无线电系统能够尽快进行主动退避,避免过多地影响原有授权用户的通信。

2. 频谱分配

　　认知无线电的频谱分配与其他通信系统的频谱分配具有很多共同的特性,但由于认知无线电自身择机借用主用户频谱的特点,其频谱分配还必须满足一些特殊的要求,具体的频谱分配原则如下:

　　(1)高动态性:认知无线电是能够检测可用频谱资源、择机地借用主用户频谱进行通信的无线电。因此,可用频谱的信息必须实时更新,而一旦主用户恢复对某段频谱空间的使用,认知无线电用户就必须在较短时间内退出该频段,选择其他的频段进行通信。这样一来,认知无线电中的频谱分配技术区别于其他无线通信频谱分配的一个主要任务就是应对主用户活动动态性。认知无线电任何频谱分配技术的研究都要有较强的频谱退避和转换功能,而由于可用频谱信息的不断更新,相应的频谱分配算法也必须满足实时性的要求。

　　(2)提高系统性能:频谱分配技术的主要目的是对可用频谱空间进行合理的分配,使得系统性能得到改善或逼近于最优状态。根据不同应用需要,某个认知系统对性能的要求也可能不一样。例如,以最小化系统干扰为目标;以提高频谱分配公平性为目标;以最大化系统吞吐量为目标等。可以根据不同的系统应用需要,提出不同的算法目标函数,以此指导频谱分配算法的设计。

　　(3)减小信令开销和计算量。频谱分配算法的设计无疑需要一定的算法信令传输并占用一定的计算时间,这些都可看成分配算法所带来的系统开销。因此,频谱分配算法的设计必须考虑用户间以及用户与中心控制器之间控制信令的复杂程度,分布于用户或者中心控制器上的算法计算量也是需要考虑的一个问题。

　　总之,认知无线电的频谱分配具有一定的普遍性和特殊性,在设计频谱分配算法时必须给予充分考虑,满足以上设计原则。

　　认知无线电中的频谱分配问题一直是国内外理论研究的热点。自提出认知无线电的概念以来,不少学者为认知无线电中的频谱分配问题提出了分析模型,其中大多是借鉴于一些经典的数学理论以及微观经济学理论等,具体算法将在后文中详细介绍。

3. 频谱接入

　　在认知无线电网络中,动态频谱接入的研究目标是:最小化对授权用户网络影响的同时,最大化频谱利用率,并保证用户之间的公平性[11]。

认知无线电中采用的机会式频谱接入(OSA,Opportunistic Spectrum Access)技术可以很好地实现多种无线电系统在互不干扰的情况下进行频谱共享,从而有效地解决了目前无线频谱资源日益紧缺的问题,机会频谱接入就是基于频谱空洞和功率控制器的输出,选择合适的调制策略以适应时变的无线射频环境,使系统始终工作在可靠传输的状态下,通过适当的频谱分配策略实现认知无线电系统与授权用户之间的频谱共享。

调制技术方面,可以考虑采用灵活而高效的正交频分复用(OFDM)调制技术,这也是移动通信中 B3G/4G 网络将要采用的技术。OFDM 可以在连续或非连续频谱上进行正交变换,将信息分别调制到各个载波上,特别适合频率选择性信道或者可变信道上的信息传输。

OSA 的基本组成部分包括频谱接入机会的检测、利用以及频谱策略的调整。机会检测模块负责准确地识别并且智能地跟踪在时间和空间上动态变化的空闲频带。机会利用模块是利用机会检测结果来决定是否在某一空闲频带上允许未授权用户接入,怎样接入以及如何解决未授权用户之间的频谱机会共享问题。频谱策略调整模块定义了未授权用户之间的基本礼仪,即相互协调工作的规则,用以确保与现有无线电系统的相容性。

机会频谱接入系统三个部分设计的总体目标是当未授权用户对授权用户不造成干扰时,尽可能地为未授权用户提供便利,以便其利用授权用户的空闲频带。按照不同的频谱共享方式,可以将机会频谱接入分为两类,如图 4-4 所示。

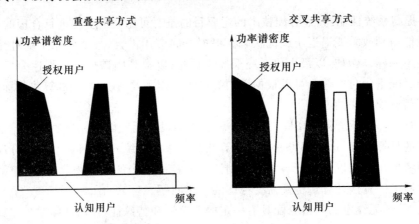

图 4-4　两种接入方式比较图

(1) 重叠共享方式(Underlay 方式):将 UWB 扩频思想应用于机会式频谱接入技术,由于系统产生的干扰比普通窄带无线电干扰小很多,因此可以与授权用户占用相同的频段,但必须将干扰保持在授权用户允许的干扰门限之下,即未授权用户的发射功率必须严格控制。Underlay 方式中,认知无线电用户采用扩频技术在授权用户的某段频谱上接入无线网络。获得分配到的频谱之后,认知节点会在很宽的频段上发送信号,对授权用户而言,该接入用户的信号可当做噪声来处理。在这种方式下,次用户的发射功率受到严格限制,必须低于主用户的噪声基底。其缺点是需要复杂的扩频技术,但是相对于 Overlay 技术能够增加可用带宽。

(2) 交叉共享方式(Overlay 方式):Overlay 方式指的是认知无线电用户使用授权用户当时未使用的频谱接入无线网络,即允许认知无线电用户检测频谱的可用性,一旦发现可用频谱即可立即接入。其优点是可以最小化对主用户的干扰,但缺点是当主用户出现时要立即归还占用频段,若没有快速、良好的备用频谱切换机制,将导致次用户数据传输的中断或数据丢失,且对授权用户有一定的影响。

在现有研究中,Overlay 方式主要以频谱池形式实现,其基本思想是将一部分分配给不同业务的频谱合并成一个公共的频谱池,频谱池中的频谱可以是不连续的,并将整个频谱池划分为若干个子信道,因此信道是频谱分配的基本单位。授权用户并不是任何时候都占用自己的信道,因此未授权用户可以临时占用频谱池里的空闲信道。基于频谱共享池策略的 OSA 实质上是一个受限的信道分配问题,以最大化信道利用率为主要目标的同时考虑干扰的最小化。这种频谱接入方式,可以保证授权用户和未授权用户不同时占用信道,于是对未授权用户的发射功率要求就能放宽,但是对何时何地传输有严格的要求。它是一种直接意义上充分开发时间上、空间上的空闲频谱资源的方式。

4. 频谱移动

与目前的固定频谱分配方式不同,认知无线电系统中的用户是在一种动态频谱分配方式下选择最适合通信的频段。当信道条件变得很差,或更高优先级的用户要求使用当前通信频段时,就需要通过频谱切换跳转到另一个信道上继续通信。频谱切换以及链路维持称之为频谱移动性(Spectrum mobility)管理。频谱移动性管理的目的是确保切换过渡时的平稳和快速,以保证用户的性能要求。

认知无线电设备能够自适应地改变工作频率,称之为频谱切换。每当用户进行频谱切换时,网络协议将会从一种工作模式转为另一种工作模式。由于频谱切换会使通信链接中断,接入新的频段也会有延迟,因此频谱切换会带来链路层延迟。另外,其他高层如网络层、传输层也会受到频谱切换的影响,从而影响整个系统的性能。频谱切换需要相应算法来对其产生的影响进行估计,特别是在次用户为了提高信道质量而进行切换的情况下,发射机进行频谱切换之后,需要通过握手协议告知接收机,会带来新的通信开销。所以,应当在频谱切换带来的通信开销和系统容量增加之间获得折中。如图 4-5 所示,以四载频的情形为例,说明可用频谱空洞随时间移动时($t_1 < t_2 < t_3$),OFDM 子载波进行频谱切换的过程。频谱切换的结果是使认知无线电在特定地域、可用频谱随时间变化的情况下依然能够维持不间断通信。

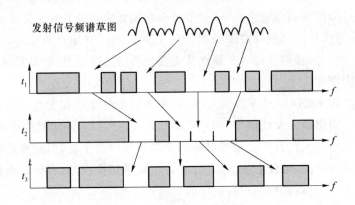

图 4-5　频谱移动和切换草图

频谱切换更多地发生在以 Overlay 方式进行接入的频谱共享方案中,在该方式中认知无线电用户只使用当前没有被干扰用户所使用的空闲信道来进行工作,频谱切换的方式只能是认知无线电用户立即退出当前正在使用的频段而切换到其他的空闲信道上去。在多信道、多干扰用户的情况下,由于无线网络信道条件的变化与主用户出现的不可预测性,认知无线电用户的频谱切换就可能比较频繁。频谱切换的示意图如图 4-6 所示。

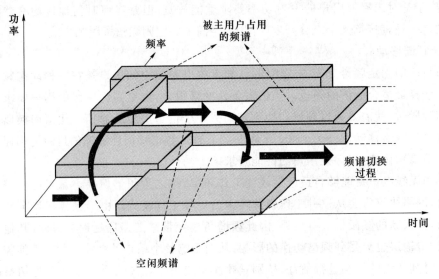

图 4-6　Overlay 方式下频谱切换示意图

图 4-6 中,阴影部分表示在一段时间内,授权用户使用的频段,空白部分表示认知无线电用户感知到的频谱空穴,也就是允许其接入使用的频段。黑色箭头表示认知无线电用户发起的频谱切换。频谱切换发起的原因一般有两个:一是因为在使用信道的信道条件变差;二是因为在使用的信道上出现了授权用户。图中是针对第二种情况,即因为授权用户的出现而发生切换的情况。现有研究中曾提出一种多信道机会接入自适应速率协

议,来检测质量较好的信道,根据 SNR 值来决定是否进行切换以及切换到哪个信道。

进行频谱切换的策略主要有两类。

(1) 感知预留(Proactive-Sensing)策略:在建立通信链路前,先从系统中的可用信道中划分出一定数量的空闲信道,并对它们进行优先级判决(考虑的主要因素是信道空闲时长),建立系统的预留信道列表,一旦系统中出现了新的切换请求,就将退出的认知无线电用户切换到最优的预留信道上去。

(2) 即时感知(Reactive-Sensing)策略:在认知无线电用户需要进行频谱切换的时候,随机感知系统中的某个可用信道,一旦感知结果报告该信道可用的话,那么就切换到该信道上去,认知无线电用户将在下一个新的时隙到来的时候开始工作。

两类频谱切换策略的示意图分别如图 4-7 和图 4-8 所示。

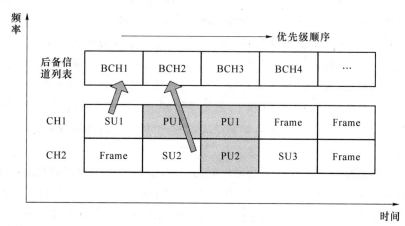

图 4-7　感知预留策略

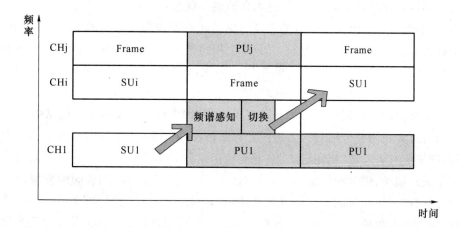

图 4-8　即时感知策略

频谱切换方案可以参考蜂窝网络切换技术,但可能还会发生不同网络间切换的情况(称之为"纵向切换"),因此频谱切换方案必须考虑所有涉及的可能。进行频谱切换之后,系统会工作在不同的频率上,因此不同层服务协议必须能够与新的工作频率的信道参数相适应,如带宽、数据率、调制方式等。频谱移动性管理协议必须对频谱切换和相关反应时间进行处理。其关键就是要预先知道频谱切换的持续时间,而这部分信息就由频谱感知算法提供,同时,移动性管理还需要跨层设计来完成其功能。

4.1.3　频谱共享的关键技术

1. 频谱池

频谱池是指将不同频段的空闲频谱收集到一起,形成一个逻辑上的池。无线频谱池是一种资源共享策略,其基本思想就是将一部分分配给不同业务的频谱合并成为一个公共的频谱池,并将整个频谱池划分为若干个子信道,子信道成为频谱分配的最基本单位。

作为一种典型应用,在频谱池系统中,共享频谱的系统分为主系统和租用系统。主系统一般拥有授权频谱,若其自身频谱富裕,则将其空闲频谱放入频谱池中,租借给其他系统使用时。租用系统指自身频谱不够用,需要租借频谱池中的空闲频谱来使用的系统,租用系统可能是没有授权频谱的系统,如无线局域网,也可能是自身授权频谱已经全部用完的授权系统。

频谱池共享策略实质上是一个受限信道的分配问题,以最大化信道利用率为目标,兼顾接入的公平性并考虑对主用户干扰的最小化。对于频谱拥有者(主用户)来说,它是具有最高的接入优先级的用户,主用户允许事先定义的次级用户在其不使用频谱时,来租用空闲频段,而次用户使用频段需要根据频谱市场规定,按秒、分或者小时来付费。

为了更好地理解频谱池的定义,首先介绍相关概念:一段可用来被租用的连续频谱被称做为"频谱池";一组由多个频谱池组成的提供同一种应用服务的称为"频谱池组"。假设一个频谱池的带宽可以划分为 $m = B_i/b_i$ 个相同带宽长度为 b_i 的子信道。子信道的租用者(次级用户)可以使用子信道直到主用户出现,而次用户必须在主用户出现的 T_p 时间之内停止操作,以免对主用户的传输造成影响。

无线电频谱租用协议的框架如图 4-9 所示。其中,时间轴表示租用信道的功率以及租用者与所有者之间差分信号。当租用者有频谱使用需求,通过频谱感知来检测空闲信道,并向频谱所有者发送"租用请求"来发起租用过程。此带内信号具有多种用途:首先,它可用来表示频率、带宽和信道的空间范围。因为可能有多个租用者同时发现此空闲信道,它们之间将采用竞价的方式获得频谱,因此频谱所有者在收到"租用请求"后,将发出"请求响应",包含租期、操作场地及价格信息。不同租用者将通过短的认证序列来提交竞价,所有者可能会接受竞价,认证并返回,最后租用者付款,完成租用协议。

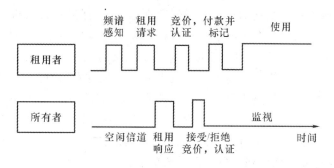

图 4-9　频谱租用协议

频谱池中的频谱可以是连续的,也可以是不连续的,整个频谱池又可划分为若干个子信道,次用户可临时占用频谱池里的空闲信道。频谱分配必须能协调和管理主用户和次用户之间的信道接入。频谱池策略主要有两种[12]:一种是具有控制信道的分配,只要频谱池有空闲的子信道,主用户就可以选择空闲信道而不中断次用户的通信;另一种是无控制信道的分配,主用户并不考虑次用户是否占用信道,只要需要就占用原信道。这两种方案中,带宽利用率和阻塞率无明显差别,但无控制信道的分配方案的强制中断率比较高,可采用智能调度算法来降低。

2002 年,德国 Karlsruhe 大学的 F. Capar 和 T. Weiss 等人较早提出频谱池概念[12],比较了带信道检测和不带信道检测的频谱池方法的频谱利用率。德国 Karlsruhe 大学无线电通信技术研究所的 Menguc Oner 等人也在进行频谱池的研究[13],主要研究方向为频谱池中信道分配信息的抽取。

2. 信道状态估计

由于无线信道存在噪声、多径时延和多普勒频移,导致发送信号通过无线系统产生衰减和码间干扰,信道估计技术的目标就是估计出信道的衰减系数以便于接收机准确恢复发送信号、对信道容量进行预测以及实现自适应调制。

根据是否使用训练序列的信息,信道估计技术可分为导频辅助信道估计以及盲估计算法,前者可分为基于训练序列和导频符号两种,盲估计又分为盲算法和半盲算法。

（1）基于导频的信道估计方法

基于导频的信道估计方法简单,是目前应用最多的方法,也是最成熟的算法。其基本过程是[14]:首先在发射机适当位置插入导频符号,然后接收机利用已知的导频符号会恢复出导频位置的信道信息;接着利用获得的导频位置的信道估计结果,通过某种处理手段（如内插、滤波、变幻等）得到所有时段有用数据位置的信道估计结果。虽然这种方法简单,但是在时变信道中需要不断插入导频,需要牺牲频谱效率和发射功率,当信道变化非常迅速时需要插入 50% 的导频。

（2）基于训练序列的信道估计方法

基于训练序列的信道估计方法的基本思想是:信号在调制和发送之前将一个预先设

计的特定周期训练序列以较低的功率叠加到数据信息上，然后在接收机利用训练序列的一些统计特性估计出信道的冲击响应。该算法最初是在单收发系统（SISO，Single Input and Single Output）时不变和慢时变信道环境下提出来的[15-16]，后来扩展到了多收发系统的时变信道环境[17]。这种信道状态估计方法将训练序列加在数据上，因此不需要额外占用带宽，提高了频谱效率，但是仍然需要发送训练序列，因此将消耗一部分发射功率，而且将训练序列叠加在数据信息上带来一个信道问题：叠加的训练序列对信号会造成干扰，因此，研究面临的难题将是，在保持信道估计准确同时减小对数据信息干扰的前提下如何设计训练序列；如何分配训练序列与数据符号的功率。

（3）盲信道估计方法

盲信道估计不需要任何训练序列或者导频符号，其实质是利用信道潜在的结构特征或者输入信号的特征达到信道估计的目的。目前已有的方法主要分为三大类：基于距的方法、最大似然方法和贝叶斯方法。

基于距的方法中研究最广泛的是子空间方法[18]，利用信号子空间和噪声子空间的正交性将两者分离，根据正交性原理可以求得信道的冲击响应的解。该算法的优点是可获得闭合形式的最优解，缺点是该算法假设信道向量处于唯一的子空间，或者是信号子空间，或者是噪声子空间，导致对信道建模误差很敏感，不具有鲁棒性，且复杂度高。

最大似然法[19-20]是一种用于任何参数估计问题的典型方法，其中信号概率密度函数是已知的，当采样长度足够大时，估计器通常都具有优良的性能。然而，该算法的计算复杂度偏高，并且其最优值可能会收敛到局部最大。

贝叶斯估计方法在解决时变信道的估计问题方面具有良好的性能，基于贝叶斯方法的信道估计算法可分为卡尔曼滤波（KF，Kalman Filter）方法[21]和离子滤波器（PF，Particle Filter）方法[22]。卡尔曼滤波在线性高斯系统中能够提供最优解析解，但是大量证据表明，在无线环境中，噪声是非高斯的，此时卡尔曼滤波器性能恶劣，粒子滤波器具有良好的性能。其核心思想是利用一系列随机抽取的样本（粒子）和样本的权重来替代状态的后验概率分布，并利用这些样本及其权重来计算状态的函数分布，当样本的个数变得足够大时，通过这样的随机抽样方法就可以得到状态后验分布很好的近似，然后获得重要的估计。

虽然盲信道估计不需要任何导频信号，但是所有的盲信道估计都存在复杂度高、收敛速度慢、相位模糊等问题，由于这些问题未能得到很好的解决，限制了盲信道估计的应用。

（4）半盲信道估计

盲信道估计收敛速度很慢，需要累计很长的数据块来获得好的信道统计估计，只适应于慢衰落的信道，在快速多晶衰落信道中盲估计的性能急剧下降。半盲信道估计不仅使用了训练序列以及和它相应的接收端观测值，而且还利用了位置发送数据对应的接收端观测值，结合了导频信道估计和盲信道估计的优点，联合估计数据和导频序列来提高信道估计的准确性和带宽利用率。针对半盲信道估计的研究[23-25]集中在如何通过添加少量的训练序列来解决盲信道估计在复杂度、收敛速度和相位方面存在的问题。

3. 功率控制

功率控制是蜂窝移动通信,尤其是基于 CDMA 的蜂窝系统中资源分配和干扰管理的关键技术之一,有效的功率控制算法能够降低用户间的相互干扰,克服"远近效应",增加系统容量,对于移动用户而言,还能延长手机的待机时间。因此,围绕这一问题展开的研究一直以来是无线通信领域中一个十分活跃的分支。

功率控制的主要目的,就是减少相同信道干扰和不同信道间的干扰。在认知无线电网络中,资源是有限的,不仅可用的频谱有限,认知无线电用户在某一频段上的发射功率也是有限的。为了更好地利用这些有限的资源,认知无线电用户一方面要以合作的方式共享这些资源,另一方面还要以竞争的方式使自己获得最大的效益。

对次用户的发射机功率控制便可以控制对整个系统其他用户的干扰,功率控制就是整个认知无线网络中让每个有通信需求的次用户在满足自身信干比标准下使用最佳发射功率。因此,认知无线电网络中的功率控制算法至少面临以下三个方面的要求和挑战:

第一,需要考虑能耗的问题。在认知无线电系统中,应该尽量降低认知无线电用户的发射功率,以便减少对其他用户的干扰,从而增加系统的容量和延长电池的寿命。另外,考虑到认知用户在突发情况下(比如授权用户重新占用信道)可能切换信道和无线通信环境不稳定等因素,认知无线电功率控制算法对功率的控制过程应该有较快的收敛速度。

第二,必须满足认知无线电用户的 QoS 要求。信干噪比(SINR,Signal to Interference plus Noise Rate)要求是最基本的 QoS 要求,这也是设计功率控制算法时必须达到的 QoS 要求。在达到此要求的基础上,会考虑为认知无线电用户提供更多的高质量服务,如用户的速率要求,业务延迟要求,以及对不同的业务提供服务等。这些 QoS 要求通常要求发射功率越高越好,但是,这与受限的最大功率形成了矛盾,显然,需要在两者中取得折中。

第三,功率控制算法应该具有较低的复杂度。随着系统中用户数的增多以及可用频谱的增多,完成信号检测和完成多个限制条件下的分配的工作量必然会增加,这将有可能导致完成这些工作的时间过长,从而适应不了认知无线电空闲频谱时变的要求。所以,认知系统中的功率控制算法复杂度应尽可能小。

认知无线电网络中的功率控制主要技术也可分为集中式和分布式两种。

(1)集中式功率控制:需要一个中央控制单元管理网络中所有链路的信息和信道增益,控制网络中所有单元的发射功率,集中式功率控制可以实现最优功率分配,但需要大量控制信令,在实际网络中并不实用,集中式功率控制只用来给出分布式算法的理论极限系统性能。

(2)分布式功率控制:分布式功率控制单元只控制一个发射机功率,功率控制算法只取决于本地信息,例如,信干比测量值,特定用户的信道增益。在理想情况下,功率控制机制具有良好的性能,但在实际系统中,存在许多不理想的因素,例如:

① 测量和控制信令造成的功率控制时延；

② 发射机的输出功率受到物理和量化过程限制,如专用物理信道上的最大发射功率受限,这些受限因素会影响功率控制性能；

③ 功率控制需要的反馈信令由于无线传输特性并不一定能准确评估,会影响功率控制的可靠性；

④ 通信质量评估是一项主观行为,而功率控制只能使用相应的客观测量指标。

认知无线电网络中的主次用户本质上是一个具有自治性的智能代理,当前的研究成果和方向多集中在动态平行分布式资源管理分配方案。实际考虑情况是认知无线网络的接入可能会与多种网络操作共存,因此在本章文献[26]中提出了一种基于信干比要求的快速功率分配策略,在一个网络中次用户按照各自最佳的信干比收敛到最佳发射功率状态。

如上所述,认知无线电功率控制要求:在不对主用户造成干扰的情况下,确保次用户的服务质量；信号检测与功率控制的时间应足够短,以适应认知无线电空闲频谱快速时变的要求；功率控制算法需要具有较低的复杂度。因此,认知无线电功率控制是一个多目标优化的过程。

4.2 集中式频谱共享技术

基于网络结构,频谱共享技术可分为集中式与非集中式(即分布式)两种。所谓集中式是指网络中的各节点(即各用户)都把自己的频谱检测信息汇聚到集中控制单元,由控制单元绘制出频谱分配映射图；而分布式则是指各个分布式节点都参与频谱分配,频谱接入是由各节点自己决定的。目前,集中式频谱共享模型主要有以下三种:基于频谱池的频谱分配模型、基于图论着色的频谱分配模型和基于干扰温度的频谱分配模型。

4.2.1 基于频谱池的频谱分配模型

1. 概述

认知无线电用户在探测可用的谱空洞和选择接入方法时有两种策略。

(1) S1:基于即时方式的频谱探测和接入策略

认知无线电用户在空闲状态或正常通信时不进行频谱空洞的探测以节省硬件资源,当有新的业务需求或发现信道质量下降时才进行频谱空洞探测,一旦探测到适合当前业务需求的频谱空洞,则马上请求接入进行通信以减少时延。

(2) S2:基于频谱池的频谱探测和接入策略

认知无线电用户不管当前的状态如何,都定期进行频谱空洞探测,并将探测结果记录下来形成一个资源池,有业务请求到来时,用户从资源池中随机选择频谱空洞进行通信。该资源池的大小取决于具体的业务需求,同时受限于系统硬件的支持能力。

本章文献[27]提出了一种基于频谱池的物理层分布式探测方法后,频谱池的概念才被提出,它的基本思想是把不同频谱所有者掌控的频谱资源融合在一起,形成一个公共的池,在授权用户空闲时,其他用户可以临时租赁该频谱资源,而授权用户不需做出任何改变。研究表明,基于频谱池的动态频谱接入(DSA,Dynamic Spectrum Access)技术能有效地改善系统接入性能和频谱效率,而且基于频谱池的物理层分布式探测方式可以提高频谱探测信息传输的可靠性。

2. 系统模型

认知无线电用户的业务请求到达和离开可以建模为随机过程。业务请求的到达和离开过程服从泊松随机分布,这样系统中逗留的业务数量可用一个时间连续的马尔可夫链进行描述。

针对基于频谱池的策略,服务系统可建模为一个标准的 M/M/C 系统,频谱空洞对应于服务台,业务请求对应于顾客。各个服务台独立工作,各服务台平均服务率相同,业务请求到达之后,在频谱池中可用的 C 个频谱空洞中随机选择一个进行服务,即业务请求是在频谱池之外排队接入,动态选择可用的频谱资源。

3. 频谱池容量和优化及更新策略

频谱池容量的大小直接决定了系统资源的使用情况。根据系统效率的定义,频谱池容量太大时,对系统效率的提高是一个限制;而频谱池容量过小,又不能显著改善认知无线电用户的性能,造成频谱收益降低。所以,必须对频谱池容量进行优化,合理选择频谱空洞数量,使频谱池内资源开销变得最小。频谱池内单位时间的全部费用由两部分构成:服务成本和等待费用。用 Z 表示池内全部费用的期望值,则

$$Z(C) = C_s C + C_w L_s \tag{4-1}$$

其中,C_s 是占用每个信道(频谱空洞)单位时间的成本;C 为频谱池中的频谱空洞数量;C_w 为每个业务请求在系统逗留单位时间的费用;L_s 为系统中逗留的业务请求数,也是 C 的函数。

使 Z 值最小的 C 就是这里要求解的频谱池最优容量 C^*。

C 只取整数值,$Z(C)$ 是离散变量,用经济学中的边际法进行分析。当 $C = C^*$ 时,$Z(C)$ 满足式(4-2):

$$\begin{cases} Z(C^*) \leqslant Z(C^*-1) \\ Z(C^*) \leqslant Z(C^*+1) \end{cases} \tag{4-2}$$

将式(4-1)代入式(4-2)中,得

$$\begin{cases} C_s C^* + C_w L_s(C^*) \leqslant C_s(C^*-1) + C_w L_s(C^*-1) \\ C_s C^* + C_w L_s(C^*) \leqslant C_s(C^*+1) + C_w L_s(C^*+1) \end{cases} \tag{4-3}$$

求解有

$$L_s(C^*) - L_s(C^*+1) \leqslant \frac{C_s}{C_w} \leqslant L_s(C^*-1) - L_s(C^*) \tag{4-4}$$

依次求出 $C=1,2,\cdots$ 时 L_s 的值，并作相邻 L_s 值之差，构成一个数列，找出 $\dfrac{C_s}{C_w}$ 落在该数列的区间，即可求出 C^*。

得出最优的频谱池容量之后，应该寻找更新频谱池的合理时间，使之尽量维持在最优容量附近。如果更新间隔过短，势必增加 CR 设备的硬件资源开销，而更新间隔过长又可能导致池中资源过少，从而不能满足认知业务的接入需求。整个无线系统的动态性使得不可能固定一个扫描周期来保持频谱池资源的可用性。下面提出一种基于动态过程的可变周期频谱池更新策略。

认知无线电用户的第 $i(i=1,2,3,\cdots)$ 次频谱空洞扫描过程，将扫描频段内所有可用的频谱空洞，总数记为 $N_i(N_i=0,1,2,\cdots)$，从中选择 $C_{\max}(C_{\max}\leqslant N_i)$ 个空洞建立频谱池，由于用户接入时只占用频谱池中的空洞，离开时将频谱空洞归还给频谱池，频谱池容量可能会随着时间的推移而逐渐变化，需要设定一个范围使频谱池容量保持在 $[C_{\min},C_{\max}]$ 之间，在用户发现频谱池内可用空洞数小于 $C_{\min}$ 时，为减小系统阻塞率和提高系统性能，就需要进行频谱池更新，更新之后新的频谱池中可用频谱空洞数达到 $C_{\max}$。

4.2.2 基于图论着色的频谱分配模型

在认知无线电系统的频谱分配研究中，将认知无线电用户组成的网络拓扑结构抽象成图，在无线网络环境中，信道可用性由主用户的复杂变化和用户的移动性决定，是时变的，网络的拓扑结构也会随着环境的变化而发生变化。通过实时信息交互，根据每个周期的检测报告，系统的拓扑结构实时改变，同时，网络中每个节点会更新数据库里面的关于网络拓扑的信息，这样就可以利用图论的知识解决频谱分配的问题。

基于图论的模型中规定了空闲矩阵、效用矩阵、干扰矩阵和分配矩阵 4 个基本矩阵[29]。频谱分配数学模型是建立在相应的干扰和约束条件之上的。在认知无线电系统的频谱分配模型中，将认知无线电用户组成的网络拓扑结构抽象成图。图中的每一个顶点代表一个无线用户，每一条边表示一对顶点间存在冲突或者干扰。如果图中的某两个顶点有一条边连接，则假定这两个节点不能同时使用相同的频谱。另外，将每一个顶点与一个集合相关联，这个集合代表该顶点所在区域位置可以使用的频谱资源。由于每个顶点地理位置不同，因而不同顶点所关联的资源集合是不同的。

如图 4-10 所示为一个认知无线电系统的网络拓扑结构图例。图中的 5 个顶点 1～5 代表 5 个不同的认知无线电用户，系统可选的共有 3 条信道 A、信道 B 和信道 C，当前位置上面分布了 4 个主用户，即用户 I～IV，他们使用的授权频段分别是信道 A、信道 B、信道 C 和信道 C。认知无线电用户使用授权频段的前提是：如果当前信道被主用户使用，则为了避免对主用户的干扰，这个信道不能被附近的次用户使用。主用户工作在不同的功率下，其通信覆盖范围不同。在主用户的覆盖区域内如果存在使用相同频段的次用户，就必然对主用户带来不可忍受的干扰，导致系统性能的急剧下降。因此从干扰规避上考虑，在主用户 I～IV 的干扰范围内的认知无线电用户不能使用相同频率。图 4-10 中圆圈表明了主用户的覆盖范围，信道 X 代表主用户的工作频段，可见，处于主用户覆盖范围内的次用户的关联频段集合中都没有包括主用户的工作频段。例如，节点 2 位于授权用户 IV（使用工作频段 C）的干扰范围内，信道 C 对节点 2 是不可用的。每个节点不同的关联信道集合表明了用户可用的频段集合。例如，在图 4-10 中，顶点 1 的可用信道是(B，C)，顶点 2 的是(A，B)等。

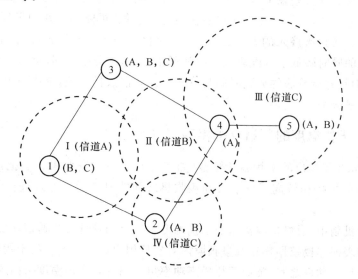

图 4-10　认知无线电系统图论模型

图 4-10 仅仅是网络的一个瞬间快照。实际应用环境中，信道可用性是时变的，由主用户的负载变化和用户的移动性决定。网络的拓扑结构的改变可以通过系统每个周期的监测报告获得，通过实时的信息交互，网络中每个周期的检测报告获得，通过实时的信息交互，网络中每个节点会更新数据库里面的关于网络拓扑的信息。为了简化频谱分配的研究，一般假定一个监测周期内的系统拓扑结构不会发生改变。

基于图论着色的分配算法主要有以下两种：

（1）列表着色（List-Coloring）算法。这是一种根据以上的图论着色模型提出的开放式频谱接入的无线网络中基于 List 着色的频谱分配算法，其目标是在现有的干扰约束条件下得到最大的频段分配数。这一算法比较类似于传统蜂窝小区的小区间的频率规划，目标是最大化复用因子，但是它并未考虑认知无线电系统的频谱分配中频谱效益的差异性和干扰的频谱差异性，同时在该算法中，干扰存在与否只与节点之间的距离和发射功率有关，与频率无关。

（2）颜色敏感的图论着色（CSGC，Color Sensitive Graph Coloring）算法。在 CSGC算法引入了每个频段的效益，由此可以得到以最大化频谱效益为目标的最优分配准则的表达式。CSGC 算法考虑了 List 着色算法中的两种差异性并给出复合图的带权重的 List

着色算法,然而该算法存在其中一个缺点就是运算量过大,随着用户数和频谱数的增加运算量成非线性增加,同时其最优着色算法是一个 NP-Hard 问题。研究人员指出,为了降低开销,可以从两个方面入手:一种是从用户数的角度出发研究;另一种是从开销与频谱数的关系出发。

其他一些改进的方法都是在这两种算法模型的基础上对分配准则加以修改或改进得到的,例如,本章文献[29]在 CSGC 算法的基础上提出了基于需求的频谱资源分配算法和联合比例公平算法,获得了比 CSGC 算法更好的性能,更能满足用户的需求;本章文献[30]提出了开放式频谱接入的并行分配算法,简化了 CSGC 算法的拓扑结构,在得到相同的最优分配的同时降低了分配算法的时间开销,缩短了分配时间,更适应认知无线电中快变的环境,而且并行算法的分配时间与待分配的频谱数目无关,更适用于含有大量频谱的频谱池的频谱分配。

4.2.3 基于干扰温度的频谱分配模型

FCC 在 2003 年提出的干扰温度模型(如图 4-11 所示)[31]使得人们把评价干扰的方式从大量的发射机操作转向了发射机和接收机之间的以自适应方式进行的实时性交互活动。

干扰温度机制中,通过接收机端的干扰温度来量化和管理无线通信环境中的干扰源,干扰温度用来表征非授权用户在共享频段内对授权用户接收机产生的干扰功率和授权接收机处的系统噪声功率之和,类似于热噪声功率可以用等效噪声温度来描述。

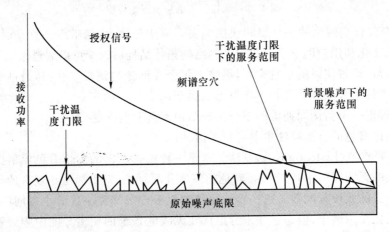

图 4-11　干扰温度模型

干扰温度的单位为开尔文(K),定义如下:

$$T_1(f_c,B)=\frac{P_1(f_c,B)}{kB} \tag{4-5}$$

其中,$P_1(f_c,B)$ 表示中心频谱为 f_c,带宽为 B(单位为 Hz)范围内的平均干扰功率(单位为 W），k 为玻耳兹曼常数，具体数值为 1.38×10^{-23} J/K。该定义和 3.2.2 节相同。

干扰温度模型设定了接收机端汇聚多个不同发射所产生的累积射频能量最大可以到达的水准界线。"干扰温度门限"保证了授权用户的正常运行，非授权用户作为授权用户的干扰，一旦累积干扰超过了干扰温度门限，授权用户就无法正常工作；反之，可以保证授权用户和非授权用户同时正常的工作，提高频谱利用效率。

因此，对于固定区域，FCC 应确定干扰温度的极限 T_L 作为给定区域、给定频段上的可容忍干扰大小的上限。任何使用该频段的认知无线电用户必须保证其信号的发射不会使得该频段的干扰温度超过 T_L。然而在实际环境中对于信号与干扰的区分、中心频率 c 以及带宽 B 等问题均存在不确定性，有研究者定义了以下两种干扰模型。

（1）理想模型：包括背景干扰、其他认知无线电用户信号传输对认知无线电用户的干扰，在此框架下的干扰温度极限考虑的是授权用户带宽。

（2）通用模型：包括背景干扰、来自授权用户信号、来自其他认知无线电用户信号传输对认知无线电用户的干扰，在此框架下的干扰温度极限考虑的是认知无线电用户带宽。

4.3　分布式频谱共享技术

认知无线电网络的频谱共享技术研究中，频谱分配受可用频谱机会、无线频谱（信道）状态、业务的特征、主用户和次用户行为、信息约束限制以及分布式特性等众多因素影响，是一个非常复杂的问题。分布式的频谱共享技术，各个分布式节点都参与频谱分配，频谱接入是由各节点自己决定的，因而多采用启发式分配方法，收敛性是其一项重要的性能指标，体现算法对系统变化的适应能力。目前，主要的分布式分配模型主要有以下三种：基于博弈论的频谱分配模型、基于拍卖竞价理论的频谱分配模型和机会式频谱接入模型。

4.3.1　基于博弈论的频谱分配模型

博弈论已被广泛地应用于微观经济学，在无线通信的研究中，博弈论为分析动态资源管理的问题提供了一种新的方法和模型。目前已有研究者利用博弈论对认知无线电的无线资源管理展开了研究[32-33]，如利用博弈论模型分析认知无线电的功率控制、呼叫准入控制和干扰避免等。在这种模型中，多个用户形成博弈者的有限集，他们选择某条信道传输的策略形成策略集合，通过传输无线数据获得一定的通信收益，这与信道质量相联系，由此，频谱（信道）的分配问题可以建模为一个博弈的输出，博弈论算法的性能显著地依靠效用函数的选择，且用户的策略最终会收敛于稳定的均衡点，一般用纳什均衡理论进行分析。

博弈论模型适用于分析认知无线电系统各用户竞争频谱的分布式行为，各用户根据自己获得的信息单独进行决策。假设，一个分布式的认知无线电网络由 N 个发射-接收对组成。节点是固定的，或者移动得很慢（比所提出的算法的收敛要慢）。节点测量可用频谱并决定传输信道。假设有 K 个频率信道可以用来传输，$K<N$，并允许多用户共享一个信道在同一时刻传输，即系统工作在非独占式频谱共享方式下，用户通过选择一个合适的传输频率，有效地建立一个具有降低共道干扰功能的信道复用分布图。假设在网络中的用户是同质的，即具有同样的行动集和相应于可能的行动的效用函数。用信干比描述用户所受到的干扰情况，在接收机 j 关于发射机 i 的信干比可以表示如下：

$$\text{SIR}_{ij} \approx \frac{p_i G_{ij}}{\sum_{k=1,k\neq i}^{N} p_k G_{kj} I(k,j)} \tag{4-6}$$

其中，p_i 为发射机 i 的发射功率，G_{ij} 为发射机 i 和接收机 j 之间的链路增益，对于式(4-6)来讲，i 和 j 是属于同一对节点中的发射机和接收机。$I(k,j)$ 是表示由节点 k 到节点 j 的干扰的干扰方程，定义为

$$I(k,j)\begin{cases}1, & \text{如果 } k \text{ 在与 } j \text{ 相同的信道上传输} \\ 0, & \text{其他}\end{cases} \tag{4-7}$$

根据以上假设，信道分配问题可以建模成一个博弈的输出，在这里博弈者是认知无线电用户，他们的行动（策略）是对传输信道的选择，并且他们的效用与信道质量相联系。信道质量信息由认知无线电用户通过在不同的无线频率上的测量来获得。

信道分配问题的博弈论数学描述的一般形式如下：

$$\Gamma = \{N \ \{S_i\}_{i\in N} \ \{U_i\}_{i\in N}\} \tag{4-8}$$

其中，N 是博弈者(选择某个信道来传输的决策者)的有限集，S_i 为相对于博弈者 i 的策略集，定义 $S=\{S_i, i\in N\}$ 是策略空间，则 $U_i:S\rightarrow i$ 是效用函数集。在博弈 Γ 中每个博弈者 i，效用函数 U_i 是 S_i 和当前其对手的 S_{-i} 的函数，这里 S_i 是博弈者 i 选择的策略，S_{-i} 是其对手的策略。

由于博弈者均独立进行决策并且受到其他博弈者决策的影响，博弈结果分析的一个关键问题是判断对于信道选择算法是否存在收敛点，且这个收敛点对于任何用户都不会偏移，也就是纳什均衡。纳什均衡的定义为：对于博弈者们的一组策略，$S\{s_1, s_2, \cdots, s_N\}$ 是一个纳什均衡，当且仅当 $U_i(S)\geqslant U_i(s_i', s_{-i})$，$\forall i\in N, s_i\in S_i$。

从上面的讨论可见，博弈论算法的性能显著地依靠效用函数的选择，这些效用函数刻画了用户在某条特定信道上获得的性能收益。效用函数的选择不是唯一的，但一般选择对于某个特定的应用具有物理意义的函数，并且还要保证算法具有均衡收敛的数学特性。

4.3.2　基于拍卖竞价理论的频谱分配模型

利用微观经济学中定价拍卖原理而制定的无线电资源分配机制在近年来得到广泛的研究[34-36]，而且已经被证明是认知无线电网络的频谱分配问题的有效解决方法。在这种模型中，次用户是投标者，中心频谱管理器(CSM，Central Spectrum Manager)充当竞拍人的角色，它以最大化网络的收益为目标，按照"赢家决策"的原则将可用资源分配给次用

户,同时可以提高系统效益,这种模型既具有集中式特性(具有中心控制节点)又具有分布式行为(次用户根据各自的收益出价),且信令开销小。

基于定价拍卖的频谱分配模型根据不同的网络效用需要来确定自身的目标函数,即确定赢家胜出的规则。例如,采用最大化系统吞吐量原则将某段频谱分配给在其上吞吐量拍卖值最大的用户,利用效用公平原则和时间公平原则保证投标者在竞争频谱资源过程中的效用公平和时间公平等。

由于在频谱分配过程中引入了定价拍卖原理,认知无线电用户即投标者,原则上都是"自私的"、"理性的",这使得基于定价拍卖的频谱分配模型具有如下一些特点:

(1) 非合作的用户行为。由于投标者是"自私的"、"理性的",每个投标者都会根据系统效用需要对可用频谱进行定价,将评估的价格传送给拍卖人,而无须知道其他用户的信息和策略。

(2) 分配算法需要合理的执行时间和合理的计算开销。基于定价拍卖的频谱分配算法中大量的运算集中在投标者和拍卖人身上,例如,投标者需要对每个可用频谱单元进行评估,拍卖人需要收集全部投标者定价并进行赢家判断等。

(3) 信令开销小。虽然对频谱单元的定价为投标者增加了较大的运算负担,但由于用户之间非合作的关系以及投标者和拍卖人之间信息传递的完备性,使得基于定价拍卖的频谱分配算法拥有较小的信令开销的优点。

4.3.3　机会式频谱接入

机会式频谱接入方法中,次级用户利用主用户的频谱空洞进行通信。机会式频谱接入技术要求次级用户能够周期性地扫描频谱,监测可获得的频谱空洞,然后次级用户可以使用这些频谱空洞进行通信。频谱空洞是指被授权给了特定的主用户,但在特定的时间和地点并没有被主用户使用的频带。因此,频谱空洞的检测、对频谱空洞预测建模和机会频谱管理成为了机会式频谱接入的关键。

1. 检测频谱空洞

(1) 能量检测:检测器根据某一或某些频段内电磁波能量的大小是否超过预先设定的阈值来判断。通常的做法是检测器对接收到的信道采样,并求其模平方的和,再把结果与某一阈值进行比较判断是否检测到主用户信号。这种检测方法原理简单,而且不需要主用户的合作。但是,能量检测精度不高,造成虚警或漏补的概率较高,而且检测时间长。实际上,针对不同的主用户系统,能量检测法会有差异。

(2) 匹配滤波法:这种方法进行的是相干监测,它需要知道主用户的同步信息和其他一些先验消息(例如,主用户的训练符号序列)。这种检测方法精度高,检测时间较能量检测要短。但是它需要预先知道主用户的先验信息,还需要主用户的合作(相干检测是次级用户要与主用户同步),这造成了设计的复杂度较高。

(3) 循环平稳检测法:该方法利用了主、次级用户信道之间的统计平稳特性的差异来监测主用户信道。

2. 频谱空洞预测建模

由于技术的限制和成本控制的原因,次级用户检测器不可能做到时刻检测其周围环境的所有频谱空洞。为了使检测更为有效,人们提出分析已有检测结果的统计特性,对信道状态建模,并利用该统计模型指导检测。具体来说,可以根据某一频段是否被主用户占用这一特征将该频段状态分成空闲和占用两个状态。随着时间的推移,该频段呈现两种状态交替变化。对于一般的加性噪声信道,可以用一阶马尔可夫过程对其状态进行建模。对于时变的多径信道,由于信道的记忆性较强,必须用二阶及二阶以上的马尔可夫过程对信道状态建模。

3. 机会频谱管理

一旦检测到频谱空洞,就要决定如何利用那些频谱空洞。机会频谱通信的主要特点是频谱空洞随着时间不断变化。这对调制的选择提出了很高的要求。能够适应这种特点的调制方式大致有两种。一种是动态调频技术,另一种是正交频分复用(OFDM)技术。

动态调频技术的基本原理是:在某个时隙,次级用户在一个工作信道上传输数据的同时,在其他信道上进行频谱检测;下一个时隙,次级用户放弃之前的工作信道,切换到一个监测到的空闲频谱上。

但是,次级用户可用的频谱空洞可能位于很宽的频谱范围并且不连续,所以正交频分复用技术由于其高效和灵活性成为最佳的候选方案。其基本原理是将整个频谱分成若干个正交的子载波,次级用户根据检测到的结果,只利用那些没有被主用户占用的子载波进行数据传输。在进行正交频分复用调制时,将被主用户占用的子载波置零,同时考虑频谱泄露的问题,留出必要的保护子载波,从而避免对主用户产生干扰。正交频分复用技术的特点是高效灵活,但是也存在自身固有的问题,如高峰均比问题等。此外,次级用户应用正交频分复用技术时,子载波间隔和符号间隔必须和频谱空洞的带宽和时域持续时间相匹配。

4.4 其他频谱共享技术

1. 基于 K-均值聚类的动态频谱接入

为了有效降低次用户接入授权信道时对主用户造成的干扰以及次用户被阻塞的概率,有研究提出了一种基于 K-均值聚类的动态频谱接入方法[37]。该方法首先将关注的频谱划分为若干子信道,然后对每个子信道进行特征提取,借助频谱特征,用 K-均值算法对子信道进行聚类,将子信道分别纳入白色、灰色和黑色频谱池。次用户在接入信道时,重点选择白色频谱池中的信道接入。用该方法能够有效降低次用户对主用户的干扰和次用户被阻塞的概率,提高信道接入效率。

2. 基于跳频的自适应共享方案

针对异种网络之间的频谱共享问题,本章文献[38]提出了基于跳频的自适应频谱共享方案,记为 FH-IA 机制。方案中,频谱注册网络负责配置跳频频率表等跳频参数,并且将其在覆盖区域内广播。频谱共享网络中的可重构终端(CR-MTs)使用认知无线电技术对周围频谱进行监测,通过跳频频谱共享策略实现通信。如图 4-12 所示为 FH-IA 机制中 CR-MTs 的工作流程。

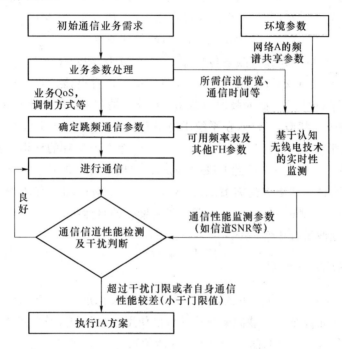

图 4-12 FH-IA 机制中 CR-MTs 的工作流程

本章文献[38]设计了跳频频谱共享的信号发射模型和信令交换机制,提出了不同情况下的干扰避免(IA,Interference Avoid)策略,并对跳频频谱共享方案的性能进行了分析,基于干扰计算模型得到的仿真结果表明该方案具有较好的干扰避免性能。

4.5　频谱聚合技术

随着移动通信技术的发展,以及用户业务量和数据吞吐量的不断增加,第三代移动通信系统已经不能完全满足用户的需求,因此,3GPP 致力于将 3GPP LTE(Long Term Evolution)作为 3G 系统的演进。为了获得更高的数据速率、更低的时延、改进的系统容量和覆盖范围,以及较低的成本,LTE 采用了一些关键技术,如 MIMO 技术、AMC 技术、HARQ 技术等。3GPP 认为,LTE 本身可以作为满足 IMT-Advanced 要求的技术基础和核心,但 LTE 较 IMT-Advanced 的要求还有一定差距。

2008 年 3 月,在 LTE 标准化接近完成之时,一个在 LTE 基础上继续演进的项目,LTE-Advanced 拉开了序幕。LTE-Advanced 是 3GPP 为了满足 ITU-R(国际电信联盟无线部门)的 IMT-Advanced(4G)要求而推出的标准。LTE-Advanced 是 LTE 的平滑演进,支持 LTE 的后向兼容,并在频点、带宽、峰值速率以及兼容性等方面提出新的需求,如支持多种覆盖场景,提供从宏蜂窝到室内场所的无缝覆盖;重点解决低速移动环境中的高速数据传输,包括进一步降低技术成本和能耗等;支持大于 20 MHz 的系统带宽,支持 1 Gbit/s的下行峰值速率和 500 Mbit/s 的上行峰值速率等。

LTE-Advanced 的潜在部署频段包括 450～470 MHz,698～862 MHz,790～862 MHz,2.3～2.4 GHz,3.4～4.2 GHz,4.4～4.99 GHz 等,可以看出,除了2.3～2.4 GHz 位于传统蜂窝系统常用的频段外,新的频段呈现高、低分化的趋势,而大量潜在频段则集中在 3.4 GHz 以上的较高频谱。另外,在系统带宽方面,LTE-Advanced 与 IMT-Advanced 有着相同的要求,即系统的最大带宽不小于 40 MHz,考虑到现有的频谱分配方式和规划,很难找到如此宽的连续频谱。因此 LTE-Advanced 提出采用载波聚合(Carrier Aggregation)的方式,通过聚合两个或更多的离散载波,解决 LTE-Advanced 系统对频带资源的需求。频谱聚合(SA,Spectrum Aggregation)则是载波聚合的自然推广,本节将主要讨论 LTE-Advanced 下的载波聚合技术。

4.5.1 频谱聚合的类型

载波聚合技术通过聚合的方式,将多个 LTE 载波扩展成 LTE-Advanced 的传输载波,以满足系统的带宽要求。载波聚合技术可以使用连续和非连续的频率资源,主要分为以下三种场景[39](如图 4-13、图 4-14、图 4-15 所示):

(1) 同一频带内连续载波的聚合;

(2) 同一频带内不连续载波的聚合;

(3) 不同频带内不连续载波的聚合。

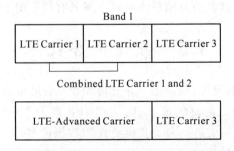

图 4-13　同一频带内连续载波的聚合

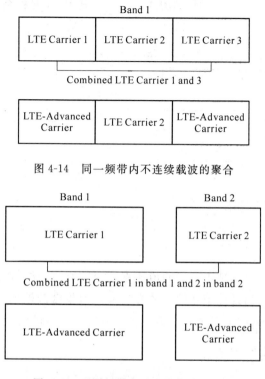

图 4-14　同一频带内不连续载波的聚合

图 4-15　不同频带内不连续载波的聚合

对同一频带内连续载波的聚合而言，单个 FFT 成为可能，并且直接与 LTE Release 8 版本后向兼容；对同一频带内不连续载波的聚合和不同频带内不连续载波的聚合而言，可能需要多个射频链或者要求的接收带宽较大，却具有更强的频谱灵活性。

考虑到用户终端的复杂性、成本、容量以及功率消耗等因素，很容易在不改变 LTE 系统物理层结构的情况下，实现连续载波聚合，提供 LTE 系统的后向兼容性。在聚合连续 LTE 载波的情况下，合理减少载波间的保护带宽，将增加带宽内传输数据的载波数量，从而提高 LTE-A 的频谱利用率。与非连续载波聚合相比，连续载波聚合的资源分配和管理算法较容易实现。

然而，由于现存的频谱分配策略和低频带(小于 4 GHz)的频谱资源缺乏的事实，很难为移动网络分配连续的 100 MHz 带宽。因此，连续载波聚合并不适用，非连续载波聚合则提供了一种扩展频带的实现方法，使移动网络运营商能够充分地利用当前的频谱资源，包括未利用的稀缺频段和已分配给现存系统(如 GSM 和 3G 系统)的频段。非连续载波聚合拥有更强的载波聚合灵活性，但需要定义载波聚合所支持的终端能力，以便将终端大小、成本和功率损耗降到最低。

另外，考虑到传输线路上下行有不同的峰值速率要求，这就要求 LTE-Advanced 应该支持非对称载波聚合[40]，如图 4-16 和图 4-17 所示，其中，非对称载波聚合指的是下行与上行聚合的载波数量不同。

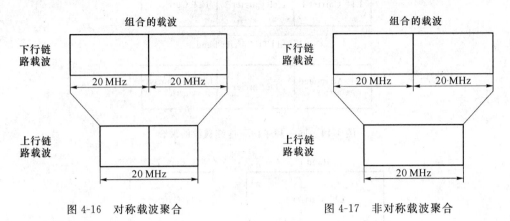

图 4-16　对称载波聚合　　　　　　　　图 4-17　非对称载波聚合

非对称载波聚合可以实现更高的峰值速率，更低的峰值比，控制信道的减少，以及满足用户多样性。可以采用设计带宽因子的方法来规范聚合载波的组合方式，限制聚合载波的数量，减少由聚合载波的带宽组合类型所带来的收发信机设计复杂度。

4.5.2　频谱聚合的技术方案

在 LTE-Advanced 系统中，每个子载波对应一个独立的数据流，子载波间数据流的聚合方案可分为以下两种[41]，如图 4-18 和图 4-19 所示。

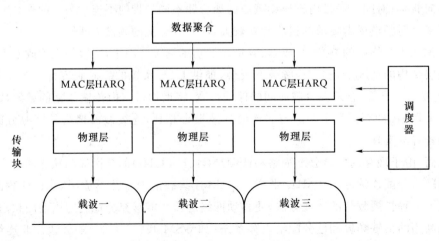

图 4-18　数据流在 MAC 层聚合

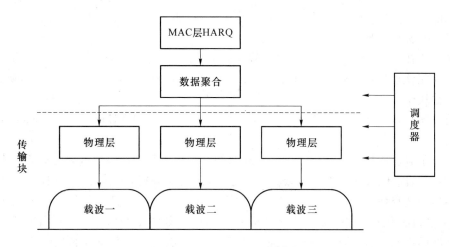

图 4-19　数据流在物理层聚合

（1）在 MAC 层聚合：

每个子载波分配一个独立的传输块，单一的数据流在某些点上被分到不同的载波上，载波上数据流的聚合在 MAC 层完成。每个子载波独立设计，可以维持原有的物理层结构，包括特殊载波的位置、链路自适应及 HARQ 等。每个子载波使用独立的链路自适应技术，拥有独立的 HARQ 进程和相应的 ACK/NACK 反馈，以及相应的物理层传输配置参数，如传输功率、调制和编码策略、多天线配置等，而且每个 RLC（无线链路控制）实体可以使用 LTE 中定义的 PDU（协议数据单元）单元。数据流在 MAC 层聚合，其物理层/MAC 层/RLC 层与 LTE 完全相同，具有良好的后向兼容性，因此可以支持 LTE 的软硬件设备。

（2）在物理层聚合：

所有的子载波共用一个传输块，单一数据流在某些点上被分到不同载波上，载波上数据流的聚合在物理层上进行。所有的子载波共用一个 HARQ 进程和相应的 ACK/NAK 反馈，需要进行统一的调制编码，并为整个带宽指定新的传输配置参数，这样就会与 LTE 原有的物理层/MAC 层/RLC 层结构冲突。另外，由于所有的子载波共用一个传输块，传输块包含的数据较多，这就导致 HARQ 的使用效率变得低下，同时，在物理层聚合不兼容 LTE，需要重新设计物理层/MAC 层/RLC 层，以及 RLC 层中 PDU 的大小。

两种方案都可以实现 LTE-Advanced 系统中传输块到聚合载波上的映射，并各有优缺点。

（1）在 MAC 层聚合：

数据流在 MAC 层聚合在链路自适应和 HARQ 方面体现出了很好的性能，并且考虑了与 LTE 系统的后向兼容性。但是在频谱效率和调度增益方面并没有得到很好的实现。该模型可以看做是相同链路的聚合，其中每个子载波的开销相同，则总的开销是一个子载

波开销的 N 倍,N 是子载波的个数,总开销在聚合前后并没有发生什么变化。

(2) 在物理层聚合

数据流在物理层聚合中,额外频率的分集增益被边缘化了,编码增益只在很少的一些场景中才能体现其重要性。然而,由于 HARQ 重传是在所有的载波上进行的,所以,减少了传输块个数和 HARQ 过程,对 MAC 层来说,意味着大大减小了系统的开销。

通过比较,可以看出在 MAC 层聚合数据流更容易实现 LTE 向 LTE-Advanced 的平滑过渡。

多个子载波的控制信令信道的设计和部署对有效的数据传输控制和整体系统性能来说非常重要,因此,在选定合适的聚合方案之后,还需要进行控制信道的设计。四种控制信令结构的选择如下:

① 控制信道跟对应的数据信道在同一个载波上,如图 4-20(a)所示,不同的颜色代表不同载波的控制信道,每个信道中的控制信息只能控制各自的数据流传输。该控制信道模式下,控制开销与被调度的带宽成正比,由此可以节省一些不必要的指示;该控制信道模式可以很好地利用现有的系统结构和 LTE 现有的控制格式,不需要对原有的格式进行大的改动,对系统的后向兼容有重要的意义。

② 控制信道横跨聚合后的全部带宽,用户的控制信息分布在所有的载波上,如图 4-20(b)所示。在该控制信道模式下,用户需要监控整个带宽上的控制信道,由此带来更大的开销和功耗,而且这种方式需要对现有的控制格式进行修改,这就给系统设计带来了一定的复杂度,影响了系统的后向兼容性。

③ 控制信道只存在于一个调度载波上,该控制信道控制所有载波的数据流传输,如图 4-20(c)所示。该控制信道模式下,需要设计新的控制格式。

④ 每个载波拥有自己的控制信道来控制自己的数据流传输,所有的控制信道包含在一个调度载波上,如图 4-20(d)所示。该控制信道模式下,需要设计新的控制格式。

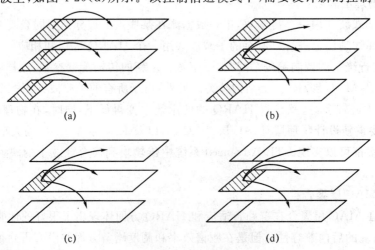

(a)

(b)

(c)

(d)

图 4-20　控制信道设计模式

4.5.3　频谱聚合下的切换分析

如果用户终端在当前的通信过程中采用了载波聚合技术,那么,在切换过程中以及切换过程后,用户终端应该仍然能够支持载波聚合技术,即使用载波聚合技术的用户终端在多个小区之间进行切换时仍要保持传输的连续性。

因为不同频率的无线电波在空气介质中的衰减程度不同,这就造成了不同的频带信号的覆盖范围存在着差异,而这种覆盖的模糊性给多载波聚合环境下的切换带来了一系列问题。

另外,由于两个或多个相邻小区的信道状态对特定的用户终端来说,可能完全不同,因此,待切换的小区要保证为即将接入该小区的拥有特定载波聚合配置和 QoS 要求的用户终端保留足够多的系统资源,从而保证用户终端的通信不中断。

有一个简单的解决方法,该方法要求用户终端仅仅测量每个相邻小区内的一个载波,并将测量结果用于估计相应小区内其他载波的性能,根据这些估计值来确定相应的切换决策(即什么时候转换到哪个小区)和传输配置。尽管这个方法可以有效地节省开销和功率消耗,但其所提供的 QoS 将受到影响,这是因为基于有限载波测量的估计值不够准确,尤其是在非连续载波聚合中,用户终端可能会因为这些不准确的估计值做出不合适的切换决策或为目标小区执行不理想的传输配置。通过更高的复杂度,更多的能量消耗和系统开销,以及更长的延迟,切换过程中用户终端可以测量多个相邻小区内的多个载波,这样可以提高切换决策和传输配置的准确度。在切换过程中,这些性能指标和服务连续性与 QoS 之间的折中需要进一步的深入调查研究。

接下来,本节将针对以下两个不同场景进行载波切换的分析。

1. 同一 eNB 下的载波切换

在 LTE-Advanced 系统中,同一个 eNB 可以为同一个用户设备(UE, User Equipment)分配多个载波。如图 4-21 所示,当 UE 1 工作在某一 eNB A 的覆盖范围内时,eNB A 为 UE 1 分配的载波 1 和载波 2 中可能会有某个或多个载波由于信道质量变差等原因而不再适用于通信传输,此时,就需要工作中的 eNB A 为 UE 1 重新分配载波,可以只更换分给 UE 1 的一个载波,也可以更换多个或全部载波。

这种切换中,用户设备工作的小区并不改变,而只是改变了用户设备用于通信传输的部分或全部载波,可以没有切换请求、请求确认、同步、路径切换以及释放资源等过程,严格意义上来讲,不能称之为切换。

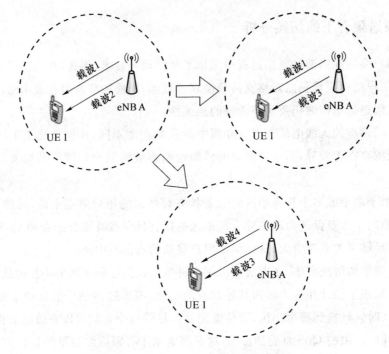

图 4-21　同一 eNB 下的下行载波切换

2. 不同 eNB 下的载波切换

不同 eNB 下的载波切换类型可以分成整体切换和部分切换两种。

（1）整体切换方式

整体切换方式是 eNB A 分给一个用户设备的载波一起被切换到 eNB B，由于 LTE-Advanced系统中不同小区可能采用同样的载波，这种情况下的切换分为以下 4 种。

① eNB B 重新为 UE 分配与原有载波不同频段的上下行载波进行通信。

② eNB B 可能保持 UE 原有的部分或全部载波频段，只是 UE 的通信与控制对象全部由 eNB A 换成了 eNB B。

③ 所有符合条件的相邻小区都没有足够的载波资源提供给该 UE 以支持切换，但是相邻小区合作起来却有足够的载波资源供 UE 进行切换。此时，eNB B 可能只能提供部分可供切换的载波资源给 UE，而另一部分切换所需的载波资源则由第三个相邻小区 eNB C 提供。

④ 切换方式在网络负载比较重的时候能够很好地减少多载波切换的失败率，但是需要不同 eNB 之间的配合，比较复杂。

（2）部分切换方式

只是一部分载波上的通信被切换到 eNB B 控制下的不同载波上，这种情况下的切换分为以下 2 种。

① 当 UE 移动到小区边界时,可能某一载波首先满足切换条件而启动切换过程,从而使得不同载波的切换时间不同;

② 在相邻小区载波资源不够且部分载波的信道质量还可以保证数据的正常传输时,可以暂时保持部分原有载波通信不变。

在上述切换方式中,分给 UE 的载波数量可能会发生改变,例如,原来分给 UE 的是 2 个 5 Mbit/s 的下行载波,切换后就有可能是 1 个 10 Mbit/s 的下行载波。

在整体切换时,不管是哪一种条件,如信道质量、信号强度、移动速度等,都一律采用整体切换方式。这种切换方式的缺点是对 eNB B 资源的要求比较多,当负载比较重的时候,相对于 LTE 切换方式,由于支持载波聚合,或者大容量数据的传输,更容易出现切换请求不成功,切换时延增加,通信中断严重,从而导致向另外一个相邻小区重新发起切换请求的情况。

总而言之,在同一频带内采用载波聚合技术,载波聚合实现简单,并且易于保持切换过程中以及切换过程后载波聚合的连续性;在不同频带内采用载波聚合技术,要保持切换过程中以及切换过程后载波聚合的连续性,可能会更为复杂。因此,为了便于切换更易实现,一般情况下,载波聚合只在同一个频带内和同一个 eNode B 内进行。

4.5.4　频谱聚合下的调度模型分析

多载波聚合技术可以将多个载波联合起来进行使用,同时,也能将用户在多个载波上进行调度,而好的调度算法可以有效地提高系统吞吐量,减少传输时延等。多载波调度问题既是载波聚合技术在 LTE-Advanced 系统中应用的一个挑战,也是提高系统性能的关键。本节将描述以下 3 种可能的调度结构,即不相交队列调度模型、联合队列调度模型以及独立载波调度模型。

1. 不相交队列调度模型

该调度模型中,用户等待传输的业务队列在不同载波上并不相交,而每个用户在不同载波上都有着自己的业务队列,如图 4-22 所示,该调度模型主要采用两个调度器来匹配用户业务给资源块(RB,Resource blocks),这两个调度器也称两层调度器。

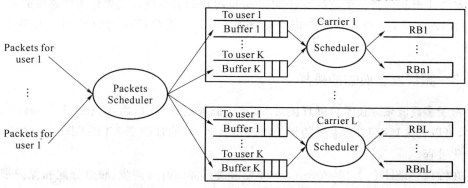

图 4-22　不相交队列调度模型

外层调度器(Packets Scheduler)分配用户的业务包给相应的队列,业务包在载波上等待传输;载波上的资源调度器,即内层调度器,使用多载波系统的调度算法,为用户队列中的包分配资源块。

2. 联合队列调度模型

该调度模型中,等待传输的用户业务队列在不同载波上进行联合,每个用户针对所有载波来说仅仅拥有一个队列,这些载波共享用户的联合队列,如图 4-23 所示,共享的调度器为用户业务信息分配所有载波上的资源块,因此,该调度器也称做一层调度器。

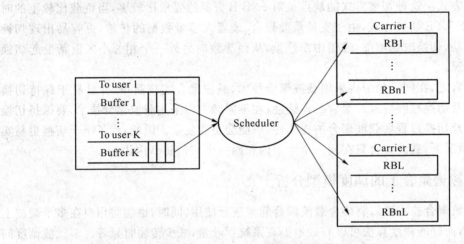

图 4-23　联合队列调度模型

相比较而言,联合队列调度模型的效率要比不相交队列调度模型的高,这是因为,在联合队列调度模型中,用户的业务包能使用不同载波上的所有资源块,这就会为用户带来更高的频率选择增益,但是,该增益在业务负载大的时候并不明显。

3. 独立载波调度模型

在独立载波调度场景中,每个用户只能接入一个载波,直至通信业务结束。每一个独立的载波上分别部署一个调度器,为用户分配可用的资源块。当聚合不同频带的载波时,LTE-Advanced UE 能共享整个聚合后的宽带,每个用户可以同时使用所有载波的资源块。

4.5.5　频谱聚合面临的挑战

由于多载波聚合技术可以直接对 LTE 子载波进行聚合,因此,在 LTE-Advanced 系统中,可以直接复用 LTE 系统的相关物理层技术,从而加快了 LTE-Advanced 物理层的标准化进程。

在物理层设计中,LTE-Advanced 需要解决载波间时间同步、频点分配和保护带宽设计等问题。

　　在 MAC 层和 RLC 层设计中,LTE-Advanced 需要解决不同载波间的协调机制、联合队列/单数据队列/多数据队列的调度等问题。

　　LTE-Advanced 需要考虑用户终端在小区间进行切换的过程中的资源分配问题。也就是说,如果用户终端采用了载波聚合,那么 eNB 也要支持载波聚合技术;只有在相邻小区有足够频率资源的前提下,用户终端才进行切换。

　　LTE-Advanced 需要考虑跨频段聚合问题。即如果聚合的载波隶属不同的高频和低频载带,那么,在聚合过程中,就需要考虑不同频段的无线电波传播特性、跨频段载波调度和相关功率控制等问题。

　　除此之外,要应用多载波聚合技术,LTE-Advanced 还需要考虑用户终端的空闲资源搜索和耗电等问题。

4.6　频谱共享的挑战性问题及未来研究方向

1. 保护带宽的设置

　　对于非连续载波聚合,载波之间常相隔足够的带宽,所以载波之间的干扰是可以忽略不计的,但是,在其他系统中,仍有频带可能会与 LTE-Advanced 系统中的载波相邻。而且,在高速移动的环境中,大的多普勒频移也将影响到相邻频带的正交性,并对之带来干扰。因此,对保护带宽进行设置来抑制这种自干扰或系统间干扰,同时维持高数据传输的频谱效率,是必需的。

2. 频谱移动性管理

　　频谱移动性管理是认知无线电领域尚没有进行深入研究的领域,目前认知无线电网络中存在以下开放性研究课题。

　　(1) 当有多个频带可供选择时,认知无线电用户应该能够根据可用信道特性和用户的业务需求选择合适的频带;

　　(2) 选择合适的频带后,应该设计合理的移动性管理策略以减少由于频谱切换造成的认知无线电网络性能下降;

　　(3) 当通信链接建立之后,需要设计合理的频谱切换算法,来保证频谱资源受限网络中切换的成功率不会受到太大的影响;

　　(4) 频谱移动性是认知无线电网络中客观存在的问题,频谱切换触发的原因包括授权用户出现、当前信道质量下降和认知无线电用户位置发生移动造成的频谱资源变化等,可能是同一种网络内部的切换,也可能是不同网络间的切换,此时认知无线电的切换方案应该考虑尽可能多的因素,必要时可以借鉴蜂窝网络的切换技术;

　　(5) 可用频谱在时间和空间上的移动性,使得认知无线电业务的 QoS 保证也成了很具挑战性的难题。

3. 共同信道控制

许多的频谱共享方案,不管是集中式还是分布式的,都利用了一条控制信道。控制信道给频谱共享带来的好处是很明显的。例如,收发机之间的握手、客户端与中央单元的通信以及交换感知信息等。

然而事实上,由于认知无线电网络的用户相对于分配给他们的频谱来讲只是访问者而不是拥有者,当授权用户出现后,这个频段必须被清空或者至少不能对授权用户造成干扰。控制信道也是属于这样的情况。因此,在认知无线电网络中固定地部署一条控制信道是不可能的。而且,在含有授权用户的网络中,由于信道与网络拓扑密切相关,共同信道将随时间而改变。因此,那些以公共控制信道(CCC,Common Channel Control)为假设前提的协议必须有新的发明设计来处理这些情况。

4. 动态无线电射频

无线电的衰减随着工作频率的变化而改变,因此其射频也将发生变动。但许多的频谱共享解决方案都假设了固定的无线电射频与工作频率无关。然后,在认知无线电网络中,大范围的无线电频谱在候选行列里,当认知节点改变工作频段的时候,它的邻居节点也变了。这会对节点的干扰文件信息和路由决定产生影响。迄今为止,少有人对能进行感知的频率进行相关研究工作。

5. 频谱单元

几乎所有前面提及的频谱共享技术都以信道作为工作中的基本频谱单元。尽管有些算法提出了在认知无线电网络选择合适的信道,但是在一些网络中,信道的定义还是很模糊的,如"正交非干扰"、"TDMA、FDMA、CDMA 或者它们的结合",像 IEEE 802.11 描述的物理通道,或者是与特定频域或无线电技术相适合的逻辑通道等。很明显,由于大范围的无线频谱在候选行列里,随着工作频率的改变,信道的特性也将发生变化。因此,将信道定义为频谱单元对新算法的发展是极其重要的。

本章参考文献

[1] Brik V,Ronzner E,Banarjee S,et al. DASP:a protocol for coordinated spectrum access[C]//IEEE DySPAN 2005. 2005:611-614.

[2] Ranman C,Yates R D,Mandayam N B. Scheduling variable rate links via a spectrum access[C]//IEEE DySPAN 2005. 2005:110-118.

[3] Zekavat S A,Li X. User-central wireless system:ultimate dynamic channel allocation[C]//IEEE DySPAN 2005. 2005:82-87.

[4] CAO L,Zheng H. Distributed spectrum allocation in ad hoc networks via local bargaining[C]//IEEE SECON ,Santa Clara,CA Sept. 2005:475-486.

[5] Zheng H,CAO L. Device-centric spectrum management[C]//IEEE DySPAN 2005. 2005:56-65.

[6]　Zhao Q,Tong L,SwamiA. Decentralized cognitive MAC for dynamic channel access[C]//IEEE DySPAN 2005. 2005:224-232.

[7]　Zhao J,Zheng H,Yang G H. Distributed coordination in dynamic allocation networks[C]//IEEE DySPAN 2005. 2005:259-268.

[8]　Huang J,Berry R A,Honing M L. Spectrum sharing with distributed interference compensation[C]//IEEE DySPAN 2005. 2005:88-93.

[9]　Ma L,Han X,Shen C C. Dynamic open spectrum sharing MAC protocol for wireless ad hoc network[C]//IEEE DySPAN 2005. 2005:203-213.

[10]　Sankaranarayanan S,Papadimitratos P,Mishra A,et al. A bandwidth sharing approach to improve licensed spectrum utilization[C]//IEEE DySPAN 2005. 2005:279-288.

[11]　Xing Y,Mathur C N,Haleem M A,et al. Dynamic spectrum access with QoS and interference temperature constraints[J]. IEEE Transactions on Mobile Computing,2007,6(4):422 -433.

[12]　Capar F,Martoyo I,Weiss T,et al. Comparison of bandwidth utilization for controlled and uncontrolled channel assignment in a spectrum pooling system [C]//IEEE Vehicular Technol. Conf. '02,Vol. 3. 2002:1069-1073.

[13]　Menguc Oner,Friedrich Jondral. Cyclostationarity-based methods for the extraction of the channel allocation information in a spectrum pooling system [C]//Proceedings of IEEE Radio and Wireless Conference. Atlanta:2004: 279-282.

[14]　张继东,郑宝玉. 基于导频的 OFDM 信道估计及其研究进展[J]. 通信学报, 2003,24(11):116-124.

[15]　Tugnait J K,Weilin L. On channel estimation using superimposed training and first order statistics[J]. IEEE Communications Letters,2003,Vol. CL-7: 413-415.

[16]　Zhou G T,Viberg M,McKelvey T. A first-order statistical method for channel estimation[J]. IEEE Signal Pro. Letters,2003,Vol. SPL-10:57-60.

[17]　Meng X H,Tugnait J K. MIMO channel estimation using superimposed training [C]//IEEE international conference on communications. 2004: 20-24.

[18]　Moulines E,Duhamel P,Cardoso J F,et al. Subspace methods for the blind identification of multichannel FIR filters[J]. IEEE Transactions on Signal Processing,1995,43:516-525.

[19]　Slock D T M. Blind fractionally-spaced equalization,perfect-reconstruction filter banks and multichannel linear prediction [C]//IEEE International

Conference on Acoustics,Speech,and Signal Processing. 1994:585-588.

[20] Baum L E,Petrie T,Soules G,et al. A maximization technique occurring in the statistical analysis of probabilistic functions of Markov chains[J]. Ann, Mat,Stat,1970,41:164-171.

[21] Haykin S. Adaptive Filter Theory[M]. 4th ed. Upper Saddle River,NJ:Prentice-Hall, 2002.

[22] Simon Haykin. Bayesian sequential state estimation for MIMO wireless communications [J]. Proceedings of IEEE,2004,92:439-454.

[23] Cirpan H A,Tsatsanis M K. Stochastic maximum likehood methods for semi-blind channel estimation[J]. IEEE Signal Processing Letter,1998,5(1): 21-24.

[24] Chen P,Kobayashi H. Semi-blind block channel estimation and signal detection using Hidden Markov Models [C]//IEEE Global Telecommunication Conference. 2000:1051-1055.

[25] Buchoux V,Cappe O,Moulines E,et al. On the performance of semi-blind subspace-based channel estimation[J]. IEEE Trans. Signal Processing,2000, 48(6):1750-1759.

[26] Koskie S,Gajic Z. A Nash game algrithom for SIR-based power control in 3G wireless CDMA networks[J]. IEEE Transactions on Networking,2005,13 (5):1017-1026.

[27] Weiss T A,Hillenbrand J,Krobn A,et al. Efficient signaling of spectral resources in spectrum pooling system[C]//10th Symposium on Communications and Vehicular Technology (SCVT 2003),Nov. 2003:1-6.

[28] Wang W,Liu X. List-coloring based channel allocation for open-spectrum wireless networks[C]//Proc. of the IEEE Int'l Conf. on Vehicular Technology (VTC2005-Fall). Dallas: IEEE Communications Society Press, 2005: 690-694.

[29] 陈劫,李少谦,廖楚林.认知无线电网络中基于需求的频谱资源分配算法研究 [J].计算机应用,2008,9(28):2188-2191.

[30] 廖楚林,陈劫,唐友喜,等.认知无线电中的并行频谱分配算法[J].电子与信息 学报,2007,7(29):1608-1611.

[31] FCC. Notice of Inquiry and Notice of Proposed Rule Making[S]. ET Docket, 2003.

[32] Musku M R,Cotae P. Cognitive Radio:time domain spectrum allocation using game theory[C]//System of Systems Engineering,IEEE International Conference on16-18 April. 2007:1-6.

［33］ Niyato D, Hossain E. Competitive spectrum sharing in Cognitive Radio Networks: a dynamic game approach[J]. Wireless Communications, IEEE Transactions on wireless communications, 2008, 7(7): 2651-2660.

［34］ Gandhi S, Buragohain C, Cao L, et al. A general framework for wireless spectrum auctions[C]//Proc. of IEEE DySPAN. 2007: 22-33.

［35］ Acharya J, Yates R D. A price based dynamic spectrum allocation scheme [C]//Proc. of ACSSC. 2007: 797-801.

［36］ Cao L, Zheng H. Distributed spectrum allocation via local bargaining[C]// Proc. of the 2nd Annual IEEE Communications Society Conf. on Sensor and Ad hoc Communications and Networks, Santa Clara: IEEE Communication Society Press, 2005: 475-486.

［37］ 赵陆文, 缪志敏, 周志杰, 等. 基于 K-均值聚类的动态频谱接入技术[J]. 信号处理, 2009, 12: 1825-1829.

［38］ 刘琪, 苏伟, 李承恕. 基于跳频的自适应频谱共享方案[J]. 电子学报, 2010, 1(38): 105-110.

［39］ Motorola. Carrier aggregation for LTE-A: E-Node B Issues[S]. 3GPP R1-083232, Jeju, Korea: 2008.

［40］ Huawei. DL/UL asymmetric carrier aggregation [S]. 3GPP R1-083706, Prague, Czech Republic: 2008.

［41］ Ericsson. Carrier aggregation in LTE-Advanced [S]. 3GPP R1-082468, Warsaw, Poland: 2008.

［42］ Basar T, Olsder G J. Dynamic power allocation strategies in an unlicensed spectrum[C]//DySPAN, Nov. 2005: 37-42.

［43］ Raspopovic M, Thompson C. Finite population model for performance evaluation between narrowband and wideband users in the shared radio spectrum[C]//IEEE DySPAN 2007, Apr. 2007: 626-637.

［44］ Mangold S, Chllapali K. Coexistence of wireless networks in unlicensed frequency bands[C]//Wireless World Research Forum 9, Zurich, Switzerland, Jul. 2003.

［45］ Kim H, Lee Y, Yun S. A Dynamic spectrum allocation between network operators with priority-based sharing and negotiation[C]//IEEE 16th International Symposium on Personal, Indoor and Mobile Radio Communications, PIMRC 2005, Sept. 2005: 1004-1008.

［46］ Sankaranarayanan S, Papadimitratos P, Mishra A, et al. A bandwidth approach to improve licensed spectrum utilization [C]//IEEE DySPAN 2005, Nov. 2005: 279-288.

第5章 认知无线电网络路由协议

认知无线电网络的频谱动态性,为路由设计带来种种挑战。本章首先简要说明了无线网络的路由协议,重点介绍了认知无线电环境对于路由协议的影响,并详细分析说明了静态多跳认知无线电网络、动态多跳认知无线电网络以及机会认知无线电网络三种网络环境对于路由协议设计的影响。基于以上分析,进一步说明了在认知无线电环境路由认知中,度量选择的意义及方法。此外,简要介绍了若干多射频多信道路由协议并分析优缺点。

5.1 认知无线电环境中路由协议设计的特点

5.1.1 无线路由协议简介

与有线网络相比,无线网络具有许多特点,例如,无线信道的时变特点,无线传输带宽有限和移动节点能力有限的特点,具体到认知无线电环境中,更是具有许多独特之处,如频带的动态可用性,可用时间不确定等。路由协议设计的目标是满足业务应用的要求,同时尽量减少系统的复杂度,降低开销,更高效地利用资源,选择合适的数据传输路径。结合无线网络的特点,首先介绍几个无线路由协议的相关概念。

1. 避免环路

由于无线信道的广播特性寻址,无线路由过程中不可避免地会形成环路情况。在无线路由协议中,通过对路由请求和更新消息编写 ID 号,并且同一 ID 号的路由消息,只进行一次转发,其余的丢弃,从而避免了环路问题。此外,采用生存时间(TTL,Time To Live)机制可以在控制广播风暴规模的同时,减轻路由环路处理的工作量。

2. 按需路由

在无线网络中并不是任何两个节点之间,在任何时候都会有数据包传送的需求,所以,没有必要维护每个节点到其他节点的全部路由,而应该合理地根据实际的流量需求来进行路由的发现和建立。在带宽资源紧张,频带周期可用的情况下,尤其应该采用按需路由。

3. 先验式路由

与按需路由相反,在这种情况下,数据对时延要求很高,来不及先查找建立路由再传送数据,如果带宽等其他网络资源允许的情况下,每个节点需要尽可能地维护到其他所有节点的路由信息,以便实现快速转发分组。

4. 安全

由于网络级和链路级的安全措施欠缺，无线网络路由很容易受到攻击。如果没有很好的安全机制，就有可能发生通信内容被侦听，分组头被伪造，以及路由信息被重新定义的情况，进而威胁整个网络的安全。但是在有线网络中，只要控制好物理接入，就能杜绝这些现象的发生。所以，在无线网络中需要开发安全机制，如使用路由的安全机制。

5.1.2 认知无线电环境的影响

网络层关键技术是路由技术，对于认知无线电系统来说，每个节点的可用频率集合是动态的，并且是具有差异性的。因此就对认知无线电网络的路由设计提出更多的要求与限制，需要在设计路由的同时对网络中频率的使用情况加以考虑。如何协调路由选择和频谱分配是当前研究急需要解决的一个问题。

有研究者针对这个问题提出两种解决方法：

一种是去耦合(decoupled)方式，分别考虑路由选择和频率的分配，在路由选择后通过已选路由中的节点自主对频率资源进行调度分配。这种方法可分别对不同的路由算法和频率调度进行结合。在这两个方面中可以借鉴已有的较为成熟的算法。

另一种是联合设计方式，也就是在选择路由的同时把所需使用的频率也一并进行分配。这是一种跨层(cross layer)设计方案，需要把网络层和链路层结合起来考虑，在路由发现过程中同时要考虑端到端的延迟、链路的负载、所要使用的频率和正在使用的频率之间的干扰，等等。

对联合设计方式，可以在选定路由算法后，结合基于图论着色理论进行分析。其总体思想可分为两步，首先是找出所有可用路由，并为每个候选路由找出可用频率集；然后把频谱分配建模成一个图的着色模型，选择图的最大独立集，属于同一集合中的节点可以着相同的颜色，即可以互相通信。联合设计方式是把所有候选路由集和可用频率集的可能组合加以考虑，寻求最优组合。

随着认知无线电网络研究的不断升温，无线路由的实现和设计有了新的挑战。在认知无线电网络中，注册频谱的使用率可以随着时间从 15% 到 85% 变化[27]。因此，认知无线电网络路由应该充分利用认知无线电干扰感知、信道状态学习以及动态频谱接入的能力，来开发未被充分使用的频段。

在认知无线电网络的多跳场景下，使用单蜂窝优化配置的接入控制效率显著降低。例如，优化的 MAC 层协议在特定的链路中能够提供最优的信道功率和速率配置，然而当考虑到端到端路径上的特定流可能会流经几种不同的网络时，这种配置的效率就会减低。所以，设计一种合适的认知多跳路由协议，使其具有优化的端到端的数据传输是十分必要的。认知无线电网络路由的主要设计需求是为认知传输提供可靠的无线通道，同时也要保证整条路径上被感知的信道依然能够维持已有的主无线电(PR，Primary Radio)频谱使用优先权，此外频带宽度和数量动态变化也要做到考虑和预判。

多跳认知无线电网络的拓扑和链接图由可用主无线电频带以及它们实时的变化所决定。认知无线电网络最主要的研究难点是如何在动态变化的网络中发现一条合适的从源到目的节点的链路。此外需要同时考虑到主要节点行为的时变性,同样也必须考虑一种可靠的路由途径。最后认知无线电感知的主要频段的活动时间及静止时间也同样会影响路由的选择和实现。综合以上所言,可以根据主用户上的活动状态把认知无线电网络划分为 3 种不同场景,如图 5-1 所示。

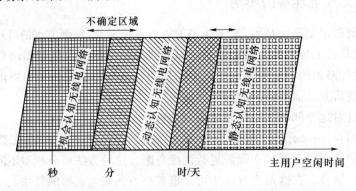

图 5-1　认知无线电网络中主用户活动形态划分

静态(static):主频带的是使用空闲时间提供一个相对静态的无线网络环境。从认知用户的角度而言,一旦一段频带可用则它可以在无限长的时间内都可以被使用。

动态(dynamic):在动态场景中,主频带能够被认知用户所使用,但是不连续的可用性严重影响着对认知无线电用户的服务。

高度动态(high-dynamic)/机会:如果附近的主无线电用户很活跃,这种频带对于这个通信过程的使用价值变得非常低。因此,对认知无线电的一种可能方法是在短暂的频带空闲期对利用可用的频带进行机会传输。

当前认知无线电网络的研究主要集中在 MAC 层和物理层协议研究之上。从前面的研究来看,认知节点能够彼此作为中继从而形成一个跨越所有不同 PR 网络单元的异构网络。在多跳认知无线电网络中,认知无线电能够在认知无线电源节点和目的节点之间传送信息。因为认知无线领域缺乏确定的规则和标准,所以这一领域的研究比较具有挑战性。但是为了能够构建对于认知无线电敏感的多跳网络,路由必须作为首要的研究对象,相关的研究在目前看来还是存在许多不足的。

基于对认知无线电网络动态性的划分,下面将根据这 3 种多跳认知无线网络的具体场景,分别分析其对路由设计的影响。特别地,分析了动态主无线电环境,因为它的动态多跳路由技术完全不同于当前已有的多跳无线网络路由,认知无线电网络一般的路由场景如图 5-2 所示。

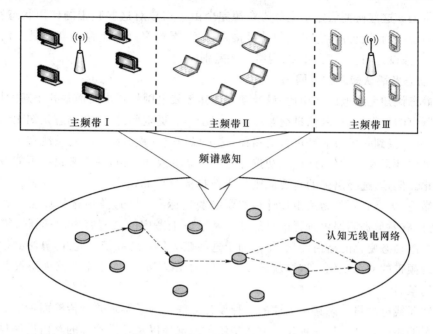

图 5-2　认知无线网络的路由场景

1. 静态多跳认知无线电网络

当一个主频带可用的时间超过了网络中某次数据传输连续占用信道的时间,传统 Mesh 网络的路由协议同样也适用于此种状态的认知无线电网络。这样,认知节点在其活动时将一个可用的频带视做一个永久可用资源。静态无线网络的研究已经有不少成果,特别的,在多射频多信道的 Mesh 网络中,已提出了许多路由和信道分配解决方案,包括基于负载需求,可用负载容量等的优化路由实现方案。所以静态的认知无线电网络并不是一个完全全新的研究领域,无线 Mesh 网络和认知无线电网络的主要不同点在于认知无线电网络存在动态混杂的频谱接入以及多频带同时传输时的物理容量等特点。虽然在一个静态环境中,频带的动态维度可以转化为静态的可用信道,但是,多信道传输时的物理容量却可与静态频带的容量相同。除此之外还需要考虑由于频谱动态性而导致频谱不可用而引起的路由无效,以及据此在静态信道上或者动态信道上选择一条端到端的路径而可能导致的链路无效。最后,路由设计中需要仔细考虑和评估新加入的主用户对于可用频带的探测及由此主动做出的反应对整个频带造成的影响。到目前为止,最后一个问题在当前大部分的路由协议中都被忽略了。静态认知无线电网络的一个典型例子,就是卫星通信以及模拟电视信号的传播,在不同地理位置上的主用户所占据的频带同样允许认知无线电用户的使用。在偏远地区的 GSM 或者 CDMA 网络中,相邻主用户间建立连接的次数比较少,也可以铺设静态多跳认知无线电网络。

但是,当前在多跳认知无线电网络中的大量研究工作主要集中在存在有长时间空闲的主频带上。这些研究假定了主频带资源完全由主用户对这些频带的使用状态所决定，但是，一旦一段频段可用，它可以保持可接入，并且在整个网络生命周期都是可用的。事实上，这一假设并与多信道 Mesh 网络并无差别。

2. 动态多跳认知无线电网络

与静态认知无线电网络相比，设计动态认知无线电网络路由时面临几个新的挑战，其中包括路由的可靠性、控制信息交互和信道同步等。更重要的是，在动态认知无线电网路中，应该首先找到一条可靠且可行的路径，这可以通过计算该路径上每一跳在多频带上的吞吐量来估计得到。此外，即使最初选择的是一条低效的路由，在未来也有可能被其他路由所强化。但是，选择路由的首要原则是所选择的这些路由必须可用且可靠。尤其是路由的可靠性，更是必须作为路由设计最主要的衡量标准。通过路由选择算法计算的频带信息，可以有效地提高路由选择的可靠性。基于以上考虑的这些路由选择算法需要采用能表征频谱动态变化的路由度量，并倾向于选择较为稳定的频带。此外，算法必须高效且适应无线频带的动态变化。这样就导致了传统的无线 Mesh 网络中的路由协议并不适用于这种场景。

认知无线电网络动态路由关注的一种设计方法是为了实现并行传输而考虑的多信道存在情况的路由设计。另一种设计方法是使信道选择以及频谱管理的路由模块只存在于 MAC 层，而对于网络上层相对透明。对于后者而言，任何已经提出的无线 Ad Hoc 网络的路由协议经过适当修改都适用。但是，针对动态认知无线电网络，MAC 层与路由层之间的信息交互需要重新仔细设计，以满足网络需求。因为在这场景下，信道的选择往往在 MAC 层实现，而其源与目的间的路径却是在路由层获取的。

认知 MAC 层对于信道的选择影响着对路由下一跳选择的判断。一方面，因为不同的信道可能会对应不同的邻节点，可以通过在本地 MAC 层优化信道选择得到下一跳节点来实现到目的节点的路由选择。但是，由于做出频谱/信道选择的过程所考虑的仅仅是本地的信息而缺乏全局的网络状态，所获得路由在认知无线电网络的所有数据链路上不一定是最佳的。而且，在可用的信道中仅选择一个节点作为下一跳，这个节点并不能保证这样选取的路由一定可以到达路由的目的节点。另一方面，在网络层运行路由，当使用 MAC 层信息作为路由的度量 Metric 时，也可能导致链路的不稳定。这里，任何在 MAC 层和物理层的变化都会引起带宽的变化或者导致重新查找路由信息。此外，基于 MAC 层信息优化的路由是一项跨层技术，可能带来额外的网络负载以及过高的算法复杂度等负面问题。要在这两方面之间所取得一个折中必须既要考虑稳定性和可靠性，同时还要考虑网络负载和复杂性的问题。一个好的解决方案应该可以通过相对稳定的下层信息获得度量 Metric 来辅助路由选择。这个度量 Metric 应该反映频带的可用性以及它的可靠性。

3. 多跳认知无线电网络中的机会传输

如果主无线电活动造成主带宽的可用时间非常短，甚至小于在这些带宽上认知无线电进行通信的时间,那么建立一条完整的路由的困难将是难以想象的。此外,在这样的网络场景下,成功地计算一条端到端的路径也是极为困难的,因为在这个场景中同一个网络节点每次发送数据包时,实际网络参数都可能发生改变,因此需要为每次传输的数据包单独计算路径。由此所产生的控制信息也会带来很大的网络负荷,即使是对于不需要定期更新路由表开销的源路由协议。此外,即便为每一个包单独计算路径,但是因为主频带可用时间非常的短,有可能计算了一条路径,由于可用网络的参数发生变化,而实际上可能无法在此路径上进行数据传输。

在这样的频谱高度动态链路频繁中断的网络环境下,每个发送的包不得不基于频带的实时可用性动态传输。占用主频带的主用户可发觉在每一条信道上的认知邻节点。因此,选择一种合适的机会途径,每个包的发送与接收都是基于机会的可用性。在认知无线电网络中,通过间断信道可用性获得及时的网络可用性,通过这种设计思想能够降低已经建立的端到端路由的复杂性,并且提高解决方法的可行性。

在机会多跳认知无线电网络中,基于传输信息进行信道选择的方法非常重要。其基本设计思想是,在完全随机的方式上可以首先选择大量的空白带宽。此外,还存在着其他的路由选择和数据发送方法。基于信道状态的历史信息是一种有效的方法。信道可用状态的历史能够决定发送判决(forwarding decision),在一定程度上可以增加可用信道的传输率。例如,一个长时间不可用的频带必须在路由选择时主动避开,因为这会影响主无线电的活动,使其传输的信息被终止。节点在发送前通过历史信息的构建判断路由。事实上,在每条信道上的节点都能够记录所执行活动的历史以及所发送数据的成功到达率。

此外,历史信息还包含网络拓扑和网络连通性等重要信息。一个潜在较有价值的研究点是需要解决如何收集主节点的信息以强化历史信息和发送决定。这样构建的历史信息包含主无线电用户的活动以及认知无线电的活动和移动性。更重要的是,如何综合利用所收集到的信息以选择适当的历史信息收集时间间隔。基于这种思想所设计的路由与在动态认知无线电网络中的基于概率的相关路由是不同的,因为它是从机会存在的信道中挑选出传输状态最好的历史信息。因此,它与仅基于概率信息设计的路由在本质上不同。

5.1.3　认知无线电环境下路由的控制信息及其他

为了获得关于网络的全局信息,并且适应其动态变化,认知节点间需要频繁交换关于频谱状态以及路由等控制信息。具体考虑到认知无线电网络的特性,可以允许认知节点和主节点间没有交互或者允许认知节点在信息传递过程没有反馈。因此,认知无线电网络必须找到可靠的技术来传递控制信息并保障通信可行性,且不会影响主用户的工作。

当前存在两种可行的方法:第一种是基于同步窗口(synchronization window)。它由在每次传输前的固定时隙所组成,在此期间所有的节点都调谐到统一的频率并交换所有的控制信息。但是,这种方法需要在节点间设立一个统一的时钟,以便在特定的时隙内能够同步所有信息。因此,在多跳场景下这样机制的设计无疑是一种挑战。

第二种方法是使用一条特定的通用频带来交换所有控制信息。这种控制信道工作在低频带上,并可被网络中的所有节点实时感知使用。网络上的每个节点周期性地接入网络以更新信道上相关信息。这样,这种技术能够消除邻节点在不同信道上协调所带来的同步难题。而且,这种通用控制信道能够替换在多跳网络中对大规模广播的需求。通常,在未注册的频段中选择低频带作为控制信道,这样不仅覆盖范围大而且传输功率低。在多跳场景下,保持交换的控制信息量较少,并同时降低控制信道上的信息汇聚时间,是所要面临的挑战。例如,一个节点更新它在控制信道上的信息,在新信息可用前所等待这段时间必须保证所有节点都需等待相同时间。

但是,有一点必须注意,当控制信息在两个节点之间交换时,信道的状态,特别是可用性可能会发生变化。而当频带的可用性时间特别短时,CR 发送端和 CR 接收端之间进行同步的工作十分复杂。如果对于 CR 发送端数据发送机会可用,接收端在很短的时间内应该调整到相同的信道。事实上,传输开始时不能保证潜在的接收端监听到相同的频段并做好接收的准备,这样就会造成丢包和资源浪费。特别值得强调的是,当可用频带的使用时间特别短暂时,在接收端和发送端不可能采用传统握手机制以增加信息传递的可靠性。因此,在多跳认知无线电环境中采用机会传输时,有两个问题必须首先被解决:第一,在消耗最少资源的条件下传播控制信息。第二,发送端和接收端同步某条频带机会空闲时的使用。

在 MAC 层的每次单独传输前,节点应该通过同步过程以使认知无线电网络发送端和接收端工作在同一频段。这可以通过同步窗口或者控制信道技术在每次传输前实现。这时,启发式路由,例如,优化链路状态路由(OLSR,Optimized Link State Routing)或者目标序列距离路由矢量算法(DSDV,Destination Sequenced Distance Vector),需要时间收集信息并构建网络拓扑,这种方式无法适应于认知无线电网络的特性。此外,基于源节点启发式路由还是基于目的节点启发式路由,也是在设计中必须考虑的。周期性的路由表交换,广播路由请求和路由回复在许多 Ad Hoc 路由协议(如 AODV)中已经实现。这些广播消息需要通知所有相关节点,更好的方法是在控制信道或者同步窗口内完成控制信息的交换。在认知无线电网络中源路由的优点是不需要构建路由表以及为了维护路由表在包头交换路由信息。通过一个源路径函数,节点根据包头信息选择路由发送数据包。此外,任何动态的路由协议都应该考虑路由修复机制,以保证由于主用户的频繁活动而导致路由损毁时能够及时地重新建立新的路由。

5.1.4 认知无线电网络路由协议的分类

影响认知无线电路由的因素很多,下面分别根据拓扑信息、路由跳数、层间合作、公共控制信道、认知无线电网络稳定状况、路由选择策略、频谱切换敏感性、链路特性、节点间位置关系和路由处理控制方式等方面对认知无线电网络路由协议进行分类。

（1）根据拓扑信息，可分为先验式路由协议和反应式路由协议。前者采用基于表驱动的方法[12,14]，节点需要维护整个网络的路由表，没有反应时延，但开销大；后者采用按需方法[10,11]，开销小，但有一定的反应时延。

（2）根据路由跳数，可分为单跳路由协议和多跳路由协议。前者适用于无线单跳网络，如蜂窝网络；后者适用于无线多跳网络，目前认知无线电网络路由协议研究主要针对多跳网络[9,10,15,16,18]。

（3）根据物理层、MAC 层和网络层是否合作，可分为合作式跨层路由协议[10,12,13,15,16,19,20]和非合作式层间独立路由协议[13]。前者将路由选择、频谱感知和频谱管理综合设计，相互依赖，形成有机体；后者将路由选择、频谱感知和频谱管理独立在各层分开设计。

（4）根据认知无线电网络是否存在公共控制信道，可分为有公共控制信道路由协议[8,10,15,21]和无公共控制信道路由协议[9]。前者每个节点具有一个传统无线通信接口和一个认知无线电收发信机，每个节点通过传统无线通信接口形成公共控制信道，在公共控制信道上通过广播，获得邻居发现、路由发现和路由建立等控制分组；后者不考虑公共控制信道，每个节点仅需要单个认知无线电收发信机，降低设备成本，但路由协议设计复杂。

（5）根据认知无线电网络是否稳定，可分为静态认知无线电网络路由协议和动态认知无线电网络路由协议。前者通过链路状态广播和距离向量交换获得可用频谱和邻居发现等信息；后者采用先验式或反应式路由机制获得可用频谱和邻居发现等信息[12]。

（6）根据路由选择策略，可分为基于目的节点的路由协议[21]和基于源节点的路由协议[23]。前者需要通过公共控制信道维护路由表交换、广播路由请求（RREQ）和路由响应（RREP）报文；后者需要每个节点获得认知无线电网络所有节点的控制消息，在不采取洪泛控制消息前提下，计算到达目的节点且包含信道分配消息的局部路由，不必创建路由表和进行路由表交换，具有开销小的特点。

（7）根据频谱切换是否敏感，可分为切换敏感路由协议[11,21]和切换不敏感路由协议[24]。前者考虑切换过多会影响路由性能，要求尽量避免过多的切换；后者考虑主动切换能够找到最佳路由，通过设定跳数门限来降低时延影响。

（8）根据链路特性，可分为静态链路路由协议和时变链路路由协议。前者假设链路状态比较稳定；后者考虑认知无线电网络连接的间断性，更接近于实际认知无线电网络状态。

（9）根据认知无线电网络节点间相互位置关系，可分为基于簇的路由协议[6,7]和无位置关系的路由协议。前者将认知无线电网络分成多个不同的簇，每个簇中含有一个负责簇内接入控制与簇间分组传输的簇头以及一个具有相邻簇间桥接作用的网关节点；后者即普通的认知无线电网络路由协议。

（10）根据是一个节点负责所有节点的路由建立与维护，还是每个节点自主进行路由建立与维护,可分为集中式路由协议[12,14]和分布式路由协议。前者增强网络整体性能;后者以贪婪的方式只考虑各自的路由,可能带来网络拥塞。

5.1.5 认知无线电网络路由协议的衡量

评估衡量认知无线电网络路由协议的性能的标准主要有以下的几个方面。

1. 端到端吞吐量和时延

衡量路由性能的统计数据是非常重要的,例如,吞吐量和时延的平均值及变化趋势和分布,这些数据反映了路由策略的效率。

2. 路由建立时间

按需路由协议中,当源节点路由表中找不到通往目的节点的路由时,要发出路由建立请求,从发出请求到路由成功建立时间为路由建立时间。

3. 分组递交率

分组经过路由后,到达目的节点的顺序可能会与发送顺序不一样,一般使用高层协议,如用 TCP 来重排这些分组的顺序已得到正确的数据。递交顺序错误分组的百分比也是衡量路由协议的一个参数。

4. 其他

另外,以下这些比值也能反映路由性能好坏。

(1) 成功传送的数据大小/发送的数据大小:这个比值能反映网络传送数据的有效性。

(2) 控制比特的数量/传送的数据比特的数量:这个比值反映了路由协议的效率,除了数据分组外,其他分组都是控制分组。

(3) 安全性。

(4) 稳定性等。

5.2　多射频多信道路由协议

多信道路由协议可分为单射频多信道路由协议和多射频多信道路由协议。单射频多信道路由协议是每个节点只配置一个收发装置,通过信道切换使节点分时工作在不同的信道上,提高了频谱利用率并且减少了节点间干扰,但信道切换需要时间较长。具有代表性的单射频多信道路由协议有认知无线电多跳网络路由协议[28](ROPCORN,Routing Protocol for Cognitive Radio Ad Hoc Networks)等。

多射频多信道路由协议是为每个节点配置多个射频接口,每个接口使用有效的信道分配算法使之工作在不同的信道上,每个节点能够同时接收发送数据。具有代表性的多射频多信道路由协议有 MR-LQSR[3],AODVMR[2](多无线电 AODV)等。

5.2.1 多射频多信道与认知无线电的关系

认知无线电网络与传统的多射频多信道网络存在着一定的相似性,但是认知无线电技术带来了诸如并行信道传输、主无线电与认知无线电间的干扰等新的挑战[27]。此外，认知无线电可以有效地开发和利用物理信道资源，能够在不同频带上感知、切换和传输，故而与传统多信道多射频网络相比取消了一些物理上的限制。然而，当可用主频段被长时间占用时，此时的网络模型本质上与普通的无线网络并没有差别。而当主节点的影响网络环境变化剧烈时，路由路径在一条数据流时间内很可能无法保持稳定，较为可行的方法是寻求基于分组数据包的路由算法。因此，在此场景下，一种基于即时可用频带的机会传输是一种潜在的解决端到端的路由问题的途径，而满足负载和时间延迟要求建立一条短期使用的路径与传统路由协议而言是难以实现的。在 DTN 网络（DTN，Delay Tolerant Network，通信仅发生在节点的随机接触的网络）中，也具有相似的路由解决途径。二者的差异在于，认知无线电网络中机会传输是基于频带的动态特性而不是像 DTN 网络一样基于节点的物理移动和接触时间。

5.2.2　常见多射频多信道路由协议

MR-LQSR（Multi-Radio Link-Quality Source Routing）协议[3]是微软公司研发的多信道 WMN 路由协议，采用了 WCETT（全称）作为路由性能判据。MR-LQSR 是在无线 Mesh 网中引入多射频接口，使得单个节点配有多个无线接口，即多信道。这样虽然增加了单个节点的成本，但每个节点的多信道却大大提升了网络的吞吐量及其他性能。第一，该设计允许单个节点同时进行数据的收发操作，而单射频节点同一时间内只能接收或发送数据，这样中间节点的吞吐量就会减半。第二，网络可以使用更多的无线频率，如果节点使用两个无线接口，那么该节点就能在两个信道上传送数据。第三，工作于不同频段的无线接口有不同的带宽，传输距离和衰落特性也都不一样，使用多信道无线接口可以增加鲁棒性和连通性，进而提升性能。第四，随着技术发展，为节点配备 IEEE 802.11 无线接口的价格逐渐降低，这使得在无线网状网中使用多信道变得切实可行。MR-LQSR 使用链路缓存技术来支持链路质量判据，而并非路由缓存。采用反应式机制来维护正在使用的链路信息。

对于暂时未使用的链路信息，节点将利用任何可用的机会来广播本节点与邻近节点间的链路信息。该协议支持 DSR 的"包修复"技术（又称转发技术）来拯救失效链路的数据包。在信道负载均衡方面，MR-LQSR 采用基于链路质量的判据，综合考虑了带宽等链路性能和最小跳数值等因素，能在吞吐量与延时之间获得一种平衡。但是，MR-LQSR 也带来了一定程度上的网络附加开销。

AODV-MR[2]（Multi-Radio AODV）能够有效地利用增加的频谱，仿真证明 AODV-MR 在吞吐量、包损失率、延时等方面明显优于单无线电的 AODV。但是 AODV-MR 路由协议仅仅考虑了路径长度，而没有考虑链路的质量和同信道间干扰，寻找的路径不是最优的。并且 AODV-MR 路由协议没有动态地保持网络负载均衡的机制，不均衡的负载会使网络中的某些节点成为网络热点，造成网络拥塞，大大降低网络性能。所以，针对 AODV-MR

路由协议的不足将做进一步的研究。

5.3 常见认知无线电路由协议

当前认知无线电网络中的路由协议研究成果众多,各类型路由协议的性能与算法复杂度不一,对设备、网络的要求也不尽相同。因此,设计适合的认知无线电网络中的路由协议仍然是当前的一个热点。以下介绍近年来认知无线电网络中路由协议方面的一些成果,希望能对读者有一些启发。

(1) Ding 等在本章文献[1]中提出在调度过程中通过跨层机会路由、动态频谱分配、发送功率控制达到吞吐量最大化的目标。该算法属于分布式路由算法。文中为每条链路分配一个预定值(backlog),高容量的链路具有更高的预定值,将各个不同链路的预定值之和最大作为系统路由的判决依据。发送节点首先根据频谱效用函数机会性计算到相邻节点的效用值,以决定下一跳节点以及节点通信所用的频谱,之后再根据效用函数计算介质接入概率,链路预定值越高,频谱效用也就越高,对应的调度概率也会更大。

(2) Lai 等在本章文献[2]中设计出在认知用户无法完全认知所需参数的情况下选择并接入感知到的频段的策略。首先介绍了单个认知用户的场景,采用来自于经典的老虎机问题中的工具,低复杂度的同时逐渐优化到高复杂的问题。然后,介绍存在多个认知用户的场景,这一场景的前提是,每个信道的可获得概率是提前已知的,然后在此基础上提出优化对称战略。为了避免认知用户的自私行为,还引入博弈论模型。这两个模型的性能都被具体分析,然后,考虑在每个信道的可获得概率未知时的场景。低复杂度的信道接入协议平衡优化了竞争环境下的网络资源的挖掘和利用。该协议显示跟前一个场景有相同的收敛度。此外,考虑感知错误和实际参数对该协议的影响。

(3) Xia 等在本章文献[3]中提出两个自适应的基于强化学习的频谱感知路由协议。分别使用 Q 学习和双强化学习方法,次用户存储用于估测有效信道数的 Q 值,并在路由发现阶段进行更新。它们能够自适应地选择拥有信道数最多的路径来转发。和早期类似协议相比,它们计算使用方便简单,成本函数的引入有效避免应需式路由的缺点,但是又保存自适应动态路由的优点。当网络流量不太大时,双强化学习算法比 Q 学习算法在作出优化路由速度方面要快出 1.5 倍。而当网络流量繁重时,前者比后者要快出 7 倍多。

(4) Sudharman K. Jayaweera 等人在本章文献[4]中提出动态频谱租借(dynamic spectrum leasing)概念,提出一种更通用的博弈框架,通过频谱租用来描述主次用户共存下每个用户的需求。和分层频谱接入相比,DSL 网络中的主用户,作为对次用户发送者需求的反应,可以动态调整他们愿意容忍的来自次用户干扰。反过来,次用户试图达到最大可能的吞吐量或其他的合适的确定的通信增益。但是获得这些收益的前提,是不能够违背和超越主用户的干扰值的容忍度。该新的博弈模型允许次用户鼓励主用户将干扰容限上调。分别提出了主次用户的效用函数,以允许主用户根据所需 QoS 来控制频谱接入的成本和需求。根据效用函数 DSL 博弈有一个独特的纳什均衡,自适应有一个恰当的收敛速度。在这两个系统中没有额外的交互就可以达到双方共存和恰当的自适应。为了获得这样的效果,主用户系统需要阶段性地广播相关参数值。

(5)Wang 等在本章文献[13]中提出一种基于合作式路由与频谱管理的跨层路由协议。源节点由动态源路由 DSR 协议执行路由发现过程,找到备用路由,并收集链路质量等信息。采用冲突图模型对网络建模,其顶点与单跳链路对应,两个顶点的边由非同时活跃的相应链路构成。通过路由与信道选择算法找到所有可行的信道分配组合,并估计每种组合的端到端吞吐量;通过无冲突调度算法选择最优吞吐量的路由和信道分配。当路由与信道选择完毕时,利用不同最大独立集来解决节点传输分组时无冲突时间和信道调度问题。调度由寻找冲突图中最大独立集的递归过程获得。协议采用集中式体系结构进行路由和信道选择,需要网络全局拓扑信息和强大的计算能力,当网络规模很大时,集中式处理的复杂性很高,会降低网络性能。

(6)Xin 等在本章文献[12]中提出一种基于分层图模型的拓扑形成算法及路由协议。在分层图模型中,每层对应一个信道,假设有 N 个可用信道,则分层图共有 N 层。分层图的顶点对应节点和节点的子节点,例如,节点 A,其子节点为 $A_1,A_2,\cdots,A_n$,其中 A_i 位于分层图的第 i 层,A_i 的辅助子节点为 A_i',节点 A 不在分层图的任何一层。加入了辅助子节点 A_i'后的分层图表示为 G'。分层图的边由接入边、水平边、垂直边和内部边 4 种类型组成。利用分层图模型对频谱机会集(SOP,spectrum opportunities)建模、无线通信接口分配和计算路由信息,其目标是:

① 根据 SOP,智能分配无线通信接口,形成连接的拓扑结构。

② 能够方便地计算节点间路由信息,最大化网络连接性。利用分层图模型,两个节点间的路由可通过计算最短路径而得到。

③ 使路由的信道选择多样化,防止邻跳干扰(AHI,Adjacent Hop Interference),最小化邻居节点间干扰,最大化网络容量。协议需要频繁地重建拓扑结构,对于认知无线电网络来说,比较复杂,灵活性较低。

(7)SORP 协议[10]采用基于多跳认知无线电网络的频谱感知按需路由跨层联合策略,设计了一种基于活跃频段集合轮询的多节点多数据流多频段调度方案。协议规定节点采用多射频方式,即要求每个节点具有频谱敏感的收发信机,以及传统无线通信接口,用于形成公共控制信道。但是,多射频的使用增加了节点设备成本,并消耗更多能量。为了实现节点间在公共控制信道上交换 SOP 消息,使用了改进的按需路由协议 AODV[22],RREQ 报文携带了 SOP 消息,RREQ 格式如图 7-1 所示。RREP 报文逐节点封装每个节点分配的频段消息,源节点收到 RREP 后路由建立。协议的度量标准采用路径累积时延,包含了路径时延(DP)和节点时延(DN)两部分。

(8)DORP 协议[16]是一种基于时延度量标准的按需路由协议,采用按需路由与频谱调度联合交互的策略。提出一种节点分析模型(NAM),用于描述基于轮询调度策略

类型	JRGDU	保留	跳数
RREQ ID			
目的地址			
目的序列号			
源地址			
源序列号			
SOP链表			

图 5-3 SORP 协议 RREQ 报文格式

的信道分配过程,降低了数据流间的干扰和频谱切换时延,节点分析模型的信道分配信息由路由报文携带。与 SORP 协议类似,协议要求每个节点具有频谱敏感的认知无线电收发信机和传统无线通信接口,形成公共控制信道,用于节点间共享 SOP 消息,采用改进的 AODV 协议[22]用于路由发现与路由维护。协议的度量标准采用路径累积时延,包含了 DP 和 DN 两部分,并考虑了在当前数据流中传输其他数据流引起的排队时延问题。

(9) MSCRP 协议[9]是一种基于单射频多跳认知无线电网络的频谱感知按需路由协议。协议的最大特点是每个节点仅具有一个认知无线电收发信机,并且在没有公共控制信道的情况下,设计了一种路由协议报文交换机制。单射频多跳 CRN 模型的协议栈中,频谱感知路由协议的核心功能有 6 个,其中物理层功能包含频谱感知、主用户检测和信道估计;链路层采用数据率可调的 IEEE 802.11 DCF 协议实现 MAC 协议功能;网络层实现在多数据流和多信道环境下的路由和调度。MSCRP 协议沿用了 SORP 协议和 DORP 协议中采用的改进 AODV 协议,实现节点间可用信道信息的交换。针对"聋节点"问题,协议提出了节点状态的概念,分别为单信道状态、切换状态和非自由状态,为避免"聋节点"问题,要求同一数据流的两个连续节点不能同时处在切换状态,其中一个节点要处在非自由状态。针对 RREQ 报文开销问题,协议设定了可用信道数的门限值,保证开销不会太大。协议引入了 LEAVE 报文和 JOIN 报文,用于向邻居节点通知当前切换节点的工作信道。同时,协议实现了切换引起的开销和增益的折中。另外,协议的度量标准为所有数据流的总吞吐量。

(10) Ma 等在本章文献[5]中提出一种用于解决频谱共享与数据流路由的跨层最优化设计算法。算法把认知无线电网络建模成无向图 $G = (N, E)$,其中 N 为节点集,E 为节点间边集,规定节点间采用双向链路,把干扰约束、频谱共享与数据流路由联合建模成一个最优化问题。采用混合整数线性规划 MILP 方法,解决干扰约束条件下的公平路由问题。

本章参考文献

[1] Ling Ding, Weili Wu, James Willson. Efficient Algorithms for Topology Control Problem with Routing Cost Constraints in Wireless Networks[J]. IEEE Transactions on Parallel and Distributed Systems - TPDS , 2011, 22 (10):1601-1609.

[2] Wei Kuang Lai, Yi-ta Chuang, Sheng-yu Hsiao. A Dynamic Alternate Path QoS Enabled Routing Scheme in Mobile Ad hoc Networks, International Journal of Wireless Information Networks -IJWIN[J]. 2007, 14(1):1-16.

[3] Xie J, Talpade R, et al. AMRouter: ad hoc multicast routing protocol[C]// In proc. of ACM MOBIHOC. 2000:37-50.

[4] Jayaweera S K, Poor H V. On the capacity of multi-antenna systems in the presence of Rician fading[J]. IEEE Veh. Tech. , 2002, 4:1963-1967.

[5] Miao Ma, Tsang D H K. Joint spectrum sharing and fair routing in cognitive radionetworks[C]//In proc. of CCNC08. Las Vegas:2008:978-982.

[6] Haitang Wang, Li W, Agrawal D P. Dynamic admission control and QoS for 802. 16 wireless MAN [C]// 2005 Wireless Telecommunications Symposium. 2005:60-66.

[7] Zhang Y, Dai C, Song M. A Novel Qos Guarantee Mechanism in IEEE 802. 16 Mesh Networks[J]. Computing And Informatics, 2010, 29(4):521-536.

[8] Jianfeng Chen, Wenhua Jiao, QianGuo. An Integrated QoS Control architecture for IEEE 802. 16 broadband Wireless Access Systems [C]// Global Telecommunications Conference. 2005. St. Louis, Missouri: IEEE, 2005:6.

[9] CaoM, MaW, ZhangQ, et al. Modeling and performance analysis of the distributed scheduler in IEEE 802. 16 Mesh mode[C]// Proceedings of the 6th ACM international symposium on Mobile ad hoc networking and computing. Urbana-Champaign, IL, USA:2005:78-89.

[10] Cheng G, LiuW, Li Y, et al. Spectrum aware on demand routing in cognitive radio networks[C]. Proceedings of IEEE DvSPAN '07. Dublin:2007, 571-574.

[11] Djukic P, Valaee S. 802. 16 MCF for 802. 11a based mesh networks: A case for standards re-use[C]//23rd Queen's Biennial Symposium on Communications. 2006:186-189.

[12] Neufeld M, Fifield J, DoerrC, et al. SoftMAC-flexible wireless research platform[C]//Proceeding of HotNets. 2005:6.

[13] Wang Q, Zheng H. Route and spectrum selection in dynamic spectrum networks [C]//proceedings of CCNC'06，Las Vegas. 2006:625-629.

[14] Eshghi F, Elhakeem A K. Performance analysis of ad hoc wireless LANs for real-time traffic[J]. IEEE Journal on Selected Areas in Communications，2003,21(2):204-215.

[15] Bayer Nico, Sivchenko Dmitry. Transmission timing of signalling messages in IEEE 802. 16 based Mesh Networks[EB/OL]. 12th European Wireless Conference 2006-Enabling Technologies for Wireless Multimedia Communications (European Wireless),2006:1-7.

[16] Cheng G, Liu W, Li Y, et al. Joint on demand routing and spectrum assignment incognitive radio networks[C]//IEEE ICC'07，Glasgow. 2007:6499-6503.

[17] 张勇，郭达. 无线网状网原理与技术[M]. 北京:电子工业出版社，2007.

[18] Proposal for 802. 16 Connection Oriented Mesh[EB/OL]. IEEE S802. 16d-03/18，March 2003.

[19] http://www. intel. com/ebusiness/pdf/wireless/intel/80216_wimax. pdf.

[20] Alavi H S, Mojdeh M, Yazdani N. A quality of Service Architecture for IEEE 802. 16 Standards [C]//2005 Asia-Pacific Conference on Communications，Perth. Western Australia:2005:249-253.

[21] Wongthavarawat K, Ganz A. Packet scheduling for QoS support in IEEE 802. 16 broadband wireless access systems [J]. International Journal of Communication Systems，2003,16(1):81-96.

[22] Sun J, Yanling Yao, Hongfei Zhu. Quality of Service Scheduling for 802. 16 BroadbandWireless Access Systems [C]//IEEE 63rdVehicular Technology Conference. Melbourne，Australia：IEEE，2006，3:1221-1225.

[23] Schwingenschlogl C, Dastis V, Mogre P S, et al. Performance Analysis of the Real-time Capabilities of Coordinated Centralized Scheduling in 802. 16 Mesh Mode [C]//IEEE 63rd Vehicular Technology Conference，2006. Melbourne，Australia：IEEE，2006，3:1241-1245.

[24] KamleshRath, Howard Persh, et al. Scalable Connection Oriented Mesh Proposal [EB/OL]. http://ieee802. org/16/tgd/contrib/C80216d-03 _ 18. pdf，Mar. 6th，2003.

[25] Fuqiang Liu, Zhihui Zeng, Jian Tao, et al. Achieving QoS for IEEE 802. 16 in Mesh Mode [C]//8th International Conference on Computer Science and Informatics. Salt Lake City，Utah，USA：Thomson Scientific，2005，5:3102-3106

［26］　汪丽萍，刘富强，王新红，等. IEEE 802. 16 Mesh 模式下区分服务时隙调度算法［J］.计算机工程与应用，2006，34：105-108.

［27］　Draves Richard，PadhyeJitendra，Zill Brian. Routing in Multi-Radio，Multi-Hop Wireless Mesh Networks［C］//Proceedings of the Annual International Conference on Mobile Computing and Networking，MOBICOM. 2004：114-128.

［28］　Talay A C，Altilar D T. ROPCORN：Routing Protocol for Cognitive RadioAd Hoc Networks ［C］//2009 International Conference on Ultra Modern Telecommunications and Workshops. 2009：1-6.

［29］　Pefkianakis I，Wong S H Y，Songwu Lu. SAMER：Spectrum aware mesh routing in cognitive radio networks［C］//2008 IEEE Symposium on New Frontiers in Dynamic Spectrum Access Networks. 2008：766-770.

第6章　认知网络概述

未来通信网络将是一个泛在、异构的网络模式,多接入方式并存,多节点协同工作,支持不同程度的无缝移动特性,同时又是一个具有智能特性的无线通信系统,具有自我配置、自我优化和自动学习的能力。未来通信网络向着认知网络发展将是未来通信技术发展的一个重要方向。本章重点对当前的热门技术——认知网络进行详细说明,从概念上加以认识,同时结合认知网络本身的特点分别阐述了它不同于传统网络的重要特征等。

6.1　认知网络的概念

认知网络的概念,最初由弗吉尼亚理工大学提出,其定义为:认知网络有一个可以感知当前网络环境的认知过程,它能够对当前网络环境进行观察,通过对网络环境的理解,动态地调整网络的配置,并在此基础上进行计划、决策和行动,从而灵活地适应网络环境的变化。同时,网络还应具有从变化中学习的能力,并能够对未来进行以端到端为目的的决策[1]。这一定义主要包括两个方面的内容。首先是认知网络不是简单地停留在认知无线电层次,而是上升到整个网络的层次,即实现端到端的目标。端到端的目标立足全网,要求数据流所经过的所有网络元素都采取相应的措施来保证流的可靠传输。其次,认知网络的认知过程是它最大的特征,其具有的自调节和自适应能力,能对"感知—规划—决策—行动"整个动态自适应过程进行学习,并将学习到的知识用于指导未来的决策。

简言之,认知网络是一种具有能够感知当前网络环境的认知过程和学习能力的智能的、泛在的网络。

6.1.1　认知网络产生的背景

随着无线技术在移动通信、公共安全、电视广播中的广泛应用,现代社会对无线电频谱资源的依赖程度越来越高。特别是近年来新的无线通信技术,如无线局域网、无线个域网、无线城域网的高速发展,使得频谱资源显得更加紧缺。而认知无线电技术由于能够解决频谱利用率低的问题,以及能对频谱资源进行再利用,提高频谱资源利用率,因而受到各种研究机构的广泛关注。目前,许多人关注于认知无线电技术在目前无线网络中应用情况,因此许多文献中将使用认知无线电技术的网络称为认知网络。

认知技术以其独特的自感知、自配置、自我学习、自我意识等智能特性,自其提出开始便赢得了各大国际通信标准化组织、研究机构的青睐。目前正在进行中的认知技术相关研究点包括基于内容传送业务的环境认知技术研究,包括了软件无线电的定义、可重构无线电、基于决策的自适应无线电及相应的控制机制等的建设方案设计,以及认知无线技术的主要特征、需求、性能优势及其潜在的应用前景等。欧洲电信标准化协会(ETSI)正在进行使可重新配置射频系统及融合认知无线电系统通用标准方面的标准化工作。3GPP在 LTE 的 R6 中已经启用了认知无线电技术,OMA(Open Mobile Alliance)、OMG(Object Management Group)、IETF(Internet Engineering Task Force)等标准组织也都在积极加紧开展与认知技术相关的设备、网络及所支持的协议。

通信网络向着认知网络发展将是未来通信技术发展的一个重要方向。为了应对这一发展趋势,各大标准组织纷纷在标准制定时提出新的要求。IEEE 802.16m 提出的最新文档中要求网络能够支持自组织(Self-Organization)功能,包括网络的自配置(Self-Configuration)和自我优化(Self-Optimization)[6]。LTE-A 在 Release 8 中提出了自组织网络(SON,Self Organization Network)的概念和需求,并同时要求自组织网络具有自配置、自优化和自愈合(self-healing)的能力。两大标准在网络自组织功能上不谋而合,其基本思想都是未来网络需要具有智能特性,能够尽可能多地进行自我的管理和重构,减少人工对网络配置和管理的干预。显然,网络具有自我意识是未来网络发展的一个普遍要求。目前,LTE 和 IEEE 组织对 SON 的讨论仅停留在初步概念定义阶段,而对于 SON 功能的实现,还需要大量的研究工作。同时,一些国际运营公司等都在积极地进行 LTE 中SON 功能的探索研究[6]。

由此可见,网络更高智能性的需求已经非常强烈,这些标准中提出的对网络自组织、自配置、自优化的要求和认知网络的认知特性是相吻合的,已经具备了一些认知网络的雏形,因此,可以说未来 4G 的通信网络技术正向着认知网络的方向发展。各大标准组织对标准的制定以及企业的积极参与,为 4G 网络向认知网络发展奠定了重要铺垫,同时对认知网络的研究也将极大地促进未来 4G 技术的发展。

6.1.2　认知网络的需求

网络中不同角色对网络的认知功能具有不同的需求,下面分别从运营商、设备商、管理者和用户四个角度说明其各自的需求。

1. 运营商角度

从运营商的角度来看,对认知网络具有如下需求。

(1)总体需求

① 确定网络实体合适的位置——通过权衡实时反应(分布式)和总体优化(集中式)来实现;

② 高效的接口和协议规范——降低复杂性和运营成本的增加;

③ 多无线电和多供应商中的互操作性——符合标准发展组织指定的标准解决方法;

④ 一些实用的用例——在减少管理成本的同时减少部署和运营的成本;

⑤ 系统的高可靠性、稳定性以及低能耗性——增加总体性能,减少开支;

⑥ 针对潜在技术改进扩展的通用性和灵活性——不会过时的技术;

⑦ 拥有高度向后兼容性的非破坏性演进技术——允许当前系统的迁移和重复利用现有的投资;

⑧ 改善数据速率和延迟——实现多媒体应用的更高数据速率和减少延迟;

⑨ 结构简单——减少协议复杂性;

⑩ 减少资金和运营成本资本支出(CAPEX, Capital Expenditure)/运营开销(OPEX, Operating Expense);

⑪ 频谱利用的相关增益——频谱使用得到更高效率;

⑫ 用户公平性——无论用户是靠近基站还是小区边缘,都能拥有相同的用户体验。

在运营商看来,需要满足基于 IEEE P1900.4 架构的认知无线电资源管理(RRM, Radio Resource Management)的优化目标。这里,认知无线电资源管理决策,也就是可用无线接入技术(RAT, Radio Access Technology)间的 RAT 选择,在网络和移动终端(MT, Mobile Terminal)之间是共享的。假设在网络侧,有一个集中式的实体定义或限制移动终端的决定策略,并由移动终端执行这些策略。这些策略可包括:接入 RAT 选择、连续通信的切换或 RAT 重选择、在支持多归属的情况下增加或移除一个或多个无线接入技术的连接。

(2) 网络侧需求

定义策略和重配置网络节点的中央实体必须知道当前系统状态以及无线环境信息。当前系统状态是指,每个系统的无线资源可用性,包括通信质量和阻塞/丢包比率等的信息。例如,在 CDMA 系统中,从负载信息中可以了解到资源可用性和链路质量。当前系统状态的功能要求是,描述不同 RAT 状态的质量指标,且将该指标周期性地或按需地报告给网络重构管理器(NRM, Network Reconfiguration Manager)。无线环境信息中包括干扰信息。干扰信息在移动终端收集并报告给网络重构管理者(如通过连接到移动终端的不同无线接入技术),或是由探测移动台测量,以便于运营商绘制给定区域的干扰直方图。如果频带不是一个系统专用的,如有认知用户接入的情况,干扰信息则尤为重要。无线环境信息的功能要求是,测量干扰信息,并周期性地或按需地报告给移动终端。

(3) 移动终端需求

① 移动终端能够理解和执行网络重构管理者发送的策略;

② 移动终端能够根据接收到的策略实施 RRM 行为;

③ 移动终端能够执行和报告网络定制的测量;

④ 无论有无优先处理,移动终端都要能够执行网络定制的测量并报告测量值。

2. 设备商角度

从设备商的观点来看,协作认知无线电资源管理的要求由不同的网络元素分担。由于实现功能的不同,需要能够立刻区分移动终端和基础设施实体。

(1) 移动终端侧

移动终端在电池消耗、功率计算和内存大小方面要求,与无线接入网/核心网中的实体要求不同。

算法,特别是移动终端的算法,应该是低复杂性的,以免引入太大的计算量。实际上,移动设备的处理能力低(如受 CPU 频率时钟所限)。复杂的算法需要一个较长的计算时间,这会产生以下后果:

① 移动终端不能在合适的时间窗里运行算法(甚至全速运行),导致例如重配置决策太晚发生而失去时效性;

② 移动终端消耗大量电池能源(因为 CPU 是高负荷的)。

另外,信令数量不应该太多,以便延长电池寿命。移动终端功率消耗受接入网发送/接收的数据量的影响。有效的用户数据速率也受到信令数量的影响。

最后,由于移动终端可用的内存大小是有限的,算法不能依赖于大量的数据,如历史数据。

(2) 基站侧

在基站端,上面所述这些限制可以在某种方式下得以放宽,但是在运转特定算法时,由于考虑到并行服务用户数量的潜在限制,算法的复杂性仍然不可以太高。

基站需要具有向后兼容性,支持用于不同的早期 RAT 之间相互通信的标准,同时也要方便网络设备升级。

考虑到网络设备间的交互,信令开销应该维持在一个最小值,从而降低网络性能。在触发重配置程序执行的通信网元中,需要特别关注 SON 功能所需要的额外测量开销。

最后,因为协作认知无线电资源管理功能考虑了多运营商环境,重配置进程的实现应该确保不同运营商间的公共和专属部分的认证。

3. 管理者角度

以下主要说明动态频谱和无线资源使用的管理要求。

当前,频率管理的框架已经非常成熟,欧洲管理部门采用假定频谱、无线资源的利用是以市场为导向和驱动的政策。很多地区对此进行了变革,如通过新颖的共享方法来容纳新服务和系统,或为新兴服务确定全球统一的波段〔如 IMT-2000,公共保护和灾难救援(PPDR)〕。然而,重配置技术和通信服务的增长需求,对无线资源提出了新的挑战:当前的管理框架能否适应技术的快速发展变化。

对于频谱的未来使用情况,在欧洲,欧洲联盟(EU,European Union)、欧洲邮电管理委员会(CEPT,Conference Europe of Post and Telecommunications)以及国家行政当局面临的挑战与日俱增。对于频谱策略、分配、波段指定和分配原则,以及频谱贸易的争论已经进行了一段时间。这些争论发生在各个层次:国家内部、欧洲(EU 和 CEPT)内部以及国际电信联盟无线电通信部门（ITU-R，International Telecommunication Union-Radiocommunication Sector)间。

在频谱管理中引入市场机制是在频谱管理框架中获得更多灵活性的新方法之一。其他一些方法则考虑了实时分配，如直接、短期的固定分配方式，另一些则考虑了一致性和灵活性以及当前频谱管理的框架问题。

4. 用户角度

用户期望包括技术期望和经济期望。经济期望包括用户希望使用支持不同标准的重配置设备但又尽可能减少成本、有限 RAT 选择的收费服务、合理的和可负担的收费政策等。另一方面，技术期望包括不同无线接入技术间的无缝切换、重配置软件下载、接入一般服务的能力、自主行为，以及用户设备低能量状态下特定 RAT 兼容性。漫游时，用户期望使用与本地网络业务相同效果的服务。

用户利益包括：

① 提供更好的服务；

② 节约成本；

③ 便于使用；

④ 节约时间；

⑤ 自我修复；

⑥ 安全。

用户的需求包括：

① 服务的易接受性；

② 网络重配置技术透明性；

③ 注销的权利；

④ 保证互联网接入和基本业务的服务；

⑤ 地区特色化、个性化的增值服务。

6.1.3 认知网络的定义

认知实体通过认知进程对客观环境的认知而形成的网络，称为认知网络。它的核心是认知实体和认知进程，以及认知实体通过对客观环境的认知作用而得到的认知环境。所谓认知是认知主体对客体的感知与反映过程。认知实体之间并不直接联系，而是通过认知进程对认知环境联系在一起。认知进程依附于认知实体，充当认知实体同客观环境之间联系和交流的手段与桥梁。

6.2　认知网络的特点

认知网络有一个可以感知当前网络环境的认知过程,它能够对当前网络环境进行观察,通过对网络环境的理解,动态地调整网络的配置,并在此基础上进行计划、决策和行动,从而灵活地适应网络环境的变化。同时,网络还应具有从变化中学习的能力,并能够对未来进行以端到端为目的的决策。

由于认知网络自感知、自适应、自配置、自我意识、自我学习等独特的智能特性,决定了这种网络的行为模型将在很大程度上区别于传统网络。首先,认知网络中的智能认知能力不仅体现在网络侧,而且将这种认知能力赋予整个网络的各个节点。因此,网络中的每个通信节点不再是简单的受控,而是有了不同程度的主动权。每个节点可以自主地根据周围通信环境及网络状态来主动地计划、判断甚至决定通信行为。这种分布式的智能性要求,颠覆了传统网络中的通信行为。因此,研究并提出适用于认知网络的行为模型对于进一步研究认知网络路由、QoS 保障等优化问题起着至关重要的作用。

认知网络需要提供这些功能:首先,认知网路提供的无缝认知模式是解决频谱资源有限和目前极低频谱利用率的最佳方案。通过智能、动态的认知周围通信设备的频谱使用状况,采用合理的竞争/合作策略,达到最大化频谱使用效率和系统性能的要求。其次,具有智能化学习能力的认知网络,能最融洽地将现有的蜂窝网络以及 Ad Hoc,Mesh,Wi-Fi 等非授权频段网络融合,通过智能化、自配置的感知和控制,使得未来的智能多模终端能无缝地切换于各种通信技术,为用户提供真正的无处不在的、个性化、普遍感知和适配性支持能力的业务环境。最后,认知网络需要能提供在紧急事件、重大意外等特殊场合的稳健性和快速重建能力。

认知网络的认知和学习特性,造成了它不同于传统网络的一些重要特性。研究总结,认知网络具有以下的几大特征:

(1) 泛在性和异构性;

(2) 协同性;

(3) 具有认知过程;

(4) 高度智能性。

6.2.1　认知网络的泛在性和异构性

与非认知网络相比,认知网络能够动态、自适应地提供更好的端到端性能。认知过程可以提供更好的资源管理、QoS、安全、接入控制等网络目标。在认知网络中,节点能够通过认知过程随时感知周围的网络环境,选择适合的接入方式,灵活地切换通信模式。认知过程有利于构造异构融合网络,因此,认知网络能提供最大可能的无缝连接服务,实现多网融合和各种网络之间的无缝切换,并使网络的性能最优化。

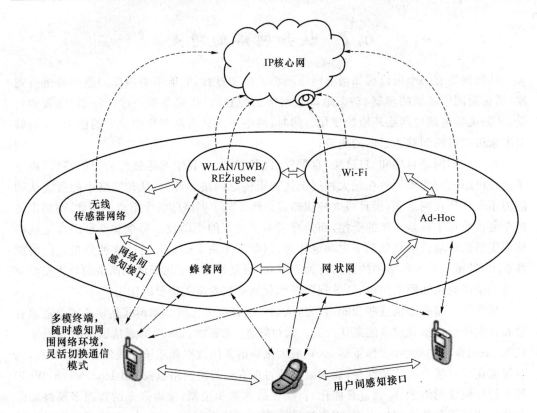

图 6-1　认知网络的泛在性和异构性

6.2.2　认知网络的协同性

目前的网络中终端和终端之间,网络和网络之间缺少有效的信息互通,由于节点间缺乏相互沟通而造成资源浪费及资源分配不合理等情况,致使网络利用率低下。在认知网络中,认知过程不仅能够感知周围的网络环境,也能够感知网络中周围的其他网络元素的信息,因此,可以改变传统网络中节点之间因信息孤立而导致的竞争和不合作的关系,建立起节点之间协同工作的关系。这种建立在对网络环境和网络元素充分认知基础上的协作关系,能够有效地进行节点间的资源共享,从而更有效地利用网络资源,实现优势互补,使网络的使用更加合理和高效。

6.2.3　认知网络的高度智能性

目前的网络配置和管理还主要依赖于人工操作,但是,随着计算机和网络技术的不断发展,网络日益庞大复杂,人工的管理和维护很难满足系统性能的要求。按照未来网络的异构特性,各种网络在网络拓扑、工作模式和参数设置等方面,都应该能够动态地变化,尽量减少对人工的依赖。认知网络高度智能性体现在它具有自感知、自适应、自配置、自我意识、自我学习的功能,能够智能地进行决策和重配置。通过认知过程,网络能够感知和适应周围的环境,并不断地进行调整和重构,以适应周围环境。这种感知过程不仅包括终端间的感知、网络间的感知,还包括终端和网络间的感知。同时,网络的变化又会引发环境的再变化,对网络和其中的用户产生新的影响,引起新的调整和重构。网络在这种不断的相互影响和变化中实现自我配置,最终实现性能的最优化。为实现这种智能的自我组织和配置功能,可以考虑借鉴人工智能等领域的一些研究成果,在认知网络的组网和调度中引入人工智能算法,从而达到认知网络具备全网络智能性能的目标[5]。

6.3 认知网络的发展前景

尽管认知网络的研究还处于起步阶段,许多技术尚在探索之中,然而人们已经开始预见到一些渴望通过认知网络技术来解决的有价值的应用。

1. 垂直切换

对于异构无线网络来说,需要考虑不同无线技术之间的垂直切换,其目标要求和技术难度远高于水平切换。由于不同接入技术的覆盖范围往往重叠,信号质量并非唯一的切换因素,除了寻求最好质量的信道以外,还可能要求通过垂直切换实现系统间合作,以提高网络整体性能和容量,并考虑如何满足用户的技术经济要求。有效的垂直切换应该基于环境信息的感知,并且需要多个网元之间的信息交互和协同配合,根据认知决策选择目标网络和目标无线接口。认知网络技术可以很好地解决垂直切换问题。

2. 高速轨道通信

随着高速轨道交通的快速发展,如何在高速铁路列车上提供宽带通信服务已被提到议事日程上,成为迫切需要解决的技术问题。IETF 曾设立网络移动性工作组(NEMO,Network Mobility),工作组专门研究此类应用场景,引入移动路由器作为高速交通设施和外部广域网之间的接口网关,借鉴移动 IP 技术解决整个局部网络的移动性问题。然而,网络移动性工作组解决的仅仅是网络层的路由可达问题,对于此类应用来说更为重要的是如何解决移动路由器的可靠无线接入问题。通常移动路由器装备有多个不同类型的无线接口,可根据所处网络环境的感知信息,决策选择可用的无线接入网络,为列车内的用户提供不间断的网络服务。因此,可充分利用认知网络技术寻求问题的解决方案。

3. 应急通信

认知网络技术的研究对于救灾应急通信系统来说也具有十分重要的意义。在发生突发灾害的情况下,已有通信网络必定遭到严重损坏,原有网络拓扑、网络能力和网络环境将发生不可预测的重大变化,此时,如何感知网络现状,迅速作出自适应的调整,并且综合利用多重网络的能力,对于通信能力的恢复至关重要[9]。

6.4 认知网络的技术挑战

认知网络的研究目前还处于初期阶段,它的设计和实现远比常规网络要复杂。当前认知网络的很多工作针对某个领域的应用(如 4G 移动网络)和特定的实现(如认知机制和相关的 API)或其他的特殊问题(如移动性管理)。认知网络的设计和实现是一项复杂的系统工程,涉及网络体系结构、软件可调节网络、人工智能、神经网络、信号处理和软件无线电等多个领域,它的应用价值已经在认知无线电和跨层网络设计方面有所体现。除此之外,它对于保障今后大规模的复杂异质网络的性能有着重要价值和深远意义。

要实现这一宏伟工程将面临大量挑战,需要解决一系列棘手的问题。例如,认知网络要求网络单元同步地更新配置以达到特定目标,因为认知网络单元随意(时间和方式不受控制)更改配置所得到的网络性能可能比不进行认知处理还要差。但是动态变化的无线网络(如 Ad Hoc 网络)很难做到这一点,因为节点往往不能同时收到配置更改的通知(对于集中式操作)或同时自主地更改配置(对于分布式操作)。解决的方法是要求节点同步到某个参考时钟,并相对于参考时钟实施配置更改。但是这样又增加了网络和节点的复杂性,并且认知处理将高度依赖参考时钟。另外,认知网络中也存在着一系列由于认知新技术引入所带来的安全隐患[9]。总之,认知网络的设计和实现任重道远,但是它的实现意义是显而易见且极富吸引力的,希望本书的内容能推动业界对认知网络进行广泛和深入的研究。

本章参考文献

[1] Thomas R W,DaSilva L A,MacKenzie A B. Cognitive networks[C]//Proceedings of the IEEE Symposium on New Frontiers in Dynamic Spectrum Access Networks (DySPAN). 2005:352-360.

[2] Laurent Belmon,Laurent Belmon,David Bateman,et al. Requirements,architecture and design of E3 prototyping environment[EB/OL]. [2012-02-19]. https://ict-e3. eu/project/deliverables/full_deliverables/E3_WP6_D6.1_080715. pdf.

[3] Eckard Bogenfeld,Ingo Gaspard. Self-x in Radio Access Networks[EB/OL]. [2012-02-19] https://ict-e3. eu/project/white_papers/Self-x_WhitePaper_Final_v1.0. pdf.

[4] Nikhil Kelkar,Yaling Yang,Dilip Shome,et al. A Business Model Framework for Dynamic Spectrum Access in Cognitive Networks[C]//GLOBECOM 2008. IEEE, 2008:1-6.

［5］　陈铮,张勇,滕颖蕾,等.认知网络概述[J].无线通信技术,2009(4):35-38.

［6］　Roshni Srinivasan,Shkumbin Hamiti. IEEE 802. 16m System Description Document [EB/OL].[2012-02-19]. http://ieee802. org/16/tgm/core. html♯09_0034.

［7］　Self-Organizing Networks (SON) Concepts and requirements[EB/OL].[2012-02-19]. http://www. 3gpp. org/ftp/Specs/html-info/32500. htm.

［8］　Self Configuration of Network Elements Concepts and Requirements[EB/OL]. [2012-02-19]. http://www. 3gpp. org/ftp/Specs/html-info/32501. htm.

［9］　沙智.浅析认知网络的关键技术及其多方面应用[J].知识经济,2007(7):88.

第7章 认知网络架构

认知网络架构的研究目标是将人类的认知能力应用于认知网络架构,实际的工作重点是在网络中实现用户和应用程序之间数据的交换。认知网络的认知过程是认知网络性能优化的关键。本章将对认知网络的架构进行分析介绍,从认知网络的认知过程开始切入,对认知网络的架构结合相关文献进行介绍说明。在认知网络方面,对欧盟的 E^3 项目进行了详细的调研。E^3 是 2006 年 12 月欧盟(EC)会议正式批准启动欧共体研究与技术发展第七框架计划(FP7),FP7 计划中的 E^3(End-to-End Efficiency)项目将动态频谱分配(DSA)策略纳入了该项目的研究范围。该项目旨在将 CR 技术整合到 B3G(Beyond Third Generation in mobile communication system)体系结构中,使目前的异构无线通信系统基础设施演进到一个整合的、可伸缩的和管理高效的 B3G 认知系统框架。在 E^3 的研究中,将认知网络架构具体分为功能架构和系统架构两部分。功能架构中,E^2R 按照各项工作的操作功能来划分认知网络的模块,这些模块各自有不同的操作特性和管理算法。而 E^3 在 E^2R 的基础上引入了新的模块功能及新要求,对 E^2R 的功能架构进行了改进。认知网络的系统架构从映射的角度对系统上的功能实体进行描述和说明。

认知网络的主要功能包括联合无线资源管理(JRRM,Joint Radio Resource Management)功能、动态频谱管理(DSM,Dynamic Spectrum Management)功能和自组织功能 Self-x。本章中将对这些功能进行详细的阐述,叙述其各自的含义和作用,其中包括各自的目标、技术和算法。通过这些介绍,读者可对认知网络的主要模块的功能和作用有更为深入的理解。

本章的另一个部分介绍了适用于认知网络的学习推理方法以及设计决策。在这部分中,讨论了学习和推理的本质以及认知网络的分布式学习推理方法,还详细阐述了认知网络的高层设计以及它对认知网络产生的影响。

7.1 认知网络的认知过程

认知网络最关键的特性就是认知过程。认知过程的关键部分就是能够从过去的决策中学习并将其应用于对未来的决策中,它最大的特点就是具有认知和学习的能力。因此,认知网络需要一个环状反馈来对过去决策和当前环境,当前决策和未来环境之间进行交互,实现认知过程。如图 7-1 所示是由 John Boyd 提出的一个简单的反馈环——OODA 模型[4],它包括观察(Observe)、定向(Orient)、判决(Decide)、动作(Act)四个模块。该模型最初用于军事领域,现在已经被广泛地运用在军事之外的各种领域。在某些情况下,还可以增加学习模块,防止之前产生的一些错误信息对未来的决策造成不利的影响。

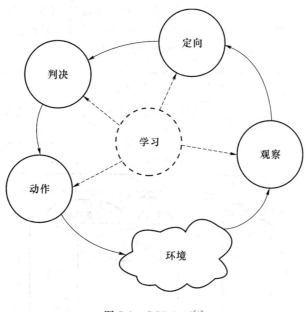

图 7-1　OODA 环[4]

7.2　认知网络的架构

7.2.1　认知网络架构简介

本章文献[13]中针对认知网络提出了一个三层的认知架构,其中的三层分别是行为层、功能层和物理层。行为层决定了系统产生的可预见行动,功能层决定了系统对信息的处理情况,而物理层则涉及到了系统的模拟神经生物学功能。网络中的系统及元素的目标属于架构的高层,定义了系统的行为,而且这些目标也提供了可计算系统行为的认知过程。本章文献[13]从网络级提出的架构如图 7-2 所示,该图显示了认知网络架构间端到端的目标的相互作用。认知过程结构中包括一个或更多的认知因素以及软件适应网络(SAN,software adaptable network)。该认知架构足以支撑集中式与分布式这两个认知过程。

在这个认知架构中,设定一个认知过程中包含一个或多个认知元素,该认知过程介于自治和完全协作之间。如果认知过程中包括的认知元素唯一,那这个元素则会完全地分布在网络中的若干个节点上。如果认知过程中包含的认知元素有多个,那么这些认知元素则会分布在网络中的节点子集上,或者分布在网络的每个节点上,或者几个认知元素固定在同一个独立的节点上。

如图7-2所示,认知网络架构的顶层部分包括端到端目标、认知规范语言(CSL,Cognitive Specification Language)和认知元素目标。在这里,端到端目标由网络用户、应用和资源共同提出来,它控制整个系统的行为。而没有端到端目标指导的网络则会出现预料外的行为后果,这一问题在许多跨层设计中经常出现。

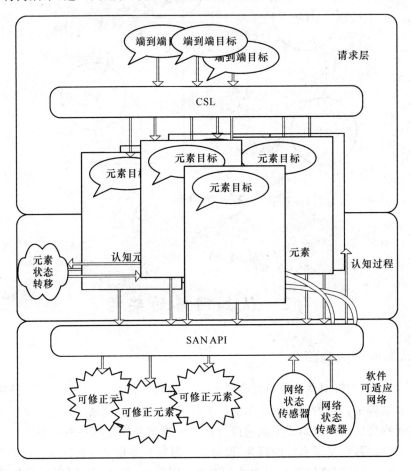

图7-2 典型的认知网络架构[13]

与许多工程问题一样,目标和目标的优化之间需要平衡。当存在许多目标时,认知网络不可能被无限度地最优化。优化最终会达到极限,此时量度的优化不可能不影响到别的量度。为了确定正确的最优化前端,每个认知元素必须对所有的端到端目标和它们的系统指定参数有所了解。

接下来建立接口层,从而确立网络和认知过程的顶层用户目标之间的联系。在一个认知网络中,接口层由CSL执行,它为本地元素目标提供了行为指导,能够为基础机制映射端到端需求。与 QoS 规格语言不同的是,相对于固定网络容量而言,CSL 机制能够适应不断变化的网络容量。而且,CSL 能够适应新的,甚至是不能被预测到的网络元素、应用和目标。

认知过程对网络的性能决策基于可用的网络状态信息。为了能使认知网络基于端到端目标而做出决策,必须要求认知元素了解当前的网络状态和其他认知元素的状态。认知网络掌握整个网络的状态这一前提,有助于认知元素层作出更好的判断。但对于一个大而复杂的系统,如计算机网络,认知网络不可能知道整个系统的状态。因此网络元素获得这些系统状态信息而需要的开销很大,这也意味着认知网络不得不在缺乏网络状态信息的条件下工作。

为了降低交互信息的数量和避免不必要的认知过程,需要引入过滤(Filtering)和提取(Abstraction)这两个过程。过滤是指如果节点的观察行为是不相关的,那么认知过程要对这种节点行为进行抑制。因此,节点本身需要对适合认知过程的行为作出选择。提取的目标是减少代表一个观察行为的比特数。通过提取以及过滤可以带来需求信息量的下降,但这也会带来风险,因为这些行为会导致认知过程中需要操作的信息被隐藏。因此,在过滤和提取这两个过程时需要采取其他防范措施。

软件适应网络(SAN)由应用程序接口(API)、可修正网络元素和网络状态传感器组成。软件适应网络是一个独立的研究领域,它的作用是将网络状态告知认知过程。可修正元素包括了任意客体或者网络中所使用的元素。软件适应网络中的所有元素不可能都是可修正的。每个元素相对应用程序接口而言都有公共的和私人的接口,从而使得它对于软件适应网络和认知过程来说都是可操作的[13]。

从架构方面,E³ 项目工作组对认知网络从功能架构和系统架构两个方面进行定义。

(1) 功能架构(FA,Function Architecture):

① 代表系统功能;

② 被用在标准化工作中的顶级应用描述里。

(2) 系统架构(SA,System Architecture):

① 使用网络接口来描述网络构件;

② 功能架构在此架构中进行映射。

7.2.2 认知网络功能架构

1. E²R 功能架构

E²R 项目组为无线电资源管理(RRM)和动态频谱管理(DSM)所定义的功能架构包括以下五个模块:联合无线资源管理(JRRM)、高级频谱管理(ASM,Advanced Spectrum Management)、动态网络规划模块(DNPM,Dynamic Network Planning Module)、元操作(MO,Meta Operator)和流量估测器(TE,Traffic Estimator)。

图 7-3 描述的功能架构,包括了前面提到的五个功能块。

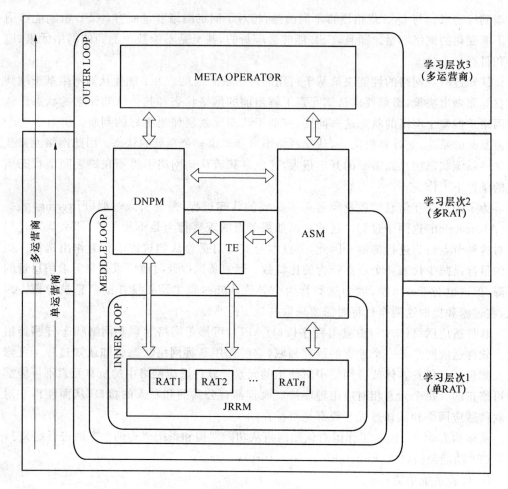

图 7-3   RRM 和 DSM 的功能架构[19]

每一个功能块根据获取知识的服务域大小决定所分属的学习层次。其中:学习层次1通过操作单个无线电接入技术来获取知识;学习层次 2 通过同时操作多个服务于同一区域的无线电接入技术获取知识;学习层次 3 通过几个分属于不同的网络运营商的系统间的协作来获取知识。

关于 E^2R 中模块主要部分的实体描述如下所示。

(1) JRRM

JRRM 的目标是在整个 RAT 操作性能优化的前提下向用户提供最好的 QoS 水平。因此,JRRM 需要包括几个不同的无线电管理算法。JRRM 属于学习等级 1,获得的知识来自于单个 RAT 操作。

(2) ASM

ASM 负责为异构网络优化频谱分配。ASM 算法将依据可使用的频谱、干扰和成本等方面因素选择最合适的频谱配置信息。因此 ASM 需要和 JRRM,DNPM 进行交互。ASM 属于学习等级 2,获得的知识来自于多个 RAT 的同时操作。

（3）DNPM

DNPM 的目标是对可重配置设备进行有效管理。DNPM 能够依据 RAT 活跃度、QoS、频谱分配和流量均衡使用不同优化算法,向设备提供配置信息。DNPM 和其他诸如 JRRM,ASM 功能模块进行交互,其目的就是为了考虑流量环境、构件轮廓和策略的问题。DNPM 属于学习等级 2,知识来自于以前和服务域交互所获取的信息以及当时的解决方案。利用此知识,不仅能够更快地选择出最合适的配置信息,而且还能预测未来会出现的问题,并在此问题发生之前确定预防方案。

2. E³ 功能架构

在 E³ 的框架体系中,它的功能架构不仅包括以上五个模块,还引入了 Self-x 和认知功能。Self-x 功能对系统功能提出了新要求。

为了反映 Self-x 功能和可重配置过程,必须对原来 E²R 的功能架构进行演进,如图 7-4 所示。

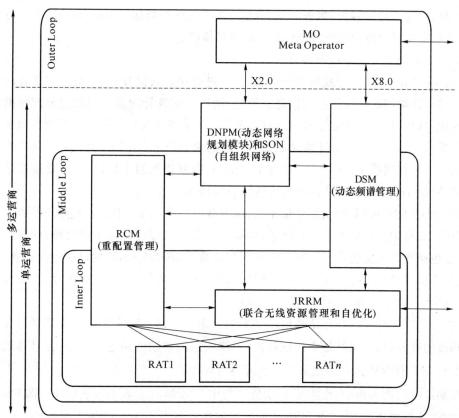

图 7-4　功能架构的演进[19]

图中 E³ 实体块大部分是基于在 E²R 中定义的模块,并在此基础上增加了一些新的模块。

RCM(Reconfiguration Control Module),即可重配置控制模块,其目的是强调不同实体间的交互。

JRRM 被定义为一个实体并放置于多个 RAT 之上,其目的是强调和保证在多个无线电环境中 JRRM 的通用性。自我优化功能也在该模块中得到反映,例如,无线电资源优化、无线电接入优化。此外,在 IEEE P1900.4 中对 JRRM 提的特殊要求将在下一节进行描述。

DNPM 中包括了 SON 功能,其目的是为了反映当前层使用的自组织算法。

同时,在 E³ 的功能架构中应该加入基于 IEEE P1900.4 的 JRRM 框架和 Self-x 功能。基于 IEEE P1900.4 的 JRRM 框架图可参见 7.3 节图 7-7。

3. E³ 功能架构需求分析

网络可重配置管理器被整合到 JRRM 功能块中,其目的是为当前系统状态定义最合适的策略,以完成诸如容量、服务质量、流量均衡等方面的目标。为此,网络重配置管理者(NRM)需要知晓当前的网络状态以及无线电环境状态。

E³ 中当前的网络状态说明如下。

(1) 不同 RAT 所需分配的频谱信息:为了进行动态频谱分配,网络重配置管理者需要通知移动终端当前的频谱分配信息。另外,网络重配置管理者要对频谱分配根据需要进行变化,例如,如果一个频谱段被重新分配给一个新的 RAT,则网络重配置管理者依据策略发送命令来使该频段处于空闲状态。该策略命令原来占用该频段的移动终端在规定的时间间隔内移到另一个频段上,在这个用例中,需要用到两个接口:用来交换频谱分配信息的 ASM-JRRM 接口,进行策略传递的 JRRM-MT 接口。

(2) 反映不同 RAT 的质量评估指数,如负载。每个 RAT 中服务和用户等级之间的流量分布,蜂窝中分组服务的总吞吐量,终端用户服务指标的感知质量的统计数据,如阻塞率,丢包率和成功交包率。网络重配置管理者通过 JRRM-RAT 接口获得此信息,事实上,JRRM 模块是跟 RAT 的 RRM 的实体进行交互的〔实体如基站、接入点、无线电网络管理者(RNC,Radio Network Controller)等〕。

其中,无线电环境信息包括频谱占有率等方面的信息。网络重配置管理者需要知道给定频段的接入等级(尤其是未授权频段)。该信息由移动终端进行测量,并且移动终端通过上行 MT-JRRM 接口传送给网络重配置管理者。

在演进的功能架构中,也涉及 E³ 功能架构中 DNPM 设定需求方法问题。图 7-5 描述了 DNPM 的管理功能,该功能可使可重配置网络设备对环境条件做出最恰当的适应动作。之前的管理功能模块主要组件如下。

（1）DNPM：包括多个不同的优化算法。

（2）网络构件：B3G 服务域包括灵活基站（FBS，Flexible Base Station）和/或演进型基站（eNB），这两个实体都能够根据 DNPM 的策略对其自身进行重配置。

（3）基础设施抽象：负责向管理设备提供监测信息。

（4）学习：该组件负责向管理设备提供配置、容量、决策效率、用户偏好的信息，同时也提供优化程序的反馈信息，该优化程序是由组件自身根据决策适应度提出来的。

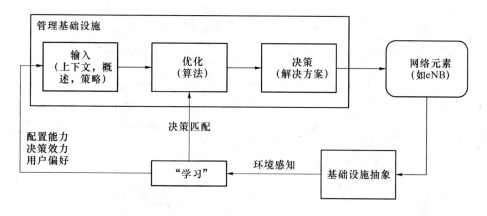

图 7-5　DNPM 管理功能[19]

其中，管理设备需要有以下输入信息：

（1）资料信息（Profile information）不仅包括用户资料，还包括反映其容量的资源资料。

（2）策略信息（Policies information）来自于网络运营商（NO，Network Operator）目标和战略中。

（3）上下文信息来自于无线电资源管理实体中，包括当前服务域的业务情况。

DNPM 优化模块负责考虑上述的输入并提供一个适合重配置的决策。最后，可重配置决策通过决策执行模块应用到服务域中。

E³ 中 DNPM 的目标是增强学习技术，从而获得认知无线网络中的自管理能力。DNPM 的学习技术可以基于以下过程和需求：

（1）关于环境需求和过去操作影响的维护信息；

（2）将获得的信息转化成知识和经验；

（3）基于此知识主动或被动地处理问题。

7.2.3 认知网络的系统架构

E³ 功能架构向当前参考系统架构的映射如图 7-6 所示,图中描述了映射在系统参考架构上的主要功能实体,相关的实体说明如下。

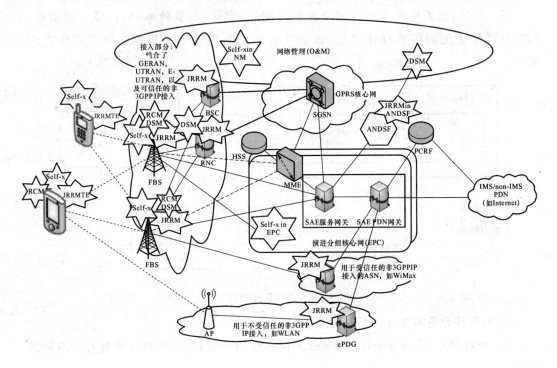

图 7-6 E³ 参考系统架构[19]

1. 联合无线资源管理

该系统功能位于终端,无线电接入网(RAN)和演进分组核心网(EPC,Evolved Packet Core)中。

(1) 终端中的 JRRM 用来执行接入选择决策(基于策略)和完成测量工作。

(2) 无线电接入网中的 JRRM 提供测量配置信息并收集测量数据。

(3) 演进分组核心网中的 JRRM 用于对接入网络发现和选择功能(ANDSF,Access Network Discovery and Selection Function)提供策略,支持认知导频信道,在知晓接入网资源状态的情况下提供接入选择策略。

2. 自组织

Self-x 功能位于终端(TE)、无线电接入网、网络管理(O&M,Operation and Maintenance)和演进分组核心网中。

（1）终端中的 Self-x 支持网络侧 Self-x 功能所需的一些特殊测量。

（2）RAN/FBS 中的 Self-x 提供若干关键性能指标，如计时器，并对这些指标进行评估，这里决策的执行是基于策略和规则的。

（3）网络管理中的 Self-x 根据网络运营商的偏好执行监督和顶级性能调整（如 QoS、吞吐量等）。

（4）演进分组核心网中的 Self-x 需要有识别能力，并实现基于策略和规则执行决策。

3. 动态频谱管理

该系统功能位于无线电接入网和网络管理中。

（1）网络管理中的动态频谱管理知晓网络运营商定义的频谱分配策略，并据此进行频谱分配，还能够与具有 Self-x 功能的实体、JRRM 及接入网络发现和选择功能进行交互。

（2）无线电接入网（或灵活基站）中的动态频谱管理执行频谱分配任务，探测频谱空洞和整体干扰情况。

4. 可重配置管理

该功能位于可重配置终端和 RAN/FBS。

（1）RCM 执行可重配置管理，为协作机制确定合适的配置信息。注意：一开始确定的配置信息是功能上的，然后将功能上的信息转化成相应的物理上的配置信息，该信息就可应用到可重配置构件中的全部可重配置过程里。

7.3　认知网络的 JRRM 功能

JRRM（Joint Radio Resource Management），即联合无线资源管理，它执行无线电资源的联合管理，属于混合的无线电路径技术（RAT，Radio Access Technology）范畴。它基于需求的 QoS（如带宽、最大延迟、实时/非实时）、无线电环境（如离散信号强度/质量、可用带宽）、路径网络环境（如蜂窝容量、当前蜂窝负载）、用户优先权，以及网络政策。JRRM 同样给可靠路径选择的有效发现提供相邻用户信息，这一发现过程可以用认知试验信道（CPC，Cognitive Pilot Channel）分配。

在基于 IEEE P1900.4 的 JRRM 框架中，网络根据移动终端的策略变化而变化，而移动终端则独自做自己系统内部的策略。如图 7-7 所示的框架，其中包括了网络管理器和移动终端管理器。

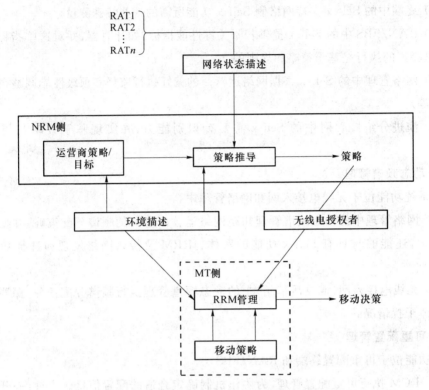

图 7-7　基于 IEEE P1900.4 的 JRRM 架构[19]

7.3.1　JRRM 目标

联合无线资源管理有如下既定目标[17]。

1. 无线电资源的最优化

无线电资源可以通过如下几种方式而实现最优化，从而最小化干扰。可实现的方式例如：选择合适的 RAT、呼叫接入控制、负载均衡、垂直移交、协作/非协作资源分配。下面提到几个性能参数描述了一个策略方案的特点。

2. 提高效率

效率可通过以下的方式来衡量，例如，降低下载时间，容量增益，提高分集效益等。但是涉及到效率问题的新方案的部署会导致开销和复杂度的下降。因此任何一个旨在提高效率的方案应当致力于以上所提的一点或几点来展开分析。

3. 提高 QoS

新方案的部署应当能够提高用户的服务质量，因此一个合理的机制应当能够在已有的网络中增加服务用户数目以及提高用户吞吐量。

4. 认知机制/学习机制

在传统网络中,网络有一个人工的管理单元,能够控制管理级别的方法,从而实现简化网络操作和提高网络性能的目标。这一过程容易出错,也会受到本地网络最优化的限制。而采用基于认知/学习机制的方法,可以将人对网络的操作降低到"零触碰(zero touch management)",从而提高网络对于网络环境的动态自适应性。

7.3.2　JRRM 技术

JRRM 技术应用了不同的功能来实现异构网络中不同实体共享无线电资源。异构网络中包含几种竞争的无线电接入技术,例如,2/3G、无线局域网、长期演进等,以及接入节点种类及本地和全局的信息。此外,还包括不同的资源,如无线电频谱和传输功率。依据实际的策略,可以使用不同的功能,如传输负载移动/平衡或者资源再分配。

JRRM 技术是针对所有异构网络的控制机制的集合。通过应用多种接入技术,可重配置或者多模终端技术,支持智能的呼叫和会话接纳控制技术,业务、功率的分布式处理技术,实现无线资源的优化使用,达到系统容量最大化的目标。JRRM 技术涵盖了原有无线资源管理的各项功能。

JRRM 技术主要包括两部分功能:联合会话准入控制和联合资源调度。主要包括最优化异构网络的频谱效率,处理各种类型的业务承载以及用户和业务的各种 QoS 需求,对各种混合型业务流进行自适应地调度。JRRM 技术设计主要有两个基本特征:

(1) 适用于紧耦合的异构互通模式;

(2) 分流的功能。

未来的 JRRM 模式不再局限于单一的集中式管理,而是可以采用集中式、分布式以及介于两者之间的分级式的管理方式。联合无线资源管理需要终端乃至网络都具有可重配置性,从而能够满足接入允许控制和联合资源调度的综合管理需求[5]。

多接入选择是 JRRM 技术中的关键技术,通过动态管理终端接入一个或多个不同的无线网络,可有效利用多种接入网络的综合增益。由多接入选择所带来的多接入增益包括两个方面:多接入分集和多接入合并。另外 JRRM 技术通过负载均衡以及动态频谱分配等技术[6],使得多个可用无线网络之间能够以一种协调的方式自适应分配资源。

7.3.3　JRRM 算法

本节对几种 JRRM 算法进行了简单的功能描述[17]。

1. 基于自组织网络的 JRRM 4G 改良

从联合无线资源管理的概念和测量评价这一角度来看,系统内多 RAT 联合进行无线电管理会变得更加有效率,而系统间的 RAT 无线电接入管理则需求更多努力实现更少的节约行为。

在自组织 JRRM 性能仿真过程中,总体开销和中断使得蜂窝系统中更复杂的程序应用能够降低高负载、高用户变化率方案中的用户中断率,而且能增加可服务的用户数。这同样能够降低系统对传输负载的敏感性。另一方面,在高负载场面中由于可用系统资源受限,所以为了提高实际吞吐量,RAT 间的 JRRM 在演进型基站(eNB)和群层面上只会偶尔提供现实的改良。考虑 RAT 间联合无线资源管理和频率再分配的更高效果,建议集中在 LTE 演化型基站和群层面上进行 RAT 内的无线电资源管理,从而提高系统和服务的性能。

2. IEEE P1900.4 性能评估

IEEE P1900.4 标准的应用领域是无线电系统组成的混合无线电接入网络。用户终端是多终端,支持不同的无线电接入技术,具有多种无线电连接功能和认知无线电功能,例如,在不同频率带宽上灵活操作。混合无线电接入网络假定为由单用户或多用户操作。在这个应用领域中,通过对混合无线电接入网络提供的无限电资源使用的分布式最优化,IEEE P1900.4 标准提供了共同的方式来改善整体综合容量和服务质量。基本来说,最优化依赖于混合网络和终端之间的协作信息交换。从这个目的看,可使用两个实体来改善这一协作状况:

(1) 网络重配置管理器(NRM),设立在网络中为一系列有不同无线电接口的无线电接入网服务;

(2) 终端重配置管理器(TRM,Terminal Reconfiguration Manager),每个终端有一个逻辑实体,管理网络-终端分布式情况下终端的频谱使用优化,该实体工作在网络重配置管理器定义的架构下,并考虑用户偏好和周围可用信息等。

网络重配置管理器通过无线电使能器(Radio Enabler)和终端重配置管理器相连,这个无线电使能器是网络重配置管理器和终端重配置管理器之间的逻辑通信信道。无线电使能器在一个或者几个无线电接入网络中标志出来用做数据传输(同带信道),或者在一个或几个专用的无线电接入网络中标志出来(异带信道)。

大量的仿真得到这样一个结论,即混合网络环境下的 IEEE P1900.4 架构有更好的通信成功概率和更好的维护概率,还降低了低质量呼叫的数量。IEEE P1900.4 保证了不同无线电接入网络间的负载平衡(load balancing),执行了 WLAN 标准的负载控制,也允许用户的服务质量之间存在差异。此处为 IEEE P1900.4 架构定义的 JRRM 策略有更好的全局用户满意度。

3. 家庭基站的 RRM 算法

本章文献[9]基于多种设计考虑,提出家庭基站的网络环境中的 RRM 挑战。在这个问题上,需要研究出合适的机制来解决这个蜂窝间的资源分配问题。在 femto-femto 部署中获得有效的无线电资源管理则要求信令开销最小,需要新方案的收益大于开销,同时也要考虑过程的复杂度。非协作方案所需的开销要低于协作方案,因为非协作方案不需要在先前的家庭基站之间进行信令交互。从另一方面来说,使用协作方案会因为要在邻近的家庭基站中进行信令交互而引入额外开销。

从这种情况考虑,不同的使用场合需要选择不同的无线电资源管理解决方案。如家庭基站少量部署的方案或者那些缺少/没有资源竞争的方案,这些方案背景下,更适合使用基于非协作解决方案的简单监测。但是,家庭基站密集部署的方案和那些高层面的传输方案里,使用协作无线电资源管理方案则有更为明显的优点。例如,在低传输部署方案中使用简单的非协作基于监测的资源分配机制,而在高传输层部署方案中使用协作无线电资源管理。从这个部署观点出发,家庭基站可以使用以上介绍的非协作无线电资源管理方案,直到该小区接收到来自用户设备的高干扰信号迹象。此后家庭基站可切换策略,改用协作无线电资源管理策略来进行传输操作。

除了通过改变资源分配来适应相邻用户设备干扰之外,还可以通过在家庭基站中开发灵活有向天线功能,尽可能地阻止干扰用户设备所带来的影响。有向传输可以在没有额外的信令开销情况下有效抑制静止用户设备带来的干扰。

7.4　认知网络的 DSM 功能

动态频谱管理为不同的无线电系统提供中期和长期的频谱管理。它为频谱分配策略提供相关信息。这些策略必须包括频谱使用的调整框架。

7.4.1　DSM 目标

DSM 算法的预期目标如下[17]。

1. 为频谱管理提供合适的架构

无线网络中的频谱管理是一项复杂的任务,其中包括了若干网络运营商中相当多的功能实体。工作包中和动态频谱管理相关联的活动应当为执行算法的动态频谱管理提供合适的操作架构。

2. 为评估频谱管理机制而定义的特定关键绩效指标

在这个概念中,动态频谱管理中适当的关键性能指标被等同为广为人知的频谱效率KPI(Key Performance Indicator)。这个目标同样包括新 KPIs 的方案,它反映了动态频谱管理任务的特性,例如,确定地理区域中合适的频段数目,这些新的关键性能指标方案并未包括在传统的 KPIs 中。

3. 频谱使用率最优化(高频谱效率)

就整体方面来说,动态频谱管理中提到的算法应继续实现最大的频谱效率,频谱效率的单位是 bit/(s・Hz)。而且,系统服务质量是不能下降的。

4. 提出自组织的、基于学习的频谱管理机制

自组织性是为未来无线网络而设想出的主要模式。它声称可以使运营开销(OPEX)和资金开销(CAPEX)减少。而且,通过从过去的场景中获取知识,这些学习性任务能够提高未来决策中的网络运营的能力。因此,该动态频谱管理机制应当和这些趋势相联系,而且该动态频谱管理机制也包括了自组织和学习的特征。

7.4.2　DSM 技术

DSM 技术能够提高频谱资源的使用效率。基于蜂窝的 DSM 技术（CBDSM，Cell-based Dynamic Spectrum Management）以博弈论为基础，实现了频谱再分配，从而使得网络收益提高了 30%，频谱效率提高了 5%，通过小区之间 DSM（CCDSM，Cell-by-Cell DSM）技术，运营商之间的频谱再分配使频谱机会指数（SOI，Spectrum Opportunities Index）提高了约 30%。OFDMA 网络中的动态频谱分配以强化学习为基础，可以提高 20% 的频谱效率。

动态频谱管理技术的目标是实现珍贵频谱资源的有效使用，尽力在用户、蜂窝、无线电接入网和系统间实现频率复用最大化，同时确保相互干扰处在可接受的范围内。对 DSM 不同方面的性能要求进行调研，提出的算法涉及各种不同问题，例如，基于市场竞争和运营商间合作原则的频谱分配/重分配，以及基于空间和实践传输需求的频谱分配/重分配。这些算法的目标是改善小区间动态频谱管理中的使用率过低情况，从而在最大化频谱效率的同时保证正在通话中用户的 QoS[20]。

7.4.3　DSM 算法

本节将对 DSM 算法进行简单介绍[17]。

1. 基于蜂窝的动态频谱管理（CBDSM，Cell-based Dynamic Spectrum Management）

基于蜂窝的动态频谱管理立足于市场竞争和协作原则，解决了多操作者方案中的混合无线电接入管理技术频谱管理问题。CBDSM 模拟器是一个系统层面的模拟器，用于评估多操作者多 RAT 方案中的 DSM 性能。CBDSM 考虑的要点包括网络利益最优化、干扰降低、频谱最优化。

本算法过程中考虑了无线网络的频谱价值，从而保证频谱交易的合理性。本章文献 [1] 说明了 CBDSM 增加了所有网络的收益。其中详细来说，CBDSM 方案为 GSM1，GSM2，UMTS 和 DVB-T（Digital Video Broadcasting-Terrestrial）带来了平均收益，这个收益与灵活频谱管理（FSM，Flexible Spectrum Management）相比，分别提高了 11%，10%，8% 和 5%。特别是在高负载时间段中，这些收益提高更是分别达到 30%，30%，25% 和 42%。

任何载体的载干比（C/I，Carrier/Interference）可以在所有系统中的任意位置模拟。C/I 的分布可以说明网络中的受干扰情况。本章文献 [1] 表明，动态频谱管理中的 C/I 分布函数比灵活频谱管理中的稍多一些，一般不超过 2%。因此，动态频谱管理给无线网络带来了系统间轻微的干扰。但这些增幅是很小的，不会影响通信的可靠性。而且，由于一个模拟器中只有一个小区，DVB-T 网络会向有租借频谱需求的其他用户释放这些频谱资源。因而该 DSM 方案几乎没有给 DVB-T 网络带来额外的干扰。

最后，研究了任意网络的平均频谱使用率。在这里，频谱使用率代表了为用户提供服务和将总体频谱资源分配给每个 RAT 蜂窝的频谱所占比率。正如本章文献[1]所说，CBDSM 方案大幅度提高了特别是 DVB-T 和 UMTS 系统中的频谱使用率。

基于本节提出的 CBDSM 机制,给出了以下两点建议。

(1) 考虑包含在动态频谱管理中的不同 RAT 之间的协商方案。动态频谱管理主要的目标通常包括最优化频谱使用、提高用户满意度、提高运营商收益,等等。因此,有效的协商方案对 RAT 达成双赢局面来说是必要的。

(2) 考虑动态频谱管理的干扰降低机制。因为频谱再分配会带来新的干扰,如先前的频谱和新分配频谱之间的干扰。所以在动态频谱管理中减低干扰是非常有必要的。

2. UMTS 多运营商的小区间短期动态频谱分配(Cell-by-Cell short term DSA for UMTS Multi-Operator)

运营商间的动态频谱分配问题考虑了在最小化每个网络干扰时为协作运营商分配频谱模块,从而提高整体频谱效益和频谱机会指数(SOI)。

本点提出的算法周期动态地向协作运营商(sharing operator)分配频谱,从而有效地利用频谱以及提高其他技术的使用频谱机会。在动态频谱分配算法(DSA)和载波传输管理(CTM,Carrier Traffic Management)算法这两个算法中,动态频谱分配周期地为运营商分配频谱,而 CTM 算法在动态频谱分配间隔期间管理各网络的传输。该算法的基本思想是在维持 QoS 水平不受影响的情况下,为对方网络分配用户并释放网络中的载波。研究发现,即使 DSA 算法显著改善了频谱使用情况和对其他机会设备产生了使用频谱机会,人们仍然需要对 DSA 技术的缺点进行评估,从而获得支出/收益平衡。使用DSA 技术的主要缺点是提高了系统复杂度,增加了呼叫建立延迟。使用某些技术时,这些缺点可被最小化。且有效率的传输预计是 DSA 算法的基本需求之一,它的目的是为了保证用户的 QoS。

3. 负载预测和应用遗传算法的决策(Load Prediction and Decision Making using Genetic Algorithms)

有效而准确的传输预测是动态频谱分配的一项重要需求。本段提出了基于遗传算法(GA,Genetic Algorithm)的预测模型,它预测了特别是在自然环境下无序的下一代无线网络传输需求。该算法模型近似于最佳数学等式,它用这个遗传算法生成一个给定的时间序列。它从实际网络中收集最新传输数据来评估无线网络中的未来传输[1]。

常规用于预测的模型分别为衰落分析和指数滤波,这两个模型也被用于预测,且和基于遗传算法的模型预测结果作对比。研究发现,GA 模型在 200 代演化内成功地恢复了无序时间序列里的隐含的数学表达,并且该预测结果比衰落模型和指数滤波模型的预测结果好得多。但是,以 GA 模型为传输模式而作出的预测展示了线型趋势,这个趋势没有两种常规方式作出的预测那么精确。

4. OFDMA 网络中的动态频谱分配(Dynamic Spectrum Assignment in OFDMA Networks)

本章文献[1],[3]中提出了功能性模块和启发性基于机械学习的算法,这些提出的方案在 OFDMA 网络中实施先进的频谱管理策略,能够在下行链路多单元 OFDMA 系统中处理 DSA 问题。这些方案的共同目标是在蜂窝网络中获得最大频谱效率,并且能保证用户工作阶段内的服务质量。因此,提出一个包括基本认知能力的 DSA 框架,它可以使蜂窝网络实现自组织频谱而减少人工干预。这个决策任务来自启发式基于机器学习的 DSA 算法。

简而言之,该启发式的研究依据每个蜂窝的传输负载来评估它所需要的子通道数目,然后运用蜂窝间干扰矩阵来为每个蜂窝选择确定的子通道。从另一方面来说,基于机器学习的算法使用强化学习来确定每个蜂窝中的频谱分配,并最大化依据频谱使用效率和 QoS 参数为目标确立的奖励度量。额外的,此处也提出了集中式和分布式方案。在集中式方案中,一部分蜂窝的共同实体为所有的蜂窝处理频谱分配决议。值得一提的是,该所提算法在中等数量级的时间内执行(如,数十秒、数分钟),大大降低了蜂窝和中心实体之间的信令交互。另外,在分布式方案中,根据观察到的频谱使用情况,每个蜂窝在邻近蜂窝间自动地执行频谱分配。分布式方案能适合微蜂窝型基站的需求,因为微蜂窝型基站中包含无法预测的接入点分配,所以集中式方案不适合在大量的微蜂窝型基站之间使用。

基于下行 OFDMA 的无线电接入网络中,研究给出以下关于动态频谱管理的结论和建议。首先,在一些情况中(例如,蜂窝间不平衡的空间传输分布方案),固定的频率计划方案在 QoS、频谱效率和吞吐量公平方面有实施意义。从该角度出发,适应于传输变化的动态频谱分配策略可以成为一个更有效的解决方案。其次,学习机制增加了网络的认知能力,使得网络能够自动组织规划频谱,从而在保证 QoS 的同时达到最大频谱效率目标。最后,频谱分配的蜂窝自治行为同样能成为一个有效的管理策略。一个有学习能力的分布式频谱分配允许单个蜂窝自身执行最佳频谱分配,这一自治过程既要考虑蜂窝间的干扰问题,同时也给网络提供了更多的适应性。

5. GSM 资源使用评估的可靠性(Reliability of GSM Resource Occupancy Evaluation)

考虑目前的管理架构,其中的运营商有足量的分配频谱。本章文献[2]提出一个应用实例,该实例使用测量方式来检查无线电资源的真正使用率,以此来评估频谱使用率和可能的动态重分配。在这个背景下,通过比较测量结果和从网络中收集到实际数据,能证实实例中测量方案的可靠性是极为重要的。从这个实例中,可以发现该测量过程的主要工作集中于 GSM 频谱使用算法的可靠性研究上。

该算法以 GSM 网络的传输负载评价为基础,通过在下行链路上感知频谱占用时隙来进行可靠性的评估。而工作在 GSM 无线电资源时间域的模拟器对本地 GSM 测量和评估的可靠性进行调研。对基于测量的预测结果和模拟器得到的真实频谱占用情况进行比较,则可以对评估的可靠性得到大体的把握。

7.5　认知网络的 Self-x 功能

Self-x 即自组织功能,为操作目标的自治性提供保障。总体来说,自组织功能能够处理一连串循环的输入数据,从而得到最优化的参数。

7.5.1　Self-x 目标

考虑一个自组织网络中自组织功能(Self-x)的不同表现,例如,自配置、自优化或者自管理。自组织功能包括网络自主运行时的所有网络技术。自组织功能想要达到的目标如下[17]。

1. 提高效率

在自组织背景下,效率的提高是从减少资源数量的角度出发去衡量的,它能够在不降低服务质量的情况下得到可靠的网络功能。当算法目标包括提高效率时,应在不降低服务质量的情况下,进行网络效率最优化。

2. 运营开销(OPEX)和资金开销(CAPEX)的减少

自组织机制应当使得一些程序自动化,从而降低甚至避免当前系统的支出(系统支出包括劳工支出、设备支出、操作和维护支出、能源支出,等等)。

3. 改善性能

自组织特性旨在提高总体网络的容量,增大覆盖范围,改善网络性能以及改善用户需求的服务质量,实现方式是通过更合理地改变网络特征和特性来减少停工时间和故障阶段,从而达到这一系列改善性能的要求。

4. 以无人监管的方式自动地发现和改善或者解决问题

该目标涉及如何处理警报和错误,从而可以自动地解决问题。

7.5.2　Self-x 技术

Self-x 技术旨在实现无线电接入网络最优化,其中现有的成熟技术如下[20]。

1. 无线电接入网络技术中的自组织功能技术

(1)蜂窝间干扰协调技术:该技术的作用是能够提高吞吐量,降低了大约 10% 的模块化概率。

(2)蜂窝中断补偿(COC,Cell Outage Compensation)技术:该技术可对 40%～80% 的受到基站中断影响的移动终端实行再分配。

(3)切换参数优化(HPO,Handover Parameter Optimization)技术:该技术基于基本规则和遗传算法,实现多移交参数的同步最优化。

(4)独立 RAT 负载平衡技术:该技术能提高 30% 的用户吞吐量。

2．有学习能力的动态自组织网络规划和管理改进技术

动态自组织网络规划和管理(DSNPM，Dynamic Self-organising Network Planning & Management)这一改进技术使决策处理延迟下降了约 40％。

3．背景概况策略动态子载波分配技术

在 LTE 信道中，背景概况策略动态子载波分配(CPP-DSA，Context Profile Policies-Dynamic Sub-carrier Assignment)技术只需使用 90％的可用子载波即可获得所需求的容量。

4．Ad Hoc 网络开发技术

Ad Hoc 网络开发技术大约减少了 20％～40％的发送功率，同时确保了平均延迟处于可接受的范围。

5．基站管理技术

基站管理技术中，执行的相关技术仿真显示，分配给家庭基站的室内移动基站吞吐量有所增加，这一吞吐量是分配给宏基站(MBS)的移动站吞吐量的 10～20 倍左右。

6．能量节约技术

通过关闭基站，或者在服务等级维持的运营开销(OPEX)减小角度降低发送功率，保持性能增益提升 20％～40％。

7.5.3　Self-x 算法

本节将对自组织功能算法进行简单的介绍[17]。

1．移交参数的最优化算法(Handover Parameter Optimisation Algorithms)

移交参数最优化的目标是自动地在独立 RAT 环境中发现最优化的移交参数。更详细的说则是，通过改变当前的网络状况下的参数，从而避免移交失败和所谓的双向效应[2]。

针对移交参数最优化这个目标，人们开发、模拟并分析了很多算法[1]。多方结果显示，自动化方式中进行最优化移交是可行的。就像所有完成的算法都有优缺点一样，该最优化算法的优缺点与它选择的应用领域有关。

2．蜂窝中断补偿算法(Cell Outage Compensation Algorithms)

一个自组织蜂窝的中断补偿程序包括一个信息搜索机制和两个最优化算法以调节多重无线电参数。该算法的主要目的是在产生最小的额外干扰情况下，为邻近蜂窝再分配中断的用户。

本章文献[1]对不同情况下的方案进行仿真验证，并通过假设不同的位置、测距时，无线电参数和载波频率是可变的。这里所提的两种最优化算法都已通过了仿真，基于仿真结果，推荐使用遗传学方法算法来处理多重参数最优化问题。

3．单 RAT 负载平衡算法(Single-RAT Load Balancing Algorithm)

发展中的自组织负载平衡程序控制了移交过程中的蜂窝个体功率补偿(CIPO，

Cell-individual Power Offset)参数。该算法的主要目标是提高过负载蜂窝中的用户吞吐量,同时在蜂窝簇的无过负载部分中维持资源分配的公平性。

为了实现该目标,在不同的方案上进行仿真验证,方案的不同体现在移动性假设和负载不平衡强度的不同上。而且,CIPO 控制的负载均衡(LB,Load Balancing)算法只对一个概念参数起作用,在和移交过程有相同顺序的时间尺度中,这个算法能够很好地对突发的超负载情况作出反应。基于这些发现,可进一步发展这个考虑了真实网络情况的算法方案。而从另一个方面来说,也可以通过更大的时间间隔(time-scale)过程来对该算法方案做出补充[1]。

4. 家庭基站的参数最优化算法(Parameter Optimization Algorithm for Home Base Stations)

自优化算法在同信道情形下执行了基于 LTE 的家庭基站无线参数的重配置。在这个同频道情景中,家庭基站(HBS,Home Base Stations)和宏基站(MBS,Macro Base Station)操作在同频信道下。

提出封闭用户组(CSG,Closed Subscriber Groups)这一概念,它表示授权移动站只能接入一个家庭基站。因此,该最优化算法目标是达到 CSG 约束条件下总体网络性能(HBS&MBS)的最大值,从而使宏蜂窝中所有移动站的最低性能要求得到保证。

考虑实际情况是,家庭基站是大规模市场的产物,基于分布式的算法是为了满足特定的需求。因此,开发了两个基于规则的算法来控制每个相互独立的家庭基站的发射功率。但是仿真结果显示,一个独立的家庭基站发射功率控制达不到要求。在许多实例中,家庭基站的发射功率太低,以至于不能够与微蜂窝型基站中的授权用户建立链接。该仿真模拟的过程中考虑了全负载系统中所有的家庭基站和宏基站。

该算法进一步的研究将会致力于蜂窝间干扰协调的提高方案,干扰协调能够提高蜂窝边缘用户的信号与干扰加噪声比(SINR,Signal to Interference plus Noise Ratio)值。

5. 蜂窝间干扰协调算法(Inter-Cell Interference Coordination Algorithm)

OFDMA 系统的主要问题是相邻蜂窝间在使用同频带时产生干扰。由于从长期演进中选择调制方式,所以蜂窝内的干扰可以避免。但不同蜂窝中的用户可能仍然由于资源分配策略而相互干扰。

为了解决这个问题,传统的 FDMA 系统采用的办法是在相邻蜂窝中避免重复使用相同的频率范围。固定频率复用以频谱效率为代价而消除了所有相邻干扰。为了在性能损失和消除蜂窝间干扰两者之间寻求一个折中的方法,引入了软频率复用方案。在这里,用户分为两个组:内部蜂窝中心用户和外部蜂窝边缘用户。基于这种复用方案的蜂窝间干扰协调机制,在网络间传为均匀分布的静态方案中更有效率。此时如果传输负载改变,那么在静态过程中可以不执行蜂窝边缘用户的子带分配。但如果在动态过程中,就得利用网络中变化的传输负载来保持该机制的效率优势。

该算法的仿真结果显示,使用 SON 机制来处理边缘用户的资源分配问题是一个基于小区间干扰协调(ICIC,Inter-Cell Interference Coordination)算法的性能改进过程,仿真结果在本章文献[1]中详细给出。

针对该算法的分析结论及建议如下：

（1）仿真结果从 SINR 角度、吞吐量提高角度以及模块化概率减少的角度，展示了在 LTE 系统中使用合适的频率复用方案后可能获得的利益。

（2）在媒体负载方案中使用本算法可以获得更多增益。如果面对的环境不平衡，则需要对该算法执行更多改进。仿真结果显示，该算法可以在蜂窝间的传输负载不稳定时降低模块化概率。

（3）建议的高干扰信息（HII，High Interference Information）向量只有在到达一定的负载门限时才能够进行交换。从最小化干扰角度来看，一直保持有 HII 信息是有益的。但是研究表明，与 HII 信息持续存在的实例比较，HII 信息不持续存在的实例中的 SINR 并未下降很多。这个实例中假设碰撞概率和干扰概率都略有提高。此时，如果选择了合适的负载门限，就可以最低化地降低这些缺点所带来的影响。

（4）区分蜂窝中心用户和蜂窝边缘用户的门限应参考蜂窝负载和干扰最大的相邻蜂窝小区。如果这个门限太低，那么会有很多用户被归类为蜂窝边缘用户。由于这些用户拥有的资源有限，所以模块化概率也需要提高。有时通过降低门限来保护更多的用户免除干扰是很吸引人的（蜂窝边缘用户复用率为 1/3，而蜂窝中心用户复用率为 1）。由此可知，模块化概率能够通过改变门限而得到提高。

6. 基站失败管理算法（Algorithm for Base Station Failure Management）

基站失败管理算法的目标是在有认知试验信道（CPC）的独立 RAT 环境中处理和恢复基站失败事件。该目标由两部分组成：

（1）通过提高相邻基站的传输功率来尽可能多地补偿受影响的控制基站。

（2）通过提高先验传输功率而尽可能降低额外干扰。

针对该目标，评估设计一个对应算法。总的来说，该算法包括三个步骤：相邻蜂窝名单的发现和识别，选择和确定相邻基站来参与重配置过程，以及在特定约束下对每个参与的基站传输功率增额进行定义。该算法旨在最小化网络性能损失，同时在合适的系统参数下（例如，SINR、蜂窝小区负载）最大化中断的移动终端重分配。

基站失败管理（BSFM）通过模糊逻辑机制进行评估。结果显示，使用这种算法可以显著提高重分配移动终端的百分比。

7. 上下文匹配算法（CMA，Context Matching Algorithm）

上下文匹配算法的目标是识别当前的背景环境情况（例如，传输、移动性、用户机构，等等）是否已在过去被标识出来。上下文匹配算法基于聚类过程（clustering procedure）和 k-NN 算法，目的是在参考环境（已知的背景消息存放于参考背景库中）和来自于 B3G 基础设施的新环境中发现总体间距。这些方案中标示的结果显示，由于认知管理系统变得越来越完善，成功的背景匹配概率则会持续提高，而忽视可用资源数目时，系统提供解决方案的平均时间也会持续缩短。因此，这个基于本算法的改进网络能够自组织它的行为,从而更好更快地适应未来的环境情况[3]。

8. 环境概况策略动态子载波分配算法(Context Profile Policices-Dynamic Sub-carrier Assignment Algorithm)

动态子载波分配是正交频率分配多接入(OFDMA)获得有效频谱使用率的最重要环节之一。在这个概念下,环境概况策略动态子载波分配(CPP-DSA)算法考虑同一时刻所有可用管理信息,即背景、策略、剖面图等,从而在为用户分配子载波和在必需的时刻地点使用可用频谱而提高整个系统性能这两个方面引入了公平性。在一个 OFDMA 系统中,可用频谱被划分为多个窄带干扰免除子载波。CPP-DSA 算法的任务是通过考虑信道状态而为用户执行最适当的子载波分配,从而获得提高系统性能的有效多径接入方案。分配给用户的子载波数目取决于若干性能参数,如用户位置、需求的服务、用户概况和网络运营商(NO)策略。而且,特定用户需要在每个子载波上观测信道状态信息,从而在自适应方式中选择最合适的调制方案。CPP-DSA 算法加强基础设施管理以所有可用子载波,从而在最大可达的 QoS 等级上展开服务。更进一步来说,考虑到用户概况和网络运营商策略信息,请求的服务将在最大允许 QoS 等级上进行划分。仿真结果显示,CPP-DSA 算法可以提供更接近最优化的解决方案,并且从算法执行延迟角度说明了该优化方案中存在的重要增益。考虑在用户性能的管理信息中引入公平性,从每阶段中分配的子载波数目和质量的角度来看,引入公平性这一做法是受到了算法决策的影响。因此,网络运营商可以提高子载波的使用率,以便提高它们的获益,同时用户将基于它们的性能而获得尽可能公平的服务。仿真结果同样分析显示,由于管理信息和有效网络资源使用,在服务范围内可以解决最佳信道选择方面的问题[8]。

9. 灵活基站管理算法(Algorithm for Flexible Base Station Management)

众所周知,在一个确定的地理区域(如一个城市)中,其中的通信传输并不是均匀地按照时间和空间划分。这可能会在过高负载区域中产生拥塞现象(如高模块化比例),而该区域中的其他部分由于流量相对较少而导致模块化比例较低。

在此背景下,网络中可重构节点的可用性给网络运营商提供了管理无线电及配置资源池的有效方式,目的是为了使网络本身适应提供给部署的无线电接入技术以及该区域不同部位的传输流量动态变化。

基于以上目标,提出了一种使用可重配置基站和相关基站管理算法的架构[18]。结论为算法工作和预期的结果相一致,也即是说,按照无线电接入技术和可用硬件处理资源(HPR,Hardware Processing Resource)的频率复用系统参数,分配给热点蜂窝的可用频点有所增加。同样的,低传输的蜂窝释放了它们的使用频道和硬件程序资源,从而使得同一系统中的其他蜂窝也能够使用这些频谱和资源。而且,硬件程序资源管理和处理无线电接入技术优先权的不同实施方式为本算法提供了灵活性,从而使得该算法能够根据不同的应用情况而调整它的运行过程。

从操作者的长远角度来看,这种灵活基站管理算法也是很重要的,这种重要程度来源于最优化混合网络分配的可能性以及它们相关的投资。从另一方面来说，本算法的可靠性和稳定性影响现有统一规划标准，必须加以认真考虑。

10. 使用 Ad Hoc 网络链接的功率有效 QoS 供应算法（Algorithm for Power Efficient QoS Provision using Ad Hoc Network Connections）

Ad Hoc 网络的主要任务有两个，即确保广泛的通信和完善基于基础设施的无线接入网络。Ad Hoc 联网和多跳通信能力能够扩展当前无线接入技术的覆盖范围，同时降低干扰，因此系统的总体性能将会得到提高。同时，Ad Hoc 网络能够提高不同无线技术之间的协同工作能力。认知网络的记忆性能可用于脱机分析，通过这可以确定出有效的解决算法方案。在这里，通过该记忆性能执行一个脱机环境分析，选择了最合适的功率有效 Ad Hoc 网络方案（A-HNS），从而可以提高网络性能。而这也为将来就网络适应性而提出更为明智的决策方案和举措奠定了基础。

7.6　认知网络中的分布式学习推理

认知网络是一个新兴的研究领域，它通过授权网络和决策能力而为日益复杂的通信网络提供潜在的解决方案。认知网络通过学习做出未来的决定，同时考虑端到端的目标。而该定义中的认知能力、决定、行动和学习是认知网络的本质属性，也是学习和推理的主要要素。推理可定义为根据现有的历史知识以及当前状态立即作出决定的过程，它的主要任务是选择一套行动。而学习是一个长期的过程，它包括在感知过去行动上的知识的积累。认知节点学习丰富的基础知识，改善未来的推理效率。推理和学习两者紧密联系，不能分开来理解[18]。

在这里我们将对于集成方法相对的分布式学习和推理进行初步的介绍。认知网络的主要目的是向用户和应用提供数据传输服务。节点向认知过程的中央控制中心发送网络状态，由此产生的业务流大大偏离了用户和应用要求的网络能力。每个节点的认知过程要求信息交换发生在高层，这意味着通信开销的降低。此外，有的网络已经包含分布式认知处理节点，如认知无线电。在这种情况下，集中解决资源浪费问题，使认知无线电和认知网络的概念一体化更加困难。

1. 分布式学习推理的原理

认知网络中推理的首要目标是选择一套适当的行动感知网络条件。这个选择过程包含知识库中的历史知识（通常称为短期记忆和长期记忆），以及当前网络状态的观测值。

通常情况下推理可分为归纳推理和演绎推理。归纳推理是在建立假设的基础上形成的，而演绎推理是只有放弃假设才能得出结论的逻辑推论。状态空间的大小取决于网络节点的数目，所以认知网络的状态空间大小不一，认知过程在只有部分状态信息的情况下仍能工作。由于认知过程总是受到一些网络状态的限制，所以演绎推理有时候不可能得到完全正确的结论。归纳推理根据已知条件作出最佳假设，这一行为更有利于对认知过程中的观察加以限制。

推理还可以分为单次的和连续的。单次推理类似于数字通信接收器的单次检测,最后动作受到现有信息的影响。相反,连续推理选择中间行动,并遵守反应系统的每个动作。在最后动作确定之前,每个中间动作都能缩小问题范围。这对认知网络中的诊断,特别是故障诊断尤为有用。连续推理对主动推理尤其有用,它对时间上的限制更为宽松。然而,当需要立即采取行动,如解决某一网络节点的拥塞,单次推理是最有效的方法。

认知网络中的分布式推理一定程度上取决于人们对可控参数之间关系的了解程度以及有效的观察,将网络看做是一个系统,动作可看做该系统的输入,观察可看做该系统的输出。如果不能精确地描述输入和输出之间的关系,那么可以选择推理方法来解决这个问题,如贝叶斯网络,用学习方法来发现输入和输出之间的关系。如果能够精确地联系输入和输出,那么可以使用基于最优化的目标函数的方法,如分布式约束推理或启发式算法。在这种情况下,学习可用来减少所需时间以找到最优或次优方案。

而学习方法可分为监督式学习、无监督式学习和基于奖励的学习[12]。监督式学习是指学习方法由专家根据已知的输入和输出提出的。基于奖励的学习使用一种反馈环,该反馈环中的反馈信息包括先前动作的效应测量(即奖励)。然后,在效用测量的基础上推断先前动作的正确性。毫无疑问,认知网络分布式学习采用基于奖励的学习方法,这是因为网络环境的变异极大导致不能使用监督式学习方法,而所有层的协议栈都可进行性能测量的缘故。

移动代理服务(MAS,Mobile Agent Server)基于奖励的学习系统中的一个主要问题是信用分配问题。它主要确定如何分配信用,以及代理对先前动作的责任。它可分为两个部分:先前动作与观测的相互作用、信用分配。第一阶段在认知网络中尤其困难,因为在不同的协议栈层时变量会发生改变。

一般而言,对于移动代理服务来说,必须取得两个层次的信用分配:内部代理的信用分配问题(CAP,Credit Assignment Problem)和外部代理信用分配问题[15]。内部代理人处理代理的信用分配是以每一个代理都承担的职责为基础的。外部代理是一个决定导致被考虑行为发生的内容和推理的过程。代理必须判断行为是否由基于观测的推断、知识库中的信息/或者两者的结合而引起,以此来做出适当响应。

2. 学习和推理的设计决策

无论认知网络采用何种学习和推理方法,有几种设计决策对网络的性能的影响不可忽略。在认知过程执行分类的基础上这些决策提出了"轴"这个概念。了解这些决策如何影响多种网络目标能获得设计空间的平衡,并为网络设计提供选择指导和加入认知特征[14]。

参考图 7-2,认知原理是分布式决策和网络中的执行实体,以及作为更大认知过程的部分的动作,这个认知过程试图达到端到端的目标,这个端到端的目标由经营者、使用者应用程序或网络资源来定义。

认知网络的目标有两层:认知原理层的目标和端到端的网络目标。元素层的目标包括:减少节点的能量损耗、选择最大信道容量的无线频谱、减少 MAC 碰撞、选择最大限度地提高网络连接寿命的路由,以及选择减少处理负荷的最佳的数据编解码器。另外,全系统范围内的端到端的目标包括网络故障的确定及修理、最大限度地提高网络连接和寿命、降低操作成本、保证服务质量,以及提供网络安全。

下面选择认知网络的三层模型来进行讨论。三层模型描述了认知实体的一般功能,分别为行为层、计算层和神经物理层。其中,行为层决定认知元素决策的动机,计算层决定认知元素的动作过程,而神经物理层将这些决策运用到网络环境中。

从这个模型上,可以看出设计决策在各层的作用。在行为层中,设计者必须确定网络的认知元素动作是自私的还是无私的,动作应选择对自己最有利的,还是对端到端目标实现有益的。在计算层上,设计人员必须决定认知元素需要多少信息。神经物理层可以控制一些网络功能的子集。决定在每一情况下的功能是否需要认知控制,或限制对网络功能的认知控制。

我们认为,网络中存在一个认知控制的对称量。这就意味着,如果一个认知元素对一个网络中可修改的行为进行控制,那么这个可修改方面就在整个网络中受认知控制。例如,如果可修改的内容是无线电发射功率,则假设每个无线电发射功率受到认知因素控制。认知控制的减少改变了这种对称性。如果 k 是网络中可修改部分实例的数目,x 是网络中认知控制下可修改部分实例的数目,那么如果 $x/k<1$ 成立,则控制属于部分控制。否则,如果 $x/k=1$ 成立,则就是完全控制。

如果一个无线网络的发射功率属于网络可变因素,则它没有必要在每个无线电中执行认知控制。相反的,一些具有智能功率控制的认知因素可能足以满足端到端的目标。这是一种有限的控制,也可以看做是相干控制——如果有足够的认知元素通过相干行为选择来协作解决问题,那么它们能影响网络的端到端性能。

另一种不完全控制称为感应控制(Induced Control)。其中,如果非认知节点根据静态算法而控制它们的功能,那么认知网络可以通过认知元素行为而获得无线电预期功能。TCP 就是一个很好的例子。由于无线环境的影响,TCP 拥塞控制算法(如慢启动和拥塞避免)可能无法提供足够的性能。拥塞适应是节点之间相互作用的结果,这意味着认知因素通过选择动作可以在非认知节点处获得预期行为,从而通过它们的行动选择的认知节点。对于 TCP,要做到这一点需要改变握手和确认机制(如通过使用代理实现)[18]。

本章参考文献

[1]   Sébastien Jeux, Geneviève Mange, Paul Arnold, et al. E³ Deliverable D3. 3, Simulation based recommendations for DSA and self-management[EB/OL]. [2012-02-19]. https://ict-e3. eu/project/deliverables/full _ deliverables/E3 _

WP3_D3. 3_0906311. pdf.

[2] Zachos Boufidis, Soodesh Buljore, Jens Gebert, et al. E³ Deliverable D2. 1, System Scenarios, Use Cases, Assessment[EB/OL]. [2012-02-19]. https:// ict-e3. eu/project/deliverables/executive- summaries/E3_WP2_D2. 1_080630_ ES. pdf.

[3] Saatsakis Aggelos, JakobBelschner, Beatriz Solana, et al. E³ Deliverable D3. 2 Algorithms and KPIs for Collaborative Cognitive Resource Management[EB/ OL]. [2012-02-19]. https://ict-e3. eu/project/deliverables/executive-summaries/ E3_WP3_D3. 2_081231_ES. pdf.

[4] 陈铮,张勇,滕颖蕾,等. 认知网络概述[J]. 无线通信技术,2009(4):35-38.

[5] Self Configuration of Network Elements Concepts and Requirements[EB/OL]. [2012-02-19]. http://www. 3gpp. org/ftp/Specs/ html-info/32501. htm.

[6] FCC Releases, Statistics of Communications Common Carriers, 2000, 2001, 2002, 2003, 2004[EB/OL]. [2012-02-19]. http://www. fcc. gov/wcb/iatd/ socc. html.

[7] Saatsakis A, Demestichas P. Context Matching for Realizing Cognitive Wireless Network Segments [M]//Wireless Personal Communications Journal. Springer, 2010, 55(3):407-440.

[8] Saatsakis A, Tsagkaris K, Demestichas P. Exploiting Context, Profiles and Policies in Dynamic Sub-carrier Assignment Algorithms for Efficient Radio Resource Management in OFDMA Networks[M]//Accepted for Publication in Annals of Telecommunications. Springer, 2010.

[9] Kulkarni P, Chin W H, Farnham T. Radio Resource Management Considerations for LTE Femto Cells[J]. ACM SIGCOMM Computer Communication Review (CCR), Editorial Note, 2010, 40(1):26-30.

[10] Aamodt A, Plaza E. Case-based reasoning: foundational issues, methodological variations, and system approaches. AI Communications, 1994: 39-59[EB/ OL]. [2012-02-19]. http://home. cc. gatech. edu/ccl/uploads/45/aug-28- Aamodt-Plaza-94. pdf.

[11] Dietterich T G. Learning and reasoning. Technical Report[D]. School of Electrical Engineering and Computer Science, Oregon State University, 2004.

[12] Panait L, Luke S. Cooperative multi-agent learning: the state of the art. Autonomous Agents and Multi-Agent Systems, 2005:1-22[EB/OL]. [2012- 02-19]. http://cs. gmu. edu/~eclab/papers/ panait05cooperative. pdf.

[13] Thomas R W, Friend D H, DaSilva L A, et al. Cognitive networks: adaptation

and learning to achieve end-to-end performance objectives [J]. IEEE Communications Magazine, 2006:51-70.

[14] Thomas R W, DaSilva L A, Marathe M V, et al. Critical design decisions for cognitive networks [C]//Proceedings of ICC. Glasgow, Scotland: 2007: 3993-3998.

[15] Weiss G. Multiagent Systems: A Modern Approach to Distributed Artificial Intelligence[J]. MIT Press, Cambridge: 2000:300-204.

[16] Lam W, Segre A M. A parallel learning algorithm for Bayesian inference networks[J]. IEEE Transactions on Knowledge and Data Engineering, 2002:93-105.

[17] Parag Kulkarni, Beatriz Solana, Aggelos Saatsakis, et al. E^3 Deliverable D3. 4 Performance of Cognitive Collaborative Network Management Concepts, December 2009:16-32[EB/OL]. [2012-02-19]. https://ict-e3. eu/project/ deliverables/full_deliverables/E3_WP3_D3. 4_final. pdf.

[18] Qusay H Mahmoud. Cognitive Networks: Towards Self-aware Networks [M]. WILEY, 2007:223-246.

[19] ZhiyongFeng, Xiaomeng Wang, Vanbien Le, et al. E^3 Deliverable D3. 1 , Requirements for Collaborative Cognitive RRM[EB/OL]. https://ict－e3. eu/project/deliverables/full_deliverables/E3_WP3_D3. 1_080725. pdf.

[20] CollaborativeAlgorithms. pdf[EB/OL]. https://ict－e3. eu/jan－2010/E3_ Achievements2009_1_2/Collaborative Algorithms. pdf.

第8章 认知网络的跨层设计

传统的网络使用分层的协议模型,不同协议层之间彼此透明。协议开发和实现是一个简单而又可升级的过程。但是,由于无线网络的复杂性,分层协议设计的方法并不一定非常适合无线网络。例如,无线环境下的物理信道是变化的,容量、误比特率等性能指标都是不断变化的。采用优化的调制编码方案和差错控制方案可以改进物理信道的性能。但还是不能像更高层所期望的一样保证稳定的容量、低丢包率与可靠的连接性。认知网络需要感知网络环境各类信息,并综合判决,采取合适的网络行为。由此,在认知网络中采取跨层设计,是一种必然,也是提升和优化网络性能的重要手段。

本章首先对跨层设计进行了简单的概述,介绍了四种基本的跨层设计架构,这些架构的实施方案,以及实现全网跨层需要的技术;然后分别详细介绍了认知无线电网络和认知网络的跨层设计;最后分析了认知网络跨层设计所面临的挑战。

8.1 跨层设计概述

8.1.1 跨层设计的概念

为了保证与现有网络的互通互联,认知无线电网络的协议主要基于目前得到广泛应用的 TCP/IP 体系结构。TCP/IP 体系结构采用分层思想,协议栈各层独立设计和运行,层间由静态接口来完成通信,从而大大简化了网络设计的复杂度,却使得网络结构缺乏灵活性。但是无线环境中,无线信道的广播特性和不稳定性会造成用户间干扰和信号的衰落,频谱资源的短缺会造成严格的资源约束,传统分层结构协议设计的弊端充分暴露了出来,跨层设计逐渐为人们所认识,并成为下一代无线移动通信技术发展的一项关键技术。

国际标准化组织于 1983 年提出了 OSI(Open System Interconnection)七层协议体系结构,如图 8-1 所示。这七层从低到高依次为物理层、数据链路层、网络层、传输层、会话层、表示层和应用层[1]。其中,第一层到第三层为 OSI 参考模型的低三层,负责创建网络通信连接的链路,第四层到第七层为 OSI 参考模型的高四层,具体负责端到端的数据通信。在实际的通信网络中得到广泛应用的是 TCP/IP 五层体系结构,如图 8-2 所示,即将 OSI 体系中的应用层、表示层和会话层合并为一个应用层。

分层的体系结构起初是针对有线网络提出的。在分层的体系结构中,各层都独立设计和工作,相邻子层间通过固定的接口进行相互通信,非相邻子层间无法进行通信。该模式极大地简化了网络设计,并具有很好的灵活性和鲁棒性。分层结构在有线网络中取得成功是因为有线网络中各子层之间相互独立且并不互相影响。但是,在无线网络中的情况却有着本质的不同:由于无线信道的广播特性以及无线传输介质的不稳定性造成的用户间干扰和信号衰落;由于带宽和功率的紧缺造成的严格的资源约束。因此,在分层框架下,无线网络的进一步发展面临众多挑战。在这种情况下,研究人员需要摆脱原有的分层框架的束缚,设计出更为有效的协议体系。跨层设计就是在这种情况下提出的创新性思想[2,3,4]。

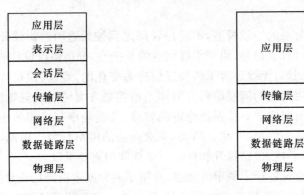

图 8-1　OSI 七层模型示意图　　　　图 8-2　TCP/IP 五层模型示意图

跨层设计的本质就是通过对协议栈进行垂直的整合,实现对系统资源的有效管理,即通过在协议栈的各层之间传递特定的信息来协调协议栈各层之间的工作,使之与无线通信环境相适应,从而使系统能够满足各种业务的不同需求,如图 8-3 所示。跨层设计最核心的思想就是网络中各层都不是单独设计的,而是把所有层作为一个整体来设计。层与层之间信息的交互保证了协议能够根据应用需求和网络条件进行全局自适应的变化,而且各层协议都能够在系统整体约束和整体性能要求下进行联合优化设计。

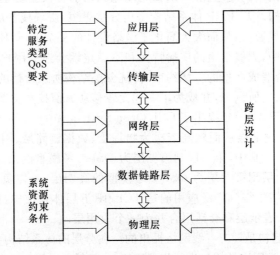

图 8-3　跨层结构示意图

8.1.2　跨层设计架构

跨层设计并不是完全否定传统的分层设计模式,而是通过各层之间交互信息,对网络各个子层的有关参数进行统一的协调,使得协议栈能够以全局的方式统一调整各个参数,从而实现对网络资源的有效分配,提高网络的整体性能[29]。

目前研究者提出了许多跨层的设计方案,其中最核心的是层与层之间如何进行耦合,也就是在跨层设计中,如何让原有的各个独立的层打破协议的限制,在各层间进行相互通信。

目前研究较广泛的跨层基本架构有以下四种:

(1) 在原有体系架构的层之间创造新的接口。

(2) 将原有体系架构中相邻的层进行合并。

(3) 将原有的层进行对应耦合,而不需要创造新的接口。

(4) 将整个系统所有层进行纵向校正。

目前大多数的跨层设计方法,都是以上述四种基本模型为基础进行研究和改进的。下面对几种基本设计做一详细说明。

1. 创造新的接口

某些跨层设计需要在层之间创造新的接口。这些接口用于运行时在层间共享信息,新的接口很明显违反了层架构。依据信息在新的接口中传递的方向将这个分类再分为三个子类,如图 8-4 所示。

下面详细介绍这三种子类,并举例说明。

(1) 向上传递信息:从下层传递到上层。

一些高层的协议在运行时需要来自下层的信息,这就需要设计从下层到上层的接口来实现信息的传送。例如,如果一个端到端TCP 连接包含一段无线链路,在无线链路中由于信道变化所导致的丢包率的上升会使TCP 发送端误以为在网络中发生了拥塞,导致网络性能恶化而做出错误的判断。建立从低层到传输层的信道质量反馈接口,可以降低类似情况的发生几率,采用路由给 TCP 发送端的传输层发送明确的拥塞通告(ECN,Explicit Congestion Notification)的方式,可

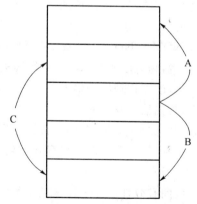

A—向上传递；B—向下传递；C—双向传递

图 8-4　新接口的三个类型

以明确地告诉 TCP 发送端在网络中是否发生拥塞,确保将无线链路中的错误和网络拥塞区分开来[2]。向上传递在 MAC 层较常见,如采用信道自适应模式或链接自适应方案,针对不同的信道状况,调整能量和数据传输速率,并通过建立物理层到 MAC 层的接口,完

成信道状况信息的传递[5]。

信息向上传递的跨层设计和自适应环比较类似，但是二者之间是有区别的。所谓自适应环是指有自适应能力的高层协议，在分层的约束下，仅对在本层可以直接观测到事件做出反应。因此，自适应环不需要创建从下层到上层的新接口，因此不属于跨层设计。例如，在多速率物理层的无线设备中采用的对应于速率选择的速率自动下降机制就属于自适应循环[6]。这种机制的基本思想是如果一定数量的包在某个速率下成功分发，就提高数据传输速率，反之，如果出现包发送失败的情况，就降低数据传输速率。这个例子中，速率选择机制对在 MAC 层可观测到的应答作出反应。因此自动速率下降不属于跨层设计。同样，TCP 协议中通过传输层的观测结果调整窗的大小也属于自适应环，而不是跨层设计[7,8]。

（2）向下传递信息：从上层传递到下层。

一些跨层架构协议设计依赖于在系统运行时使用来自高层接口所传递的信息，设定低层栈的参数。如图 8-4 中 B 所示。例如，应用层可以通知链路层数据延迟的需求，链路层可以按照时延敏感的优先级来发送数据[9]。

向上传递的信息与向下传递的信息是有一定区别的，可以把它们分别看做是通知和提示[10]。向上的信息流通知高层底层网络的状况，而向下的信息流则作为低层处理应用数据的参考。

（3）双向传递信息：在上层和下层间传递。

两个功能不一样的层，在运行时可以相互协作。经常这种情况出现在两层间的迭代循环，信息在两层间来回传递，如图 8-4 中 C 所示。可以看出，这里所需要的两个接口违反原有的分层架构。

以 NDMA（Network-assisted Diversity Multiple Access，网络辅助分集多址接入）协议[11]为例，物理层和 MAC 层协作解决无线局域网（WLAN）系统中上行冲突的问题。通常情况下，改善物理层的信号处理进程，就可以修复受冲突的包。因此，基站检测到冲突发生后，首先估计发生冲突的用户数为 K，然后请求冲突用户在冲突后的 $K-1$ 个时隙里重传它们的数据包（$K-1$）次，通过物理层的信号处理可以将不同冲突用户的信号分开。另外一个例子是，采用双向信息传递解决无线 Ad Hoc 网络中联合调度和功率控制的问题[12-15]。通常，因为功率控制决定了节点之间单跳的连通性，因此，功率控制决定了网络拓扑结构的有效性。如果发送功率很大，许多节点之间都能够通过单跳实现连接，但产生和受到的干扰也会很大。反之，发送功率很小，则会使网络不连续或者实现连接需要的跳数过多，增加了 MAC 连接的负担。考虑功率控制和调度的联合问题的协议通常采用迭代的方法：根据平均吞吐量的变化调整功率，使功率大小维持在最优的水平[14]。在基于时分多址接入（TDMA）的无线 Ad Hoc 网络中的调度和功率控制联合[13]的问题中，首先采用调度算法选择发送数据的用户，然后功率控制算法判决所有选择的用户是否可以同时传输。如果不能同时传输，重新执行调度算法。通过不断重复执行调度算法和功率控制算法直到找到一个有效的传输规划。

2. 合并相邻的层

这种跨层设计的方法是将两个或多个相邻的层合并,构成一个"超级层"来提供被合并的那些层所提供的服务。这种方法不需要创造新的接口。从结构上来说,超级层能用原有的接口未合并的层进行通信。

虽然目前还没有任何跨层设计协议明确使用了超级层的概念,但是很多设计都提议在考虑物理层和 MAC 层间的协作设计时,模糊这两个相邻层之间的界限。

3. 层间耦合

这种跨层设计在两个或更多的层之间进行耦合设计,而不需要在运行时为了信息的共享而创建新的接口。如图 8-6 所示,结构的花销来自于当要替换一层时必须对耦合的层做相应的变化。

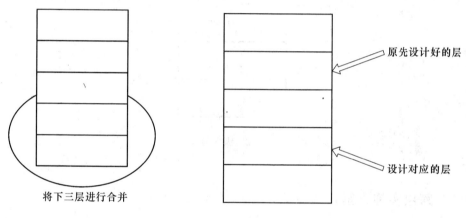

图 8-5　合并相邻的层

图 8-6　设计对应的层

例如,Tong 等人对 WLAN 的上行链路 MAC 层进行了设计[16],前提假设是在物理层有多组接收能力,即物理层在同一时刻能够接收多个包。注意到物理层的这个能力明显地改变了 MAC 层的角色;因此,MAC 层需要重新设计。同样,Sundaresan 等人对物理层采用智能天线的 Ad Hoc 网络的 MAC 层进行了设计[17],也存在同样的问题。

4. 跨层的纵向校正

最后一种跨层设计称为纵向校正,即通过调整跨层的参数来实现层与层之间的通信,如图 8-7 所示。基本上,应用层所表现出的性能,可以表示为其所有下层的参数所构成的函数。因此,联合调节参数比单独调节能获得更好的性能。

例如,Barman 等人提到通过联合调节功率管理前向纠错编码(FEC,Forward Error Correction)和自动重传请求(ARQ,Automatic Repeat Request)来提高 TCP 的吞吐量[18]。同样,Liu 等人提到的无线链路自适应编码调制技术和截短自动重传请求的跨层联合[19]也是一个纵向校正的例子,时延要求决定了链路层自动重传请求的时间常数,而链路层自动重传请求的时间常数反过来成为了信道自适应选择速率的参数。纵向校正有静态和动态两种实现方式,静态纵向校正即在设计时以某些优化目标为标准来设置跨层参数,而动态纵向校正类似一个灵活的协议栈,在运行时对信道参数、传输以及整个网络状况的变化作出响应,动态地进行参数的调整。静态纵向校正实现较为简单,因为参数只能在设计时进行调整,之后就不能再更改。而动态纵向校正则较为复杂,需要在各层对参数进行优化之后,重新获取参数值并进行更新,这样就带来了巨大的开销,并且为了保证信息的实时性和准确性,对参数的获取和更新有严格要求[20,21]。

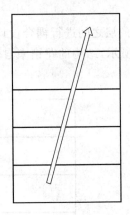

图 8-7　纵向校正

8.1.3　跨层实施方案

在 8.1.2 小节简单介绍了跨层的几种基本架构,而它的实施方案可以归为三大类,如图 8-8 所示:层间直接通信、跨层共享数据库,以及全新架构。

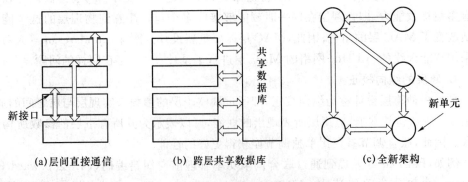

图 8-8　跨层实施方案

1. 层间直接通信

系统运行时,层间共享信息的最直接、最快捷的方法就是允许它们彼此互相通信,如图 8-8(a)所示。需要注意的是,系统运行时有需要在层间共享的信息时(如采用创造新的接口或动态纵向校正方式的跨层设计),这种方案才适用。通常,层间的直接通信意味着在运行中的某层的参数对其他层来说是可见的。而在严格的分层体系中,每层只管理自己的参数,本层的参数对其他层是没有多大意义的。

层间直接通信有很多方法。例如,利用协议头在层间传递信息,最初按照层次结构设计的系统中如果需要有不同层间的信息交换,就会考虑这种方法。另一种方法是将这些"层间"的信息作为内部分组进行处理。Wang 等人列举并比较了一些这种方式,并提出了一种跨层发信捷径(CLASS,Cross-Layer Signaling Shortcuts)的方案来支持协议栈的非相邻层之间直接的信息交换[22]。CLASS 不仅降低了处理开销,而且避免了信令信息插入到分组头,从而适合双向通信。

层间之间通信的情况下,可以设想为在层间设置一些通道。但是要实现不同层的参数和内部状态共享,就要设法解决如何设置层间共享的存储空间以保证架构的实施。

2. 跨层共享数据库

这种实施方案引入了一个能被所有层链接的通用数据库,如图 8-8(b)所示。在某种意义上,这个通用数据库可以被看成一个新层,为所有层提供存储/修复信息的服务。这种共享数据库的方法尤其适用于纵向校正跨层设计,优化程序可以通过共享数据库同时与不同层连通,类似的,层间的新接口也可以通过共享数据库来实现。这种方法对原有的分层模型修改比较小,是一种较为理想的跨层实施方案。

3. 全新架构

全新架构如图 8-8(c)所示。Braden 等人提出的基于角色的架构方案(RBA,Role-Based Architecture)[23]就是一种全新的架构。角色模块没有采用分层架构,而是以功能实现的传递连接完成了层间信息的交互过程,取代了用设计接口实现分层间的交互方式。

因为这种新的协议设计允许在有阻塞的协议中有大量的交互作用。因此,不论在设计还是在运行时,能够提供相当大的灵活性。然而,它改变了传统的协议分层设计的思想,因此实施起来需要完全新的系统架构。

8.2　认知无线电网络的跨层设计

本节重点介绍认知网络的跨层设计领域正在进行的研究,针对每一种跨层情况分析特点,并介绍相应的跨层设计的例子。

8.2.1　MAC/物理层跨层设计

众所周知,MAC 和物理层的实时交互比其他层的实时交互发生得更加频繁,因此,这两层之间的跨层设计显得格外的重要[41]。在认知无线电网络中,MAC 层必须能够适应通信资源的有效性,以及用户状态,例如,移动性带来的用户位置信息的改变[42]。物理层高级技术,包括编码、调制,智能天线技术,MIMO 和 OFDM 技术、超宽带等,为改善时延、吞吐量和丢包率等性能提供了很大的潜力[41]。MAC 层使用信道分配技术,机会性使用信道,动态适应认知网络信道的高度时变性特征。下面将介绍一些采用 MAC/物理层跨层设计的例子来说明这种跨层设计是如何改善系统性能的[43]。

在实际情况中,认知节点无法确保感知结果完全正确,尤其在分布式网络中,认知节点需要根据感知结果判断信道是否可用,频谱误检对整个网络的性能影响较大。为了解决这个问题,本章文献[27]提出了可能出现误检情况下的跨层设计。这种跨层设计方式通过物理层频谱传感器和 MAC 层认知协议的联合设计,将频谱感知和频谱接入相结合,同时在物理层和 MAC 层降低误检概率,最大化频谱效率的同时防止对授权用户产生干扰。本章文献[28]提出了基于跨层的多信道机会 MAC 控制协议,它将无线 Ad Hoc 网络的频谱感知聚合到物理层,分组调度聚合到 MAC 层。在无线网络中,关注的两个重点就是提高吞吐量和减少能量消耗。但是,最大化吞吐量和最小化能量消耗之间在现实中是有冲突的,为了解决这个问题,本章文献[31]提出了认知无线电网络中的一种跨层联合链路调度和功率控制的方式。因为不可能同时实现网络吞吐量的最大化和功率的最小化,因此本章文献[31]中采用基于效用函数 $\sum_{i=1}^{M} R_{i,l} - \sum_{i=1}^{M} P_{i,l}$ 的算法选取调度策略和功率分配使效用函数值达到最大,有效利用功率的同时提高系统的吞吐量。其中,$R_{i,l}$ 是采用调度策略 l 时链路 i 的系统速率,$P_{i,l}$ 是采用调度策略 l 时链路 i 的发送功率。

从以上的例子可以看出,采用 MAC 物理层的跨层设计方法,可以更进一步提高频谱利用率,改善系统性能。

8.2.2 路由/物理层跨层设计

认知无线电支持无线网络物理层基本参数,如发送功率和星座图大小的动态控制,这种动态控制与传统无线电固定的资源分配方式相比,极大地提高了系统性能。本章文献[32]提出了一种频谱共享、流程演算与认知无线电网络干扰的联合设计的最优跨层架构。在给定的多个源节点到目的节点的多种传输要求下,推算出一种混合整数线性规划(MILP,Mixed Integer Linear Programming)形式的最优化问题,求解出一条公平的路由选择。因为在 Ad Hoc 网络中必须要确定链路级别,考虑双向链路,这点与存在性问题不同。对于传输路由选择,允许每个传输请求使用多径。

8.2.3 传输/物理层跨层设计

在一个多跳无线认知网络中,链路的容量是会随着干扰、信道条件、衰落等因素而改变的。在无线网络中,丢包可能会因为拥塞、信道差错或者节点移动等因素而产生[33]。

为了优化端到端的传输机制,必须考虑链路容量的变化。

无线网络传输层和物理层之间的跨层设计已经研究了很久,相关文献中的研究方式可以被分为两类:在第一类中,TCP 的拥塞控制算法可以通过参考物理层收集的信息进行优化。例如,可以使用物理层的信息区分是因为拥塞丢包还是链路质量差导致的丢包,而不是仅仅在 TCP 采取被动的分析。第二类是 TCP 和物理层控制方案进行联合优化,这一类涉及很多更复杂的算法、协议和实现过程[34]。

物理层中有很多可以控制的参数,只采用一种控制机制是不准确而且很难实现的。一种实际的方案就是在控制机制中只关注其中的一两个参数,并且假设其他参数都是固定的。例如,本章文献[35]中将功率控制作为微调物理层性能的主要的机制。假设在拥塞功控联合算法中路由路径固定,当发生拥塞时,避免拥塞的机制就是寻找一条更好的路由路径。

8.2.4 其他跨层设计

除了上文中所提到的跨层,跨层优化还可以在从应用层到物理层的其他不同协议层之间执行。跨层设计的一个极端的例子就是将不同的协议层合并成一层,这样可以消除跨层传输信息所带来的开销。但是这样做的缺点是可能不能与网络准确地匹配。为了改善网络性能,最大化用户利益,传输、路由选择、MAC 层以及物理层之间的联合优化显得非常必要。在拥塞控制部分可以考虑传输层协议,在调度部分会考虑 MAC 层和物理层,而拥塞控制和调度之间的互操作会考虑到路由选择[36]。

除了提出一些基于通知的跨层设计方式使用的普通机制,研究者也应当研究跨层优化和调度方式的共存性[37]。一个急需解决的问题就是,不同的跨层设计方案怎样才能相互兼容共存。

8.3 认知网络的跨层设计方案

认知基础设施包括智能管理和可重构组件,可以根据之前的操作逐渐地改进实行的策略。认知节点感知当前的网络条件,更新当前的状态、计划,合理安排适合当前条件的操作顺序,认知网络是这些认知节点的拓扑结构。认知网络包括所有认知节点内的和节点网络中的所有认知事物。认知无线接入网络之间相互作用,并且动态地改变它们的拓扑结构或操作参数来响应特定用户的请求,来优化整个网络的性能。

无线认知网络跨层设计涉及三个概念,即网络节点必须是无线的、具有认知功能、采用跨层设计。本章文献[38]讨论了军用网络的跨层设计,但是主要讨论的是应用层、传输层、物理层和 MAC 层的跨层设计要求。目前关于认知网络的跨层设计还没有很详尽的文章,但是 David Clark 提到了一个类似的概念[39],David Clark 关于他所提出的认知网络的描述是"采用高级指令进行自我装配,当要求改变时,重新装配,能够自行发现错误并且自行解决探测到的错误或者解释错误为什么不能解决。"但是认知网络的跨层设计远超出了这个概念，而与认知节点的黑板系统设计[40]的概念很接近。黑板系统是一种问题求解模型，是组织推理的步骤、控制状态数据和问题求解的领域知识的概念框架，它将问题的解空间组织成一个或多个应用相关的分级结构。黑板系统主要由知识源、黑板数据结构以及控制三部分组成。

现有的绝大多数的跨层实施方案都只考虑了在单节点的协议栈的不同层之间进行跨层设计。但是，真正的认知网络需要考虑基于端到端的整个网络的性能，因此，当前文献中大多数可用的跨层设计方式并不适用于认知网络。认知网络的跨层设计需要在设计单节点协议栈的跨层方案的同时考虑各节点之间如何跨层传信。

跨层设计需要考虑两方面的问题。一方面，对于单个节点的跨层设计。协议栈的各层之间需要共享信息来调整特定的无线链路的容量，支持时延受限传输；在 MAC 层采用动态容量分配，优化不同的传输流之间的资源分配；在 Ad Hoc 无线网络中采用智能分组调度以及音/视频容错编码改善低时延传输等。另一方面，网络中的各节点之间共享数据。这有利于改善 QoS 和资源的有效使用。目前，大多数的跨层工作都集中在 MAC 层和物理层，但是 TCP/IP 之间的跨层设计问题都需要考虑。到目前为止，对于跨层还没有一个系统的或者一般的实现方式。

跨层始于传统分层体系结构的 TCP/IP 的基本设计。在 OSI 模型中，一个层只与它之下的层直接交流，并为上一层提供一些功能。关于单节点协议栈的跨层设计在 8.1 节已经进行了详细的介绍。但考虑到实际中的实施成本和复杂度等问题，通常会选择能够适应现有的分层模型特性的架构，不必改变当前的分层体系结构。为了实现这一架构，必须最大限度地保持当前协议的模块性，设计模型必须能够以一种灵活的可扩展的方式支持多种跨层设计。如图 8-9 所示为认知网络中包含跨层接口的 TCP/IP 模型。

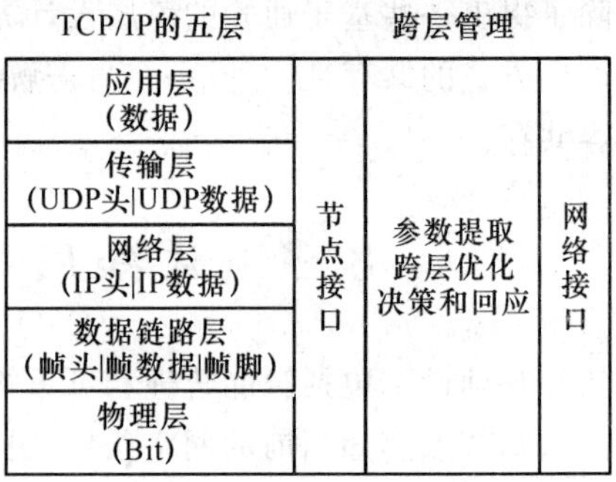

当前的 TCP/IP 结构可能会不适应跨层接口的操作和管理，并且，如果需要根据网络问题或者数据传输问题调整一层或者多层的参数时，对当前网络来说可能是无法

TCP/IP的五层		跨层管理	
应用层 （数据）	节 点 接 口	参数提取 跨层优化 决策和回应	网 络 接 口
传输层 （UDP头|UDP数据）			
网络层 （IP头|IP数据）			
数据链路层 （帧头|帧数据|帧脚）			
物理层 （Bit）			

图 8-9　认知节点跨层设计

承受的。因此，可以通过引入以下组件来实现节点级的跨层。

（1）参数提取：易于跨层优化器理解的必要的层信息，这些信息称做跨层参数。

（2）跨层优化：采用目标函数实现优化。

（3）决策和回应：一旦跨层确定了参与跨层的参数，分配器对参数所对应的层做出回应。

（4）跨层管理器：从节点接口产生需要的数据（成功传输速率、信道速率等）。物理层和网络层可以使用这些数据调整传输功率，查找不会发生拥塞和冲突的路由路径等。这些操作不会影响分层协议的正常工作,并且随时提供节点的当前状态信息。

(5) 网络跨层接口:通过了解其他节点当前状态而支持自身节点的大范围调整。采用这个组件的优点是网络中的节点可以根据网络状态调整自己的操作。

跨层的操作包括:分析接口模块储存的数据类型;查找出改变某一层的数据值对其他层产生的影响,根据需要调整参数值。在网络跨层设计中,从多个节点提取的数据可以帮助从整个网络的角度考虑如何采取进一步的操作,以更好地解决传输问题。并且,通过将回应信息直接导向其所对应的某个层,节省时间开销。在异构网络中,终端可能会从一种无线协议切换到另一种无线协议环境,此时跨层网络接口的协议重构有利于提高分组传输的有效性。

认知节点之间增加跨层设计则能够进一步提高服务质量和系统吞吐量。每个认知节点包含了一个网络跨层元件,与其他通信节点相连。认知节点之间的交互通过网络跨层元件实现,元件之间的交互情况可能有以下几种。

(1) 方式 a:相邻节点的交互,可以是一个节点到另一个节点或一个节点到多个节点。在这种交互过程中,每个节点最接近的一个或者多个节点进行通信,这样节点之间的通信会成倍增加,信息会广播到所有的节点。在这种方式中,节点可能会接收到重复的相同的冗余信息。

(2) 方式 b:每个节点与所有的参与跨层节点之间交互,即一个节点对应多个节点。在这种交互方式下,每个节点的开销都会很大。

(3) 方式 c:所有节点通过一个中心节点进行交互。

(4) 方式 d:相邻的节点形成一个节点簇,在每个簇中挑选一个簇头,各簇头之间采用 a,b 或 c 中的某种交互方式。

以上的四种跨层设计每种都有自己的优点,但是方式 c 和方式 d 相对而言更优。在方式 c 中,中心节点通过获取的当前状态信息控制所有节点和操作的当前状态。例如,如果有授权用户接入网络中某条信道,中心节点则更新信息,并采取相应的操作将当前使用该信道的认知用户移出该信道,避免对授权用户产生干扰。在方式 d 中,所有临近的节点构成一个簇,其中的一个节点作为簇头。簇头存储了簇中所有节点的当前状态信息,各簇头之间进行交互,或者构建一个中心节点,与簇头进行交互,即每个簇头是该簇的中心节点,并且通过主中心节点与其他簇头协作。

下面列举一种认知网络的跨层架构:黑板架构(Blackboard Architecture)是一种集中式全局式数据结构,包含一组称做智能代理(认知网络中即认知节点)的知识源。这些代理是能够自给自足的智能节点,并与黑板进行交互,将必要的信息(认知网络中即参数)写在黑板上,并对黑板上可用的信息进行更新。这种架构支持机会式的控制策略。机会式解决控制问题的技术允许节点(知识源或者智能代理)在不需要知道其他节点如何使用这个信息的情况下,为解决当前问题提供解决方法,并且支持黑板控制架构和调度器,确定在一个特定的时间哪一个节点工作。

每个认知节点进程的分层管理器从各层收集需要的参数并且通过网络接口与黑板通信。这些参数包括当前网络状态信息,或端到端通信路径中的网络行为、跳跃行为、频带使用情况等。

认知节点通过节点通信语言(NCL,Node Communication Language)进行通信,信息必须简单并且容易解析。NCL 源自扩展标记语言(XML,Extended Markup Language),使用 C,C++或 Java 中的一种语言,或者结构化查询语言(SQL,Structured Query Language)编写用户指令。认知节点信息可能包含节点位置、状态,传输特征,带宽使用情况等参数。利用这些基本的信息,可以设计出认知网络的黑板模型,将不同的知识源(认知节点)整合到一个中心节点架构,即工作区中。上文所提出的黑板架构如图 8-10 所示。

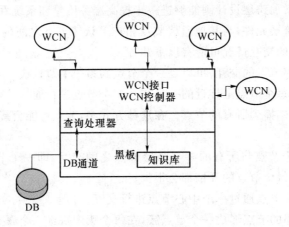

图 8-10　黑板架构

图 8-10 中无线认知节点(WCN,Wireless Cognitive Node)接口负责连接认知节点和黑板,控制器负责接收消息,对消息进行调度,并指导选择合适的操作。知识库包括一系列的生产规则和执行这些规则的推理机。控制器与知识库和查询处理器进行交互,以查询日志的方式处理消息。

跨层的主旨就是共享认知节点的参数信息,认知节点关键参数的提取在无线认知网络中有很重要的作用,不同的无线认知网络的关键参数可以帮助解决以下问题,包括:① 当授权用户接入时,消除认知信号;②入侵检测;③避免网络死锁;④天线路径选择;⑤处理恶意和不可信的组件,以及其他更多的问题。黑板模型通过优化和决策选取合适的关键参数,很好地优化系统的性能。

实现认知网络的跨层还需要保证跨层信令信息能够在全网传播,因此还需要考虑如何实现跨层传信。

实现认知网络跨层传信的一种方法是将跨层信息封装到分组头或者网络控制报文协议(ICMP,Internet Control Message Protocol)信息中。这种方法在单节点协议栈环境下的优点在整个网络通信中更为有效。例如,将跨层信息封装到协议头中的可选域不会产生附加开销,并且能够保持信令信息和一个特定包的联系。但是,这种方式将信令信息局限在网络分组路径上进行传播。因此,将分组头信令和 ICMP 信息相结合是一种更好的方式,同时,这种方法也能很好地适用于网络节点之间的显示通信。显式拥塞通告(ECN,Explicit Congestion Notification)就是一个较早的跨网跨层的例子[24]。它通过使用拥塞通告比特位来标记传输中的 TCP 数据包实现带内传信方式。但是,由于信令在分组路径上传播受限,需要先将拥塞通知传送给接收端,接收端通过 TCP ACK 包将其回复给发送节点。这种不必要的传信回路可以采用显式 ICMP 包传信来避免。但是,采用这种方法就要求网络路由具备流量生成功能并且会消耗带宽。

关于认知网络的跨层传信实现的具体方案,本章文献[25]中提出了一种采用类似跨层共享数据库的结构的方法,使用网络服务收集位于链路层和物理层上的无线信道的相关参数值,并且向自适应移动的应用提供这些信息,以便于这些应用能够更加准确有效地选择出适用的信道。此外,本章文献[26]中介绍了一种串音(CT,Cross-Talk)的方法,它的独特之处在于将局部跨层和全网跨层传信方式相结合。CT 结构包括两个层面的跨层优化,一个负责局部协议栈各层之间的跨层信息交换和协作,另一个根据局部层提供的跨层信息集,完成全网的协作。CT 为全网提供一个跨层传信的接口。大多数信令都存放在包头在带内进行传递,这样,跨层信息不仅在终端可以接收到,在网络路由也可以接收到。可以将从网络中接收到的跨层信息聚合起来,用来作为基于全局无线条件优化局域协议栈的参考。

8.4　认知网络跨层设计面临的挑战

跨层设计打破了传统通信协议栈分层的限制,更有效地从整体上优化通信质量,正是由于跨层设计的优化性能,认知网络才期望能够最大范围地实现跨层优化。然而,当前的无线跨层设计方法还远没有达到认知网络跨层设计体系的要求。在近十年里,为了提高网络性能,跨层设计方法已经得到了广泛的研究和应用。例如,IEEE 802.11 中采用跨层设计来提高多媒体应用方面的性能,UMTS 采用跨层设计提高特定的无线链路的性能等。然而,大部分情况下,这些解决方案不能在其他无线技术中重复利用,因而在认知网络中也无法得到很好的应用。

在对认知网络进行跨层设计时,需要考虑好模块化、信息准确性、精确性、可测量性和复杂性的要求[30],下面将介绍在对认知网络进行跨层设计时,如何应对这些挑战。

1. 模块化

一般来说,协议封装可以有效解决模块化的问题,并能够使所有层独立执行。在定义一个跨层结构时,要充分考虑维持体系的模块化,以便具有跨层能力的各部分能够独立地设计其跨层方式和运行。在设计一个认知传输协议时,可以利用链路层信息来提高传输性能。如果可以采用普适的方式从链路层提取到表明信道好坏和认知情况的必要信息,那么就能设计一个模块化的传输层,使其可以适用于不同的无线技术。从另一方面来讲,如果必须依赖特定的链路层技术,当使用采用不同链路层技术的网络,例如 UMTS 和 WiMAX 时,这样的设计将是不可用的。

2. 信息的可判断性

为了实现模块化,选择一个可以适应不同执行层模块的信息库,这同时势必要求信息具有可判断性。例如,可以利用一些无线技术提供的有用信息,来判断 SNR,这些信息可以是在跨层信息库里的与链路层有关的信息,也有可能是靠其他层提供的 SNR。但是,没有使用 FFC 和 ARQ 等技术,而仅仅将 SNR 来推断无线链路质量的好坏,很可能会对系统性能判断错误。

3. 不严密和不准确性

从不同层输出的大部分信息是通过度量获得的,度量过程中常常受到误差的影响,从而造成数据信息的不严密和不准确。这种影响可以通过所有层的联合跨层设计而得到有效解决。然而,在跨层设计模块化中各部分被设计成独立的,这种方法很难实现。如果精确和准确性没有得到保证,得到的数据就很有可能含有误差。拿 SNR 做个例子,如果上层拥有可以完全正确度量 SNR 的某些技术信息,例如,BER,那么就可以利用这些信息来进行跨层设计。但是,大部分其他方式获得的 SNR 都是不准确的,在很多系统中,例如,IEEE 802.11 中,BER 性能的好坏往往只有几分贝的区别。并且有时虽然 SNR 的度量是正确的,仍然会产生信道质量的错误判断。

4. 复杂性和可量化性

认知网络最终要求是能够利用所有的可以利用资源,例如,所有可以用到的参数结构、协议、可利用的无线资源等,来很好满足用户的需求。跨层设计是一个可量化的任务,涉及跨层设计的层的数量越多,计算的复杂度就越大。而且,由于各层输出的信息量和参数性质的不同,造成设计和运算法则极其复杂,认知网络的跨层设计显得难以实现。

本章参考文献

[1] 谢希仁. 计算机网络[M]. 北京:电子工程出版社,2007.

[2] Shakkottai S, Rappaport T S, Karlsson P C. Cross-layer design for wireless networks[J]. IEEE Communication Magazine, 2003, 41(10):74-80.

[3] Srivastava V, Motani M. Cross-layer design: a survey and the road ahead [J]. IEEE Communications Magazine, 2005, 43(12):112-119.

[4] Schaar M V, Shankar N S. Cross-layer wireless multimedia transmission: challenges, principles, and new paradigms[J]. IEEE Wireless Communications, 2005, 12(4): 50-58.

[5] Tuan H A, Mehul M. Buffer and channel adaptive modulation for transmission

over fading channels[C]// Proceedings of the IEEE International Conference on Communications (ICC' 03). 2003: 2748-2752.

[6] Kamerman A, Monteban L. WaveLAN II: a high-performance wireless LAN for the unlicesed band[J]. Bell Labs Technical Journal, 1997, 12 (3): 118-133.

[7] Bhagwat P, Bhattacharya P, Krishna A, et al. Enhancing throughput over wireless LANs using channel state dependent packet scheduling [C] // Proceedings of the IEEE Infocom'96. 1996: 1130-1140.

[8] HaraS, Ogino A, Araki M, et al. Throughput performance of SAWARQ protocol with adaptive packet length in mobile packet data transmission[J]. IEEE Transactions on Vehicular Technology, 1996, 45(3): 561-569.

[9] Xylomenos G, Polyzos G C. Quality of service support over multi-service wireless Internet links[J]. Computer Networks, 2001, 37(5): 601-615.

[10] Larzon L A, Bodin U Schel'en O. Hints and notifications[C]// Proceedings of the IEEE Wireless Communications and Networking Conference (WCNC' 02), Mar. 2002: 635-641.

[11] Dimi'c G, Sidiropoulos N, Zhang R. Medium access control-physical cross-layer design[J]. IEEE Signal Processing Magazine, 2004, 21(5): 40-50.

[12] Chiang M. To layer or not to layer: balancing transport and physical layers in wireless multihop networks[C]// Proceedings of the IEEE Infocom'04 . 2004: 2525-2536.

[13] Elbatt T, Ephremides A. Joint scheduling and power control for wireless ad hoc networks[C] // IEEE Transactions on Wireless Communications. 2004: 74-85.

[14] Elbatt T, Krishnamurthy S, Connors D, et al. Power management for throughput enhancement in wireless ad-hoc networks [C] // Proceedings of the IEEE International Conference on Communications (ICC'2000). 2000: 1506-1513.

[15] Kozat U, Koutsopoulos I, Tassiulas L. A framework for cross-layer design of energy-efficient communication with QoS provisioning in multi-hop wireless networks[C]// Proceedings of the IEEE Infocom'04. 2004: 1446-1456.

[16] Tong L, Naware V, Venkitasubramaniam P. Signal processing in random access[J]. IEEE Signal Processing Magazine, 2004, 21(5): 29-39 .

[17] Sundaresan K, Sivakumar R. A unified MAC layer framework for ad-hoc networks with smart antennas[J]. IEEE/ACM Transactions on Networking,

2007,15(3): 546-559.

[18] Barman D, Matta I, Altman E, et al. TCP optimization through FEC, ARQ and transmission power tradeoffs [C] // Proceedings of the International Conference on Wired/Wireless Internet Communications. 2004: 1602-1614.

[19] Liu Q, Zhou S,Giannakis G B. Cross-layer combining of adaptive modulation and coding with truncated ARQ over wireless links [J]. IEEE Transactions on Wireless Communications,2004,3(5):1746-1755.

[20] Sachs D G, Yuan W, Hughes C J, et al. GRACE: a hierarchical adaptation framework for saving energy[R]. Urbana Champagne: University of Illinois, 2004.

[21] Akyildiz I, Altunbasak Y, Fekri F, et al. AdaptNet: an adaptive protocol suite for the next-generation wireless Internet[J]. IEEE Communications Magazine, 2004, 42(3): 128-136.

[22] Wang Q, Abu-Rgheff M A. Cross-layer signalling for next-generation wireless systems [C] // Proceedings of the IEEE Wireless Communications and Networking Conference (WCNC'03), Mar. 2003: 1084-1089.

[23] Braden R, Faber T, Handley M. From protocol stack to protocol heap-role-based architecture[R]. Princeton, NJ: Hot Topics in Net,2002.

[24] Mahonen P, Petrova M, Riihijarvi J, et al. Cognitive wireless networks: your network just became a teenager[C] // Proceedings of the IEEE Infocom'06. 2006: 1456-1458.

[25] Mitola J. Cognitive Radio architecture Evolution[J]. Proceedings of the IEEE, 2009, 97(4): 626-641.

[26] Muqattash A, Krunz M. A single-channel solution for transmission power control in wireless ad hoc networks[C] // Proceedings of the ACM Annual International Symposium on Mobile Ad-Hoc Networking and Computing (MobiHoc'04). 2004: 210-221.

[27] Zhao Q. Cross-Layer Design of Opportunistic Spectrum Access in the Presence of Sensing Error[C] // CISS'06, Mar. 2006: 778-782.

[28] Su H. Cross-Layer Based Opportunistic MAC Protocols for QoS Provisionings Over Cognitive Radio Wireless Networks[J]. IEEE Journal on Selected Area in Communications, 2008, 26(1): 118-129.

[29] Srivastava V, Motani M. Cross-layer design: a survey and the road ahead [J]. IEEE Communications Magazine, 2005, 43(12): 112-119.

[30] 王俊毅,赵彬,谢磊. 基于认知无线网络的跨层设计研究[J]. 科技信息, 2008, 30: 87-109.

[31] Li D. Cross-Layer Scheduling and Power Control in Cognitive Radio Networks [C]. // WiCOM'08, Oct. 2008: 1-3.

[32] Akyildiz I, Lee W, Vuran M, et al. Next generation/dynamic spectrum access/ cognitive radio wireless networks: a survey[J]. Computer Networks, 2006, 50 (13): 2127-2159.

[33] Raisinghani V T. Cross-layer design optimizations in wireless protocol stacks[J]. Computer Communications, 2004, 27(8): 720-724.

[34] Akyildiz L F. Cross-Layer Design in Wireless Mesh Networks[J]. IEEE Transactions on Vehicular Technology, 2008, 57(2): 1061-1075.

[35] Chiang M. Balancing transport and physical layers in wireless multi-hop networks: Jointly optimal congestion control and power control[J]. IEEE J. Sel. Are. Com. , 2005, 23(1): 104-116.

[36] Akyildiz L F. Cross-Layer Design in Wireless Mesh Networks[J]. IEEE Tran. on Veh. Tech. , 2008, 57(2): 1061-1075.

[37] Foukalas F. Cross-layer design proposals for wireless mobile networks: a survey and taxonomy[J]. IEEE Com. Surv. & Tut. , 2008, 10(1): 70-85.

[38] Burbank J L, Kasch W T. Cross-layer Design for Military Networks[C]// IEEE Military Communications Conference, MILCOM' 05. 2005: 1912-1918.

[39] Clark D D, Partridge C, Ramming J C, et al. A knowledge Plane for the Internet[C]// In Proc. Of SIGCOMM '03. 2003: 3-10.

[40] Daniel D Corkill. Design Alternatives for Parallel and Distributed Blackboard Systems. Appeared as a chapter in Blackboard Architectures and Applications[M]. Academic Press, 1989.

[41] Akyildiz L F. Cross-Layer Design in Wireless Mesh Networks[J]. IEEE Tran. on Veh. Tech. , 2008, 57(2): 1061-1075.

[42] Bhargava V K. Adaptive Wireless Access System Design for Cognitive Radio Networks[C]// IEEE RWS'07, Jan. 2007: 5-6.

[43] Yanbing Liu, Qin Zhou. State of the Art in Cross-Layer Design for Cognitive Radio Wireless Networks [C] // International Symposium on Intelligent Ubiquitous Computing and Education. 2009: 366-369.

第9章 认知网络的安全问题

与传统网络相比,认知网络的认知能力在改善系统性能,提高频谱利用率的同时,也带来了很多新的安全问题。

9.1 认知无线电的可靠性问题

认知无线电是无线通信的一种,因此它具有传统无线通信的所有安全问题,如无线信号被截获或篡改等,但是认知节点由于引入了频谱感知、动态频谱接入等技术,而带来了传统无线网络之外的各种新的安全威胁问题[37]。本节首先介绍了认知无线电由于自身特点所面临的威胁因素,然后详细介绍了认知节点可能受到的几种类型的攻击,并总结了对抗攻击的几种方法。

9.1.1 认知无线电面临的主要威胁

认知无线电有两个主要特点:人工智能(AI,Artificial Intelligence)和动态频谱共享(DSS,Dynamic Spectrum Sharing)。AI涉及推理和学习,给予了认知无线电的"智能"特点,使它能够感知周围环境的变化。DSS则使认知无线电能够探测并且占用一个空白的频谱。它涉及到频谱感知、频谱管理、频谱移动性和频谱共享[1]。频谱感知探测频谱空洞,确保频谱在设备间可以相互无干扰地共享。频谱管理确保选择的可用信道是最好的,频谱移动性支持频谱之间的无误传输。频谱共享的任务就是使用户可以在同一个信道共存。认知无线电面对的威胁主要是:

(1)攻击者可以改变感知的统计输入;

(2)错误感知输入统计数据可能导致信任操控;

(3)被操控的统计数据和信任可能通过一个认知节点传播;

(4)基于这个被操控的统计数据和信任会导致运行运算出错。

为了对抗这些威胁,认知设备需要具备以下特点:

(1)总是假设感知的统计输入是噪声,并且以固定的风险进行处理;

(2)有一些"常识",可以令学习到的确定的情况生效;

(3)与认知节点中其他设备的学习信任度进行比较;

(4)一段时间后结束学习信任度的调整,以防攻击长时间生效;

（5）从已知安全的环境学习"常识"。

无线网络中存在两种主要的攻击类型：路径分离（off-path）攻击和路径耦合（on-path）攻击。路径分离攻击可能向数据流中插入错误数据，欺骗其他网络设备，但是当它传输时，不能观察数据流的情况。因此，它们可以采用只允许能观察数据流的设备参与传输协议，来阻止这种攻击。路径耦合攻击更加恶劣，这类攻击可以实时地观察和插入数据流，因此可以导致拒绝服务（DoS，Denial of Service）攻击。为了保护不受其他类型的攻击，需要联合使用相互认证、数据完整性保护和数据加密等方法。

路径耦合攻击者发现无线协议相对而言比较容易攻击，因为从设备连接到网络的链路比传统的有线切换网络更加暴露。所有的设备都可以从它参与网络的部分观察到数据流。而且，服务器和用户之间有许多物理链路意味着攻击者可以轻易地欺骗网络设备。发送一个简单的拥塞信号会导致信号变差，甚至最终被删除，这样就使包被欺骗，并且产生 DoS 攻击。因此，无线网络通常假设存在路径耦合攻击者，并使用了一个链路层安全协议，一个典型的例子就是 IEEE 802.11i。有两种类型的无线电：政策无线电和学习无线电。一个政策无线电有一个推理机而学习无线电同时拥有推理机和学习机。推理机是一个软件模块，有能力从一系列的预先设定的推论规则中推测出逻辑序列。学习机没有预先设定的策略，可以从许多不同的无线电结构的经验来估计系统的响应，因此，它们有更强的灵活性。一个典型的认知周期是：观察、定向、计划、决策、执行。如果是一个学习机，无论何时，只要遇到一个新的操作平台，就会加入一个新的称做学习的平台。但是这个系统也会有很多种类的攻击者。

1. 对政策无线电的威胁

最主要的威胁是攻击者可能会发送错误的感知信息，导致选择一个不正常的配置[1]。攻击者可能会通过控制无线电频谱来造成这一威胁。因为攻击者这种类型的攻击称做感知控制攻击，攻击者需要理解复杂的逻辑，并且知道需要准备的输入的类型。

2. 对学习无线电的威胁

学习无线电和政策无线电面临相同的威胁，但是因为学习无线电的行为都是长期的，所以这种威胁要更严重。例如，当政策无线电切换到一个更高的调制速率时，攻击者可以发送一个拥塞信号，导致链路质量下降（数据速率和链接速度降低），但是一个学习无线电可能推断出调制速率较高，则会调整数据速率，通常数据速率较低。这种类型的攻击称做信任操纵攻击。

3. 自我繁殖

这是一种非常强大的攻击，例如，无线电 1 的某状态 S_1 包括无线电 2 的状态 S_2，而无线电 2 的状态 S_2 又包含无线电 3 的状态 S_3，最终，这种状态在该地区的所有无线电中传播开来。这种攻击类似认知无线电病毒，它们能在没有直接协议交互的非协作的无线电中传播。

9.1.2 攻击的分类

本节将介绍在认知无线电网络中,攻击者能够通过操纵设备的知识库状态进行攻击的一些特殊场景。

1. 动态攻击

动态攻击又称做模拟授权用户(PUE,Primary User Emulation)攻击[2,3],它在 DSA 环境中非常常见。在这种场景中,主用户有权使用授权频带,当主用户空闲时,次用户可以使用授权频段。这些次用户利用频谱感知算法来检测主用户何时不活动。攻击者可以产生一个和主用户信号十分相似的波形,而对次用户的检测产生误导,导致次用户相信主用户仍在运行。这样就使主用户拥有空闲频谱的独占权。但是一旦攻击者让出频谱,次用户就可以再次感知到频谱可用而使用频谱。除此之外,还有很多严重的 DSA 攻击,其中的一些攻击收集主用户的信息,根据主用户当前和之前的活动特点来估计频谱空闲的时间点[4]。在存在 TDMA 主用户的环境,攻击者甚至可以通过在次用户的感知阶段产生随机的主用户访问信号,使次用户无法收集到频带何时可用的足够信息,而彻底阻止次用户的接入。

2. 目标函数攻击

在自适应无线电中,认知引擎控制了许多的认知参数,可以通过调整这些参数最大化服务函数。目标函数攻击主要攻击使用这些函数的学习算法,这些攻击学习引擎的攻击属于信任操纵攻击。

输入参数可能是中心频率、带宽、功率、调制类型、编码速率、信道接入协议、加密类型和帧大小等。无线电典型的三个目标是:低功率、高速率、安全通信。对于不同的应用来说,对这三个目标的要求不同。其中,低功率和安全通信根据系统输入而定,高速率由输出决定。攻击者可以通过攻击信道来决定,是否进行高速通信。例如,它可以通过堵塞信道来降低速率,使系统安全性降低。这种类型的攻击在涉及人工配置操作的稳定系统中是可能发生的。如果启用加密的攻击者阻塞了网络,管理者可能认为网络存在加密的障碍,而采用不加密的方式运行,这样就产生了安全风险。

3. 恶意攻击

这些攻击行为是目标功能攻击的延伸,并且造成认知用户的恶意行为。例如,认知用户可能成为一个干扰机。在一个系统中,主用户零散地接入信道,次用户使用信道感知算法,探测频带的可用部分,最大化系统吞吐量,最小化干扰。如果一个攻击者发送一个干扰波,而次用户算法不能检测到,那么当主用户空闲时,吞吐量会变得更高。认知用户会误认为当主用户活动的时候能够进行通信,这样,次用户就变成了一个干扰机。采用商业波形可以造成这种干扰。

9.1.3　对抗攻击的方法

有许多技术可以用来对抗认知无线电系统中的攻击,下面列举一些常用技术。

1. 增强感知输入鲁棒性

传感器输入十分重要,改善传感器输入可以提高安全性。无线电可以区分干扰和噪声,同样也可以区分自然的和人为的 RF 信号。类似的认知无线电同样可以查找出有恶意企图的地对信号。传感器数据可以在分布式环境中使用,以更精确的检查信号是否来自于攻击者,或者只是采用相关算法所带来的噪声。实际上,所有感知输入最初都需要被假设成噪声,因为即使没有攻击可能也会出错。

2. 减弱对单个无线电的攻击

为了减弱攻击者对某单个无线电的攻击,需要在无线电中加入一些"常识"。保护个别政策无线电不受攻击比较困难,因为它们根据各自的政策和独特的环境来运行,熟悉相关政策的攻击者可以很轻易地通过错误的传感输入来制造恶意攻击。如果一个攻击者不清楚政策,则可以通过尝试不同的混淆技术来产生干扰。因此,必须谨慎地选择无线电政策来保护传感器输入不被攻击。通过计算所有的可能的状态,定义一个状态转移结构,根据该结构来重置状态空间,并且进行严格的状态空间确认。但是,攻击者可以通过执行 PUE 攻击来对这些策略做出应对措施。化解这些攻击需要改善感知算法,降低错误的感知概率。这样的算法可以从认证的主用户中分辨出攻击者。保证单个无线电的安全性虽然具有挑战性,但是可以实现。这就需要持续地监管信道状况,而且需要一个反馈回路来更新学习到的认知无线电输入输出之间的关系。如果无法实现的话,学习步骤就必须在一个控制得很好的环境中完成,而不用外界的审查,确保没有不需要的信号出现。另一种方法就是,加入一些学习到的行为的逻辑,这些行为的特点是可以鉴别为可能存在危险性的。

3. 减弱对网络的攻击

在网络环境下,存在很多的 AI 代理,分别尝试在最合适的层工作。因为存在很多的设备通信,所以可以在安全措施中使用很多的智能。大量的智能是模仿动物行为的算法的集合。可以使用粒子群优化算法(PSO,Particle Swarm Optimization)[5],其中网络中的每个次用户作为一个拥有如何在一个特定情况下性能最好的假定的粒子。网络中所有假设的加权平均作为选定的操作。PSO 模型可以用来对抗 PUE 攻击。组决定是对大多数设备都公用的决定。做出这样的组决定存在的风险是,攻击者可能会影响整个组的正常运行。

9.2 认知无线电网络的攻击

在认知网络(CN,Cognitive Network)中,任何攻击行为都会造成以下两种结果或其中之一:对授权用户产生严重干扰;使认知用户失去频谱使用机会[18]。本节将描述认知无线电网络不同层所受到的攻击,即协议栈的五层结构,包括物理层、链路层、网络层、传输层和应用层所受到的攻击以及一些跨层攻击,跨层攻击可能在某一层发生,但对另一层产生影响。

9.2.1 物理层攻击

物理层是协议栈的最底层,它决定了速率、信道容量、带宽以及最大吞吐量。在认知网络中,物理层主要功能是感知并利用空闲频谱进行通信,通信过程可能需要在多个频段间切换,因此认知网络的物理层与传统无线网络相比更加复杂[6],认知网络因采用频谱感知、频谱切换等新技术而出现一些新的攻击行为。

1. 故意干扰攻击(Intentional Jamming Attack)

这是认知用户最经常产生的一类攻击。恶意认知用户在授权频带故意地持续发送数据对授权用户和其他认知用户进行干扰。并且这种干扰会通过提高发送功率,在多频带传输而加强。虽然,可以通过基于能量的检测技术检测出这类干扰,但是,找到并制止恶意用户所消耗的时间会严重影响系统的性能。

2. 提高灵敏度攻击(Sensitivity Amplifying Attack)

为了避免对主用户的干扰,认知用户通常使用灵敏度高的检测技术对主用户的信号进行检测。这样可能会产生误检而错过频谱的使用机会。恶意实体可以提高灵敏度,进而提高频谱使用机会的错过概率。这种攻击致命的地方在于,即使是一个发送功率很低的攻击用户在频带范围内传输也能够造成多频带上的多个认知用户失去频谱使用机会,导致频谱利用率降低。

3. 干扰授权用户接收机攻击(Primary Receiver Jamming attack)

恶意实体可以利用缺少主接收机的位置信息的漏洞来对主接收机产生有害干扰。当一个恶意节点很接近主接收机时,虽然它检测到了授权用户正在工作,但是会隐瞒检测结果而加入协作通信,要求其他认知用户都经过它转发数据,虽然这些认知用户的干扰噪声可能都低于门限值,但是恶意节点大量的数据传送会对授权用户接收机造成持续的干扰。

4. 重叠认知用户攻击(Overlapping Secondary User Attack)

在集中式和分布式认知网络中,多个认知用户网络可能在同一地理区域共存。在这种情况下,一个网络中恶意节点的传输可能会对其他网络的授权用户和认知用户产生干扰。这种攻击很难预防,因为对受害网络来说,恶意节点是不可直接控制的。

9.2.2　链路层攻击

链路层的媒质接入控制(MAC)层负责将检测到的空闲频谱分配给需要的认知用户。频谱分配的目标是在保证一定公平的前提下,最大化频谱利用率,因此保证信道分配的公平性是链路层安全需要考虑的主要方面。传统无线电衡量信道分配机制公平性的指标主要是信噪比(SNR),在认知网络中还需要考虑信道的可用时间、切换时延等性能参数。在认知网络链路层可能存在三种新的攻击行为。

1. 偏袒效用攻击

在偏袒效用攻击(Biased Utility Attack)中,自私的认知用户通过修改 MAC 层频谱分配效用函数的参数来增加自己所获得的带宽,导致其他认知用户的可用频谱资源减少。例如,本章文献[12]中提出了一个效用函数,认知用户使用该函数根据自己的发送功率确定自己的带宽,如果一个恶意用户故意调高自己的发送功率值,则其他用户可使用的带宽就会减少,甚至不能发送。

2. 虚假反馈攻击

虚假反馈攻击(False Feedback Attack)中恶意节点通过反馈虚假的频谱感知或分配信息来破坏频谱感知的准确性或频谱分配的公平性,同时还可能导致其他节点的错误行为。这类攻击对分布式认知网络影响比较大,因为集中式认知网络中,基站是通过信息融合来进行判决的,要实施这种攻击,需要大量的恶意节点汇报相同的虚假信息,效率较低。而分布式认知网络中,认知用户通过交互信息来进行协作信道分配,一个或一组恶意用户关于授权用户频谱占用情况的虚假反馈信息可能会导致其他认知用户作出干扰授权用户或者丢失频谱介入机会的决定,从而违反了链路层协作机制的初衷。

3. 饱和控制信道攻击

攻击者通过发送大量伪造的 MAC 控制信息来造成饱和控制信道攻击(Control Channel Saturation Attacks),这样合法的认知用户就无法利用控制信道来协商数据信道的分配,从而造成认知网络不可用。

9.2.3　网络层攻击行为

网络层的主要任务是实现端到端的数据传输,具体功能主要是完成路由选址和寻址,确定传输数据分组的物理网络接口。在分布式认知网络中,节点间通信多是通过多条路径来完成的,因此网络层的路由安全十分重要。恶意节点通过向邻居节点广播错误的路由信息或者将数据流指向错误的方向都会对路由造成破坏,如黑洞攻击、灰洞攻击、虫洞攻击等。此外,认知网络中每个节点都可能有多个可用信道,通信时不仅要进行路由选择,还要进行信道选择,攻击节点通过伪造路由数据包,造成路由选择和信道选择的错误,从而导致信道间严重干扰,网络吞吐量下降。本节将介绍认知网络会遭受的一些特殊网络攻击。

1. 网络隐寄生攻击

在网络隐寄生攻击（NEPA，Network Endo-Parasite Attack）中，受影响的链路一般存在于从恶意节点到网关的的路由路径中，因此该攻击是一种寄生攻击。在通常信道分配操作中，节点会给它的接口分配负载最小的信道，并且将信道分配信息广播给邻居节点。而网络寄生攻击攻击节点则给自己的接口分配优先级最高的信道，并且不通知周围的节点，因此网络不知道这一改变。这样就导致了隐藏使用高负载的信道，因此这一攻击也就称为影寄生。使用这些高负载信道的链路会受到干扰，可用带宽减少，因而持续降低网络的性能。

2. 信道显寄生攻击

信道显寄生攻击（CEPA，Channel Ecto-Parasite Attack）是网络隐寄生攻击对攻击策略稍作调整的一种特殊情况，攻击节点将其使用的、所有到信道的接口都切换到优先级最高的链路使用的信道。因为这种攻击很容易检测到，所以是一种显示攻击。

3. 低成本波纹效应攻击

当攻击节点发送误导性信道分配信息时，就会产生低成本波纹效应攻击（LORA，Low Cost Ripple effect Attack）。在这种攻击下，攻击节点会向所有的相邻节点发送错误的频谱分配信息，促使网络进入一种准稳定状态。因为受害节点的信道分配其实并没有改变，这种攻击和 NEPA 以及 CEPA 相比，开销更低，但破坏更严重。错误信息不仅仅影响相邻节点，而是大范围的扩散了，长时间的破坏多节点的数据转发能力。攻击节点信道分配消息选择的是中等优先级的信道而不是高优先级的信道，因为高负载信道会影响到靠近网关的链路而很快被调整，而无法造成波纹效应。

9.2.4 传输层攻击

传输层负责两个终端之间数据传输需要的功能。它最主要的是负责数据流控制，端到端错误恢复和拥塞控制。在传输层有两个主要的协议，用户数据包协议（UDP，User Datagram Protocol）和传输控制协议（TCP，Transmission Control Protocol）。其中 TCP 是以连接为目的的，确保数据按序传送。TCP 执行效果通常通过往返时间（RTT，Round-Trip Time）来衡量。无线环境中的错误会导致丢包，从而引发重传，而认知用户在链路层进行频谱切换改变频谱带宽也会增加往返时间，从而降低了 TCP 的性能。由于不同的认知用户节点使用不同的频带，并且经常切换，认知网络中 TCP 连接的往返时间变化范围很大。

下面介绍密钥损耗攻击（Key Depletion Attack）。

通常，往返时间很长和频繁地发生重传意味着认知网络的传输层会话持续时间很短，这样就会导致应用的大量的会话初始化。大多数的传输层安全协议，如 SSL（Secure

Socket Laye)和 TLS(Transport Layer Security),会在每个传输层会话开始时建立密钥,随着会话数的大量增加,会大量地损耗密钥,而同一密钥重复使用的概率就会增加,这样可能会对加密系统造成破坏。

9.2.5　应用层攻击

应用层是通信协议栈的最后一层,它为通信设备的用户提供应用服务。一些基本的应用层服务包括文件传输协议(FTP,File Transfer Protocol)、Telnet、邮件以及近期的多媒体流的传输[9]。应用层的协议存在于应用层之下的层所提供的服务中,因此,任何对物理层、链路层、网络层,以及传输层的攻击都会影响到应用层。应用层最重要的一个参数就是服务质量(QoS)。这对于多媒体流应用来说尤其重要。频谱切换导致的物理和链路层时延、网络层攻击所产生的不必要的路线切换,以及频谱密钥交换所带来的时延都会降低应用层的 QoS。

9.2.6　跨层攻击

所说的跨层攻击是在某一层的恶意操作对其他层产生安全攻击。在认知网络中,对不同层和协议栈之间的交互需求更高。因此,认知网络中的跨层攻击需要特别注意。

1. 海蜇攻击

海蜇攻击(Jellyfish Attack)是一种很常见的跨层攻击[7]。在认知网络中存在四种形式的海蜇攻击,其中有三种在网络层产生,但是会影响到传输层的性能:错误排序攻击、丢失攻击,以及时延抖动攻击。错误排序攻击利用 TCP 易错误排序的漏洞进行攻击[8],当包经过恶意节点时,它会周期性地对包重新排序,造成重传,进而降低系统的吞吐量。在丢失攻击中,恶意节点按照 TCP 传输窗周期性地丢掉通过它的包的一部分,最严重可能会导致吞吐量降为 0。第四种形式的海蜇攻击在链路层产生而对传输层造成破坏。它采用任意的链路层攻击导致受攻击的认知节点产生跳频,对网络层和传输层造成一定程度的时延。而由频谱切换产生的时延可能会导致重传进而会严重降低吞吐量。以上几种形式的攻击都会造成传输层的拒绝服务攻击,并且在网络层很难检测到。

2. 路由信息干扰攻击

路由信息干扰攻击(Routing Information Jamming Attack)是一种新型的跨层攻击,它利用认知网络中缺乏公共控制信道并且频谱切换有时延的特点,干扰相邻节点之间的路由信息交换。这样就导致网络的路由信息没有及时更新,造成源节点到目的节点的路径选择可能是错误的。当一个恶意节点引发受害节点发生切换而要交换路由信息时,就会发生路由信息干扰攻击。这时,受害节点会停止所有正在进行的通信,空出当前频带,然后重新随机选择一个新的频率进行传输,扫描整个频带,确定邻居节点,通知邻居节点它所工作的新频率。只有当这一系列的操作完成后,受害节点才能与邻居节点之间进行交互,更新路由信息。在完成这些操作之前,任何经过受害节点和其邻居节点的路径,使用的都是旧的路由信息,从而可能导数据的丢失。如果这种攻击刚好在交换路由信息之前使受害节点发生切换则破坏更大。特别是当攻击发生在节点和目的节点之间的最小割上时,后果尤其严重。

9.3 认知网络的安全保护

与传统网络相比,认知网络采用了很多新技术同时也引入了很多新的安全威胁。在本节中,将介绍如何保护认知网络用户,降低干扰和攻击的影响,保持系统的性能[17]。

9.3.1 保护认知网络的要求

认知网络的隐私保护包括以下几个方面。

(1) 保持信息的隐私性,即在没有用户的许可下,禁止任何直接关系设备或应用特性的信息的泄露。

(2) 保持背景的隐私性,即禁止泄露任何与背景有关信息,背景中包含用户使用的服务(如当前设备参数),并且从背景中可以直接提取出用户的信息。

(3) 保持用户位置的隐私性,即拒绝给予攻击者某个设备当前和过去的位置信息,以及当前的可连接性信息。

(4) 保护用户不同场景的可识别参数的匿名性,即防护这些参数在许多问题中不可识别的状态。匿名性影响了位置隐私,因为一旦用户匿名,就保护了用户的位置信息。

匿名机制应当允许用户使用网络设备,同时保护身份和其他的鉴定信息不被滥用。一种提供匿名性的方式是使用标号名或者假名。对于认知网络来说,需要一些用户身份的形式或者其他的用户隐私相关的信息,使用假名很有必要性。存在的问题是,假名的管理以及假名的生命周期。一种解决方案是,基于性能的隐私保护策略。在这种解决方案中,政策管理者拥有用户的说明书、背景[10]、场景、设备和服务。背景感知政策管理和隐私保护,以及匿名机制必须对授权用户透明(通过直观的图形用户界面),并且是非强迫的,在所有的情况下控制用户。用户资料、安全和隐私政策、场景和规则必须很容易根据提供的样板创建,并且用户很容易更新。

为了保持用户匿名,应当不能够将任何用户身份的参数(姓名、地址、身份证、银行账号等)与任何的基于背景的信息(位置、IP 地址、时间、出席、服务类型等)关联起来。

应当给予用户选择不同级别的隐私和协调网络接入的选项,来保护用户的隐私和匿名性。保护用户隐私的政策规则如下:

(1) 为用户操作请求最小的必要操作数据(最小化数据原则);

(2) 只在时隙内保持数据;

（3）在没有用户的提前通知和同意的情况下不向任何其他的组织泄露数据；

（4）向用户明确声明所提供位置和背景信息的可信程度。

背景感知隐私保护机制的主要特征：

保护任何类型的用户认为私密的感知信息，用户决定怎样保护他的感知信息和匿名性，以及位置信息。所有种类的低层感知数据的数据抽象是该机制的一部分，它们首先运行快速滤波和默认设置。

使用描述性概述和政策、角色、场景、背景，对用户隐藏系统所有的复杂操作，确定从用户到设备的安全操作。

隐私数据基于规定的接入有利于分派设备的决定和为服务正确提供隐私性参数。

任何时候，当背景的特征改变时，隐私保护机制就会计算出整个的隐私状态，并按照预定义的规定操作。

9.3.2　保护认知网络的方法

授权用户的鉴定对允许接入、优化资源、服务等十分重要，因此，为了成功地完成主用户的鉴定和授权，必须让授权用户信号有不可能忘记的特征。这就需要将认知鉴定和网络鉴定结构更紧凑地整合。换句话说，需要同一的用户凭证。在此提出的解决方案是采用 802.1x 的认知网络许可控制（CNAC,Cognitive Network Admission Control）。

对用户鉴定来说，鉴定管理是管理构成用户数字身份的信息生命周期的工具的集合。一些鉴定管理地址的功能包含如下的部分：

鉴定系统中为各个实体鉴权的交互的实体，采用政策，以及审核的授权规定。

根据隐私管理规定为其他系统实体，或者第三方提供某个实体的信息（例如设备性能、服务特征、用户干扰等）。

每个认知节点都必须支持 802.1x。当请求用户鉴权时，认知节点将会产生两个虚拟端口用于传输，其中一个端口用于控制传输，另一个则执行用户数据传送。默认数据传输行为可以停止。只有携带控制〔可扩展无线鉴权协议（EAPoW,Extensible Authentication Protocol over Wireless）〕传输的端口工作，但是如果鉴权工作没有完成，则该端口不会传输数据。

这样，就需要一个安全角色或者清除服务器。安全角色可以对更好的执行管理和控制安全系统的接入，同时也可以提高所提供的政策管理工具的可用性。安全角色直接与选取的接入策略有关，因为它们应用于认知节点的接入控制列表。即政策决策点需要在任何时候都可以进入这个相关列表。这就意味着对任何时间、任何地点可用性的高要求。但是这些要求为安全带来了严重的挑战。这个关联性的完整性和安全处理被强制执行，为了避免权利的错误授权，为用户提供特权的方式可能会给系统带来损害；而避免对有权和特权用户提供服务的拒绝（DoS,Denial of Service），则系统不能使用相关的关联和凭证。

如图 9-1 所示为通过共有的基于 802.1x 的鉴权和与 3 层网络安全特征一致工作的认证、授权与计费（AAA,Authentication, Authorization, Accounting）服务器（如防火墙、虚拟安全网络、入侵检测和保护机制）描述了认知无线电网络的安全架构。

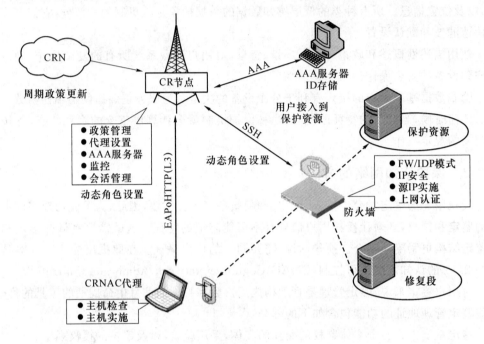

图 9-1　认知网络接入控制安全架构

9.4　认知网络的入侵检测

认知网络依靠网络节点的信息采集和节点间的信息交换来实现其认知功能,因此,信息管理的过程很可能成为被攻击的目标。用来管理网络的信息会影响网络的配置,有必要实时地检测确保其安全性。网络元件间交换的信息可用于协作入侵检测[11]。利用入侵检测系统可以为认知网络提供更可靠的威胁反应机制。本节首先介绍入侵检测,然后重点介绍了威胁模型并提出了一种认知网络入侵检测和预防的应用的模型。

9.4.1　入侵检测概述

入侵检测是检测擅自使用或攻击计算机或网络的过程,它为保护系统提供了两个重要功能:警报[13]和响应。图 9-2 描述了入侵检测系统（IDS,Intrusion Detection System）的典型结构。首先,从数据源收集受监测系统的活动信息并预处理为事件。然后分析器根据安全管理员所规定的安全政策对这些事件进行分析,若发现威胁就发出警报,如果入侵检测系统有能力处理检测到的威胁就进行快速自动应答,立即作出响应。没有检测到入侵只能说明没有已知的入侵,而并不说明该系统是完全不可入侵的。

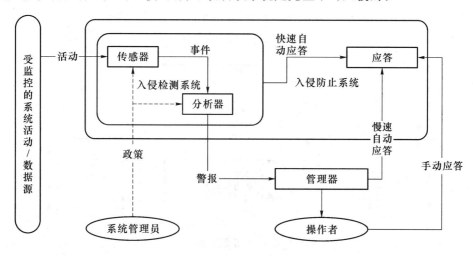

图 9-2　入侵检测或预防系统的体系结构

没有入侵检测系统的计算机或网络如果存在安全漏洞,很容易遭到攻击者的攻击,同样的网络如果安装了入侵检测系统,相对而言则更难遭受到攻击,尽管攻击者仍然可能探测到网络的弱点,入侵检测系统能够检测并阻止已知的攻击企图,同时通知安全人员。

入侵检测系统的建立需要传感器和分析器,认知网络分布式的收集信息会导致分布式的检测,信息的管理和交流也可能会出现在多层中。

9.4.2　威胁模型

入侵检测领域的先进技术可以帮助解决认知网络的安全问题,而认知网络与传统网络的不同也为入侵检测技术提出了新的挑战。认知网络中存在的对用户内容的威胁与当前互联网络中的威胁从本质来说是相同的,攻击者试图对提供的服务进行使用、篡改或者关闭,已有的单个节点的保护机制仍然适用。对于系统可能遭到的威胁,需要提出检测和相应机制,认知网络采取威胁检测和响应协作的方式,网络节点不单独应对威胁,但是,节点间交互的丰富信息也为攻击者提供了更多的机会。

网络节点有两个功能,管理功能和服务功能[14]。管理单元控制并监测服务单元的输入和输出以保证系统的安全。图 9-3 为一般网络节点的模型。通常,网络运营商会使本域的节点与在同一域中其他节点完全互通并拒绝来自其他域的请求。访问控制机制对请求的来源和类型进行分析,来确定外部实体的读写访问权限,同时访问对象对于是否允许访问也有一定的决定作用,由于一些对象是公开的,而其他一些则是私密的。标准化基于角色的访问控制模型(RBAC,Role-Based Access Control)[15]和基于组织的访问控制模型(OrBAC,Organization-Based Access Control)[16]等抽象模型都可以用来模拟存在大量信息的系统,对于认知网络通常采用 OrBAC,它对目标和行动以及组织结构进行抽象,这样就能够共享跨域的安全策略,同时保持属性的完整。

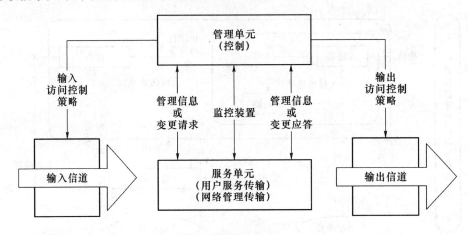

图 9-3　系统模型

9.4.3　综合动态方法

认知网络安全模型如图 9-4 所示,该模型包括了可用平台和在这些平台上运行的OODA(观察、定向、决策、执行)环[19]。这个模型将入侵检测和认知网络相结合,对入侵检测机制进行了全面的介绍。

认知网络安全模型中,有两类管理信息:策略和警报。策略是从顶部(网络运营商)传递到网络节点的信息,描述了认知网络的业务目标。警报从底部传递到顶层的信息,发送网络运行过程中遇到的问题。

下面对所提的安全模型的业务平台及其相互作用进行说明。网络节点的通用架构由两部分组成:进行网络节点业务的服务单元;控制和配置服务单元的管理单元。图 9-4 中能包含将这两个单元作为所提出模型的较低的两个平台。第三个平台是策略平台,代表网络和其运营者之间的互动,并通常在管理站上被执行。

相邻层之间进行信息的交互,策略平台的上层由一些高层的概念包括安全策略和业务目标等组成,网络平台的下层是由服务单元的观察信息组成的,例如,由路由器或防火墙所处理的数据包,或 Web 服务器处理的 Web 请求。

策略信息是自上而下的信息流。策略层将文本形式的策略处理为规范的安全策略,提供给管理层。根据执行元件的能力和需求(输入存取控制,监测和输出存取控制)对这些策略进行分析,加入关联信息或者进行分割,设备层接收策略作为配置文件。需要注意的是,这种自上而下的流策略必须在每个节点配置组件为自下而上的流提供输入(如日志或痕迹)。

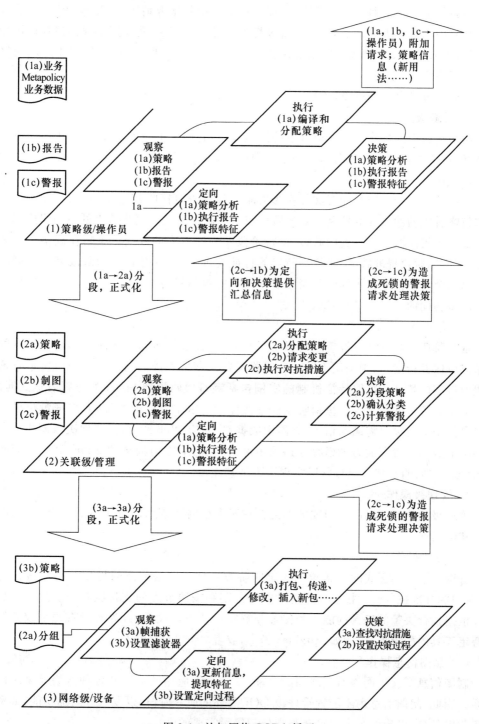

图 9-4　认知网络 OODA 循环

警报信息是自下而上的信息流,首先设备平台接收服务请求(数据包,Web 请求),如果发现其中一个请求要求采取行动,警报将被发送给管理层,管理层在收到警报后进行处理,参考过去的警报和相关信息估计该请求带来的风险,最后,管理级将不能处理的警报上报到策略级。

下面将分别介绍网络级、关联级和策略级的具体操作。

1. 网络级操作

网络平台上的操作被映射成特定的网络节点,它们位于一个硬件平台,由多个虚拟节点共享,每个虚拟节点在自己的网络平台中运行。

(1) 策略

网络平台采用上层的配置文件作为策略。观察阶段接收策略并确认其合法性,负责这些策略有关的输入存取控制。定向阶段将这些政策分段对网络节点的不同组成部分进行配置。决策阶段验证收到的政策,执行阶段实施配置中的改变。策略在观察阶段采集数据,在定向阶段提取特征,当发现特定的特征时进行决策,并在执行阶段完成决策的实施。每一个阶段都会在收到的政策无效时发出警报信息,这与入侵检测系统中的规则编译阶段是相同的。

(2) 包操作

观察阶段接收并通过设置过滤器来获取请求(如数据包),位于相同的硬件平台的网络节点可以并行运行,则采用不同的过滤器设置来获取不同的请求。定向阶段审查请求并提取特定的特征。提取特征机制的实例包括字符串匹配和 Snort 的正则表达式匹配,也包括得到特征的估算等。决策阶段检查从传入请求中提取的特征,并根据策略做出判决。最简单的决策只需满足请求,如路由数据包,回应 Web 请求,但其他决策需要同时根据网络节点的配置和能力考虑存在违反策略的情况,如之前描述的 Snort,内置 Snort 和 Snortsam 之间的差别。执行阶段实现服务请求。

2. 管理级操作

管理级的功能可以以分布式的方式存在于多个网络节点,只要保证通信的完整性,保密性和可用性。

(1) 政策操作

管理级接收到正式的政策说明。定向阶段根据对网络节点的可用性将政策进行分割,典型的分割机制包括按照网络地址空间分割和按照节点的支持服务类型分割。决策阶段根据执行决策的工具的能力和位置分解安全政策。最后,行为阶段将每个政策转换成特定工具的配置语言,例如,iptables 脚本,或者 Apache 配置等。

(2) 制图信息操作

制图信息定义了网络节点之间的关系,安全政策应用的范围和各种网络元素之间的关系。因此,制图信息用于配置管理级 OODA 环的所有阶段,以及一些附加功能,如动态收集制图信息,以确保每个节点获得它处理警示需要的信息。

（3）警报操作

管理级的 OODA 警报环的目标是评估下层观察到的事件产生的影响，并从认知网络全局的角度突出在下层没有发现的异常情况。

观察阶段收到警报并对它们进行验证，定向阶段补充告警内容信息，包括与历史以及下层不可获得的配置信息相关的内容。决策阶段在网络级为警报所采取的操作之上，增加或者取代网络级的一些操作。最后，执行阶段完成决策阶段的结果，并通知网络级和策略级。

3. 政策级操作

政策级的目的是将商业政策纳入正式的安全政策。观察阶段获得策略说明，定向阶段根据安全政策对说明文本进行分析。在访问控制模型中，决策阶段组织各项政策声明，构造关系，例如，等级、行为、看法，行动和活动间的映射，同时也增加了有关组织和商业运作中的各种内容的信息。决策阶段还对政策进行划分，以确认政策的所有部分可以在认知网络中强制执行，所有网络节点都被策略覆盖到。

① 报告操作

政策级使用报告来重审网络使用安全策略的情况，商业目标的相关操作，突出最常见的威胁，并按照环境中威胁的变化修改政策。

② 告警操作

过于严重的状况由于不能由设备或管理级自动解决，将在网络上诊断，在这种情况下，观察阶段接收和确认报警，定向阶段验证警报的内容不符合当前策略，决策/执行阶段为操作者在解决问题中提供帮助。

③ 检测的变化

根据定义，认知网络监测其活动以应对环境变化，这也是入侵检测的基础。通过引入一些附加监测变量到网络的体系结构，就能够使入侵检测模型与网络结构密切耦合。此功能确保监测变量有效地代表认知网络的活动，并确保信息能及时提供给检测模块，从而缩短反应时间。此外，认知系统监测的分布性有效地减少了从入侵检测系统中信息分析任务获得的信息。这意味着可以监测与多个网络节点有关的更复杂的变量。因而，可以很轻松地发现分布式攻击、垃圾邮件发送等。

④ 反应的变化

认知网络引入的第二个变化与对威胁反应有关。因为认知网络节点至少会暴露一个配置接口，就为安全信息管理系统处理威胁提供了许多的方法。此外，认知网络结构可以实现传统互联网不能实现的回溯机制。

在本节中，介绍了入侵检测系统和将其用于认知网络的模型。入侵检测与防护技术可以为自我保护和自我修复能力提供支持，这些能力是保证认知网络基础设施能够持续运行所需要的。基于 OODA 环的模型描述了在网络节点间流动的信息和它们必须支持维护的安全政策的属性。OODA 回路还说明了认知网络节点为支持其功能所必须达到的性能要求。同时,有一些问题还需要进一步研究,以使认知网络的入侵检测技术得到有效地应用。很显然,因为缺乏漏洞和攻击的过程的全面信息,大量使用检测并不会解决面临的安全问题。并且,异常检测算法可能会观察到网络条件的变化,这些变化影响它们,反之亦然,这就造成了模型和网络之间的不稳定。这些不稳定条件可能很难模拟和控制,并在模型的所有层面中说明。

9.5　通信安全组成模块

在本节中,将简要介绍通信安全的基本组成。

9.5.1　模块设计要素

模块设计要素主要包括:有效性、完整性和统一性。

1. 有效性

任何类型网络的基本要求就是有效性。如果网络建好了但是不能够使用,那它就没有存在的意义了。最近所熟悉的攻击,例如,拒绝服务(DoS)攻击、拥塞攻击、缓冲区溢出攻击等,都是为了使网络暂时或永久的不可用[21]。与网络的有效性密切相关的因素就是数据的有效性,即网络中的数据(用户信息、路由表等)对用户的有效性。在无线网络中,有效性通常是指无线传输介质的有效性。使用了一些技术来确保无线传输介质能够有效传输,例如,IEEE 802.11 链路层使用随机等待机制[22]来预防 MAC 层的多用户冲突(拥塞)。在认知网络中,有效性通常是指授权用户和认知用户都能够接入频谱。对授权用户来说,有效性意味着可以在授权频带中传输而不会受到认知用户的干扰。从动态频谱接入策略[23]的定义来看,主用户的有效性能够得到保证。对认知用户来说,有效性意味着存在大量的频谱,认知用户可以用来传输,而不会对授权用户带来有害干扰。尽管研究表明,大量的授权频谱有机会使用[21],认知用户的频谱有效性仍然没有得到保证。在集中式认知网络中,有效性同样包含了次基站的有效性。安全机制必须保证针对次级用户的DoS 攻击得到有效的防御。

2. 完整性

在网络中传输的数据需要受到保护,避免恶意修改、插入、删除或者替换。完整性是使用一个授权实体确保接收到的数据与发送的数据完全一致。但是,有些数据是容易改变的[24],它们在从一个节点传输到另一个节点时,需要合理的调制。例如,下一跳的信息、时间标记、跳数都是容易改变的。因此,用于确保完整性的技术通常是有选择的保护一些区域的完整性[24](保护选择的不易改变的部分的完整性)。

完整性在无线网络中非常重要,与有线的网络不同的是,无线介质非常容易遭受入侵。因此,在无线局域网的链路层中加入了一个安全层,保证无线链路与有线链路一样安全。在该层中使用的安全协议是计数器模式密码块链消息认证码协议(CCMP,Counter Mode with Cipher Block Chaining Message Authentication Code Protocol)[25]。CCMP 协议在密码分组链接模式[26]中采用最新的高级加密标准(AES,Advanced Encryption Standard)[27]完成信息完整性检查(MIC,Message Integrity Check),接收者通过检查来确定信息的完整性。

3. 统一性

统一性是所有通信设备的一个基本的安全要求。统一性是将用户/设备与它们的名称或者身份关联起来的一种方式。例如,在蜂窝网络中,移动设备都有一个设备识别符,称做国际移动设备识别码(IMEI,International Mobile Equipment Identifier)。这个识别码是蜂窝网中的设备的唯一的身份证明。同样,防干扰识别机制必须安装到认知网络中的认知用户设备中。

9.5.2　鉴权认证授权

1. 鉴权

鉴权是保证通信实体具有它所声称的实体的机制。鉴权的主要目标就是为了阻止未授权用户的接入,保护网络安全。它是确定一个实体的身份和权限的必要过程。从服务供应商的角度来看,鉴权保护了服务供应商,避免了未授权入侵系统。大多数确保鉴权的机制都是依赖于一个网络中的所有用户都信任的集中认证机构(CA,Certificate Authority)。一个典型的鉴权协议要求对等实体通过集中认证机构标记身份(采用公钥加密),对等实体交换并查证数码标记的身份以确保真实性。当确定为真实后,就会建立正常的通信。

认知无线电网络有一个内在要求,即区分出授权用户和认知用户。因此,鉴权就是认知网络的基本要求。在集中式认知网络中,主基站和次基站都连接到一个有限主干网,这样就可能使集中认证机构与有线主干网的连接容易一些。而在分布式认知网络中,认知用户分散在很大的地理区域中,要实现集中认证机构的功能是一个很大的挑战[28]。

2. 授权

网络中的不同实体有各种不同的权限。例如,无线接入点有权拒绝一个可能恶意的用户接入网络。网络中的其他用户没有这种特权。网络接入控制策略给出了每个实体的权限等级。在认知网络中,有一个独特的授权需求称做有条件的授权。之所以称之为有条件的是因为只有当认知用户的传输不会对该频带的授权用户产生干扰时,才会给它授权。因为很难十分准确地确定是哪个认知用户对授权用户的传输产生了干扰,这种类型的授权很难执行,尤其是分布式环境中。因此,有条件的授权给动态频谱接入带来了一个独特的挑战。

9.5.3 保密性

1. 保密性

保密性和完整性联系密切,完整性确保数据在传输中不会被恶意修改,保密性则保证了传输数据对未授权(可能是恶意的)实体来说是难以理解的。这已经通过使用密码和密钥对传输数据进行加密来实现了,密钥只有发送端和接收端知道。然后将加密数据发送出去,仅具有有效密钥的接收端可以解码并接收数据。

因为无线介质对干扰者是开放的,IEEE 802.11 LAN 在 CCMP 协议[25]采用 AES 计数模式加密,在链路层对数据加密,作为一个附加的安全层。无线介质易出错和多噪声的特点给数据的完整性和保密性带来了新的挑战。因为几乎所有的完整性和保密性技术都依赖于对信道差错和擦除敏感的密码文件。这种敏感性在噪声环境下会导致过多的重传,消耗大量的网络带宽[29,30]。在认知网络中,认知用户是机会性接入的,并且频谱使用并不能保证,这个问题就更显著了。

2. 不可否认性

不可否认性技术[31]防止了发送者或者接收者否认自己传输的信息。因此,当发送端发送一个信息之后,接收者可以证实信息是真的由该发送端发送。同样,当一个信息被接收之后,发送端也可以证实数据真的由某个接收端接收。在认知无线电网络环境中,如果恶意的认知用户破坏协议被确认后,就可以使用不可否认技术证实恶意行为来自该认知用户,并把它从认知用户中去除。

9.6 未来研究方向

为了使认知无线电网络能够更好地对抗无意或是蓄意的攻击,本节中,将介绍认知无线电网络安全需要考虑的一些未来的研究方向。虽然提出的方案大多数都是很容易实现的(如使用已存在的安全协议)。但是,也有一些方案(如使用模拟加密原语)需要较多的工作才能实现[37]。

1. 使用已存在的安全协议

蜂窝、WLAN 和无线 Ad Hoc 网络提供的安全服务同样也适用于认知网络。在一个集中式无线网络架构中,中枢网络通常采用有线介质。因此,有很强的安全机制可以保证这部分网络的安全。只有无线基站和无线终端之间的最后一跳需要得到空中的保护。蜂窝网是集中式的,已有的蜂窝网(特别是 3G)的安全结局方案可以作为认知网络的安全模型。在蜂窝网络中,采用一个临时的身份,国际移动用户,作为用户的标志。使用密钥的挑战/应答机制来实现认证。挑战/应答机制即网络中的一个实体向另一个实体证明自己知道密钥。使用 UMTS 认证和密钥协商（AKA，Authentication and Key Agreement）来完成认证。使用 f8 加密算法获取密钥密码（CK，Cipher Key），作为 AKA 的一部分提供保密性。使用 f9 完整性算法和完整性密钥（IK，Integrity Key）来保证完整性。分组密码 KASUMI[32] 是 f8 算法和 f9 算法的基础。KASUMI 产生 64 比特组和 128 比特的密钥。在认知网络中可以采用类似的方法在认知用户和次基站之间建立基本的安全需求。

在分布式网络中，认知用户通过一跳或多跳完成彼此之间的通信。由于缺少基础设施，这些网络也涉及 Ad Hoc 网络。这些类型的网络通常采用两层安全机制。一层是在链路层提供的，以保护通信每一跳的安全，另一层在网络层、传输层，或者应用层，来保护端到端的通信路径的安全。Ad Hoc 无线网络中的两个最复杂的操作就是密钥管理和安全路由。幸运的是，在这些方面有许多的研究，并且提出了一些 IEEE 802.11 无线多跳 Ad Hoc 网络和移动 Ad Hoc 网络（MANETs）的安全架构。分布式认知网络可以采用 Ad Hoc 无线网络中使用的安全机制。一些固有的问题，例如，缺乏公共控制信道，不同次级用户使用分散的频带可能会对现有的安全协议产生一些附加的限制。

2. 使用加密原语

链路层的大多数攻击都与恶意实体伪装成为授权用户有关。因此，授权用户认证对于集中式和分布式认知网络的安全来说都非常重要。最近提出了一个基于数字签名的授权用户认证机制[33]，认知用户可以使用这个机制来区分授权用户和恶意实体。使用加密原语解决认知网络中的固有问题需要进一步的研究。

3. 反应安全机制

探测认知网络中的恶意行为的反应安全机制需要进一步的研究。例如，可以探测到过高的频谱切换的机制能够用来预防阻塞和频谱切换攻击。与不可否认机制相结合的探测机制使认知用户能够识别并封锁网络中的恶意用户。

4. 频谱感知方法

处理频谱移动性和相关时延有两种方法：一种是进行频谱感知和分析，快速且透明地进行切换进程。但是，频谱感知和切换进程还处于初级阶段，距离成熟还需要很久。另一种方式是跨层，将频谱移动性作为状态信息合并到高层协议中去。尽管这种方式增加了跨层的依赖性，但是会使整个通信协议可以频谱感知因而更好地对抗认知网络上层协议受到的攻击。例如，路由必须考虑运行的频谱带宽和频率特征，传输层必须考虑频谱切换效率和以此调整重发窗。

5. 健壮的安全模型

合作协议需要可靠健壮的模型，需要使用一个更安全的拜占庭模型。拜占庭模型源自拜占庭将军问题[34]，假设如下场景：拜占庭军队的一些将军与他们的军队在敌城的周围扎营。只通过一个报信者进行通信，将军们必须统一出一个作战计划，但是他们中间至少有一个人是叛徒，企图扰乱其他人。问题就是怎样找出一种算法保证忠诚的将军能够达成共识。这样的模型被用来在分布式计算中提供容错并且在 Ad Hoc 无线网络中实现了[35]。这些模型也可以用来提供更强的安全性能来对抗认知网络中的恶意用户。

6. 发展模拟加密原语

将安全机制加入到认知网络中的一个挑战就是在一些频带，例如，TV 频带，主基站发送模拟信号（HDTVs 除外）。因为绝大多数加密原语是以数字信号的形式工作的，这样就不可能将它们加入到模拟 TV 信号中。因此，需要研究出可以以模拟形式使用的加密原语。

7. 轻量的安全协议和原语

如果认知网络中的认知用户的移动设备的处理功率和资源有限，同时提供认知无线能力和实时保证安全将会很难实现。需要为功率/资源受限的环境开发出轻量的安全协议[36]。

本章参考文献

[1] Zhang Y，Xu G，Geng X. Security Threats in Cognitive Radio Networks[C]// High Performance Computing and Communications. 2008：1036-1041.

[2] Chen R，Park J Ensuring trustworthy spectrum sensing in cognitive radio networks[C]// IEEE Workshop on Networking Technologies for SDR. 2006：110-119.

[3] Chen R，Park J，Reed J. Defense against primary user emulation attacks in cognitive radio networks[J]. IEEE Journal on Selected Areas in Communications，2007，26：25-27.

[4] Clancy B T，Brenton D Walker. Predictive dynamic spectrum access[C]// SDR Forum Technical Conference. 2006：3480-3490.

[5] Kennedy J，Eberhart R. Swarm Intelligence[M]. Morgan Kaufmann，2001.

[6] Cabric D，Brodersen R W. Physical layer design issues unique to cognitive radio systems[C]//Proceedings of the IEEE Personal Indoor and Mobile Radio Communications (PIMRC)，vol. 2，Sep. 2005：759-763.

[7] Aad I，Hubaux J P，Knightly E W. Denial of service resilience in ad hoc

networks[C]// Proceedings of the 10th Annual International Conference on Mobile Computing and Networking (MobiCom'04). 2004: 202-215.

[8] Blanton E, Allman M. On making TCP more robust to packet re-ordering [J]. ACM Computer Communication Review, 2002, 32:20-30.

[9] Mitola J. Cognitive radio for flexible mobile multimedia communication[C]// Proceedings of the IEEE International Workshop on Mobile Multimedia Communications (MoMuC). 1999: 3-10.

[10] Dey A K. Providing Architectural Support for Building Contex-Aware Applications [D]. USA:PhD thesis, Georgia Inst. Tech. ,2000.

[11] Boyd J. A Discourse on Winning and Losing: Patterns of Conflict. unpulished presentation. 1986.

[12] Xing Y P, Mathur C N, Haleem M A. Priority Based Dynamic Spectrum Access with QoS and Interference Temperature Constraints[C]// IEEE International Conference on Communications, vol. 10. 2006: 4420-4425.

[13] O Dain R Cunningham. Fusing a heterogeneous alert stream into scenarios [C]// Proceedings of the 2001 ACM Workshop on Data Mining for Security Applications. 2003:1-13.

[14] Chess D, Palmer C, White S. Security in an autonomic computing environment [J]. IBM Systems Journal, 2003, 42:107-118.

[15] Ferraiolo D F, Kuhn D R. Role-based access control[C]// Proceedings of the 15th National Computer Security Conference. 1992:554-563.

[16] Abou El Kalam A, Baida R E, Balbiani P, et al. Organization based access control [C]//Proceedings of the 4th IEEE International Workshop on Policies for Distributed Systems and Networks (Policy'03). 2003:120-131.

[17] Prasad N R. Secure Cognitive Networks[C]// EuWiT 2008. European Conference on Wireless Technology. 2008: 107-110.

[18] Mahmoud Q H. Cognitive Networks: Towards Self-Aware Networks[M]. John Wiley & Sons Ltd. ,2007.

[19] Thomas R W, DaSilva L A, MacKenzie. Cognitive networks[C]// Proceedings of the 1st IEEE International Symposium on New Frontiers in Dynamic Spectrum Access Networks (DySPAN 2005). 2005: 352-360.

[20] Pestruction, Crealtion. U. S. Army Command and General Staff College. 1976.

[21] Ferguson N, Schneier B. Practical Cryptography[M]. New York:John Wiley &

Sons, Inc. ,2003.

[22] Natkaniec M, Pach A R. An analysis of the back-off mechanism used in IEEE 802. 11 networks[C]// Proceedings of the Fifth IEEE Symposium on Computers and Communications. 2000: 444.

[23] FCC. Notice of proposed rule making and order, ET docket no 03-222 [S]. 2003.

[24] Zapata M G, Asokan N. Securing ad hoc routing protocols[C]// Proceedings of the 3rd ACM Workshop on Wireless Security. 2002: 1-10.

[25] Cam-Winget N, Housley R, Wagner D, et al. Security flaws in 802. 11 data link protocols[J]. Communications of the ACM, 2003,46(5): 35-39 .

[26] Schneier B. Applied Cryptography: Protocols, Algorithms, and Source Code in C[M]. New York: John Wiley & Sons, Inc. , 1995.

[27] FIPS (2001) Specification for the advanced encryption standard (AES). Federal Information Processing Standards Publication 197. http://csrc. nist. gov/publications/ps/ps197/ ps-197. pdf.

[28] Zhou D. Security Issues in Ad Hoc Networks[M]. Boca Raton, FL, USA: CRC Press, Inc. ,2003.

[29] Nanjunda C, Haleem M,Chandramouli R. Robust encryption for secure image transmission over wireless channels[C]// Proceedings of the IEEE International Conference on Communications, vol. 2. 2005: 1287-1291.

[30] Reason J M, Messerschmitt D G. The impact of confidentiality on quality of service in heterogeneous voice over IP[J]. Lecture Notes in Computer Science,2001,22(16): 175-192.

[31] Stallings W. Cryptography and Network Security: Principles and Practice [M]. Upper Saddle River, NJ, USA:Prentice-Hall,1999.

[32] Johansson T. A concrete security analysis for 3GPP-MAC[M]// Fast Software Encryption, LNCS 2887. Berlin:Springer,2003.

[33] Mathur C,Subbalakshmi K. Digital signatures for centralized dsa networks[C]// Proceedings of the Consumer Communications and Networking Conference (CCNC). 2007: 1037-1041.

[34] Lamport L, Shostak R E,Pease M C. The byzantine generals problem[J]. ACM Transactions on Programming Languages and Systems, 1982, 4(3): 382-401.

[35]　Awerbuch B, Holmer D, Nita-Rotaru C, et al. (2002) An on-demand secure routing protocol resilient to byzantine failures. ACM Workshop on Wireless Security (WiSe), September, Atlanta, Georgia. citeseer. ist. psu. edu/article/awerbuch02demand. html.

[36]　Mathur C, Subbalakshmi K. A Light weight enhancement to RC4 based security for resource constrained wireless devices[J]. International Journal of Network Security, 2007, 5(2): 205-212.

[37]　Clancy T C, Goergen N. Security in Cognitive Radio Networks: Threats and Mitigation[C]//Crown Com 2008. 3rd International Conference on Cognitive Radio Oriented Wirelss Networks and Communications. 2008: 1-8.

第 10 章 认知标准化现状

任何新技术只有经过标准化,得到产业界的认可之后才能大规模推广和应用。认知无线电及认知网络技术由于其技术优势,吸引了包括 3GPP、IEEE、欧盟等组织的广泛关注。其中,IEEE 802 标准系列中,802.22 是第一个世界范围的基于认知无线电技术的空中接口标准化组织,在认知无线电和认知网络方面的规范和定义较其他标准相对比较完善,802.16,802.15,802.19 等在 SON、空白频谱的使用和兼容等方面作出了一些工作。IEEE SCC 41 起源于 IEEE 于 2005 年成立的 IEEE P1900 标准组,进行与下一代无线通信技术和高级频谱管理技术相关的电磁兼容研究,该工作组对于认知无线电技术的发展及与其他无线通信系统的协调与共存有着极其重要的意义。

近年来,3GPP 和 ITU 也在其标准中提出了对 SON(Self-Organized Network,自组织网络)的描述,开始着手这一方面标准的制定工作。另外,欧盟主要关注欧洲自身特点,例如,由于欧洲的数字电视与美国制式不同,并没有很多空闲频谱可用,因此需要重新定义适合欧洲特点的频谱感知标准,ETSI 等组织的工作作为现有主要标准化工作的补充,主要目的是使之适合欧洲特点。ITU-R 提出了认知无线电的一些应用建议,而 SDR 论坛还关注于其他一些项目,如认知无线电技术的认证、认知无线电架构的建议、设计步骤和工具以及认知无线电的硬件层面等。

本章重点对 IEEE 802.22 标准系统框架、PHY/MAC 层规范以及频谱管理等内容进行了阐述,并对其他认知无线电和认知网络相关标准化工作进行了全面介绍。

10.1 标准化现状概述

认知无线电自 1999 年 8 月由 MITRE 公司的顾问、瑞典皇家技术学院 Joseph Mitola 博士生和 Gerald Q Maguire 教授在 *IEEE Personal Communications* 杂志上明确提出之后,掀起了研究的热潮。尽管目前没有成熟的认知无线电的标准和法规,但无线电业界都认为它将成为下一波有冲击性的技术革新浪潮。IEEE 于 2004 年 10 月正式成立 IEEE 802.22 工作组——无线区域网络(WRAN,Wireless Regional Area Network)工作组,已推进相关标准化工作。其目的是研究基于认知无线电的物理层、媒质接入控制(MAC)层和空中接口,以无干扰的方式使用已分配给电视广播的频段。将分配给电视广播的甚高频/超高频(VHF/UHF)频带(北美为 54~862 MHz)用做宽带接入频段。

2000 年开始的 DriVE 和 OverDRiVE 项目的主要目的是为移动车辆提供视频通信

服务。OverDRiVE 的系统架构将频谱在空间、频率和时间等多个维度上进行划分,并通过一个中间控制单元为每个通信网络和通信需求分配合适的频谱区块。此后,斯坦福大学的 CORVUS 项目也使用了类似的方法,他们将未使用的授权频谱划分为多个信道,创建了一个频谱池(Spectrum Pooling),并使用相关算法来分配这些频谱资源,以达到高效利用频谱的目的。CORVUS 可实现基于分布式的频谱感知(本地频谱感知),但其频谱的分配仍然是集中式的。所有用户和用户组共用一个公共控制信道,通过这个公共控制信道交换感知信息和初始化用户间的数据连接。

2003 年 12 月,美国联邦委员会(FCC,Federal Communications Commission)公布了相当于美国电波法的《FCC 规则第 15 章(FCC rulePart15)》修正案,明确只要用户的终端具备认知无线电功能,即使其未获许可,也能使用需要无线使用许可的现有无线频带。FCC 在推进智能无线技术的同时还将放宽有关限制。

针对认知无线电,美国国防部提出了下一代无线通信(XG ,neXt Generation Program)项目,2004 年该项目进入第三个研究阶段,投资 1 700 万美元,提出在 2006 年年底完成第三阶段的研究,该项目将研制和开发频谱捷变无线电(Spectrum Agile Radios),这些无线电台在使用法规的范围内,可以动态地自适应变化的无线环境,在不干扰其他无线电台正常工作的前提下,可以使接入的频谱范围扩大近 10 倍。

Simon Hakin 在 2005 年发表了关于认知无线电的著名文章 *Cognitive Radio：brain-empowered wireless communications*,主要从信号处理和自适应过程的角度对认知无线电技术的框架结构进行了较为完善的分析。此后,许多有名的大学和研究机构也展开了相关技术的研究和实验平台的开发,认知无线电的概念也被扩展为认知无线网络。认知无线网络是指利用认知原理来提高各种资源(频谱、功率等)使用效率的无线网络。在频谱管理部门的带动下,一些标准化组织也先后开展了一系列标准制定工作以推动该技术的发展。目前涉及认知无线电/认知无线网络标准制定的组织和行业联盟主要是美国电气和电子工程师协会(IEEE)、国际电信联盟(ITU)和软件无线电论坛(SDR Forum)等。

IEEE 802.22 是第一个世界范围的基于认知无线电技术的空中接口标准化组织。IEEE 同时还专门成立了致力于解决共存问题的 IEEE 802.16h 工作组,实现了 Wimax 适用于 UHF 电视频段,并利用认知无线电技术使 802.16 系列标准可以在免许可频段获得应用。为了进一步研究认知无线电,IEEE 于 2005 年成立了 IEEE P1900 标准组(该组织在 2006 年发展成为 IEEE SCC41 标准组织),进行与下一代无线通信技术和高级频谱管理技术相关的电磁兼容研究。2007 年以来,IEEE 成立的新任务组 IEEE 802.16m (TGm)一直进行与高级的空中接口相关的工作,以满足下一代移动网络(4G)的要求。

与此同时,美国的 FCC 和 DARPA 分别启动了多项计划,对认知无线电和动态频谱接入问题进行深入研究;欧盟的端到端重配置计划(E²R,End to End Reconfigurability Project)也启动了对认知概念在技术和经济领域等各方面问题的研究。另外,第三代合作伙伴计划(3GPP)在 2004 年年底也启动了其长期演进技术的标准化工作。

10.2　IEEE 802.22 标准

2004 年 10 月，IEEE 正式成立了 IEEE 802.22 工作组，这是第一个世界范围的基于认知无线电技术的空中接口标准化组织。

IEEE 802.22 也被称为无线区域网（WRAN，Wireless Regional Area Network），系统工作于 54～862 MHz 的 VHF/UHF 频段上未使用的 TV 信道，工作模式为点到多点。该工作组目的是利用认知无线电技术将分配给电视广播的 VHF/UHF 频带用于宽带接入。

IEEE 802.22 的工作目标可以总结为以下三点：(1)使用目前广播电视空闲的频谱资源；(2)充分利用认知无线电技术，自动检测空闲的频段资源并加以利用，消除对广播电视的影响，实现认知业务与模拟广播电视、数字广播电视、无线麦克风等业务的共存；(3)利用低频段的良好传播特性，向人口密度较低的地区（如郊区和农村地区）提供高速无线接入服务。

10.2.1　系统架构

IEEE 802.22 中定义的无线区域网主要运行在每平方千米低于 40 终端的低密度区域，使用 54～862 MHz 的 VHF/UHF TV 广播频段的空闲信道提供宽带接入服务，同时避免对这些频段上广播授权用户的干扰。如图 10-1 所示为该系统的一种典型的应用，图中无线区域网覆盖了由基站向外辐射的 10～30 km〔辐射半径取决于等效全向辐射功率(EIRP)和天线高度〕的距离，可以通过合理的修改 MAC 帧结构使传输距离达到 100 km。IEEE 802.22 中规定的物理层特点使无线区域网系统可以在没有其他特殊设计的条件下获得 30 km 的覆盖范围。该系统主要的应用市场为郊区或乡镇偏远地区，也可用于小型企业/SOHO、独栋庭院、大学校园等。

如图 10-2 所示为无线区域网的网络拓扑图，IEEE 802.22 中的基站应该能够向多达 512 个固定或移动的用户端设备(CPE，Customer Premise Equipment)或其覆盖范围内的具有不同业务要求的一组 CPE 设备提供高速因特网业务，并且基站应能够利用每条 TV 信道向最多 255 个 CPE 提供服务（非同时），同时保护授权用户受到的干扰不超过一定限度。IEEE 802.22 要求达到可与 ADSL 相匹敌的传输速率，即用户平均下行速率 1.5 Mbit/s，平均上行速率 384 kbit/s，平均频谱效率达到 2 bit/(s·Hz)。该标准中还包括了减少对授权用户干扰的认知无线电技术，包括定位能力、接入授权业务数据库的规定、检测授权业务存在与否的频谱感知技术等。

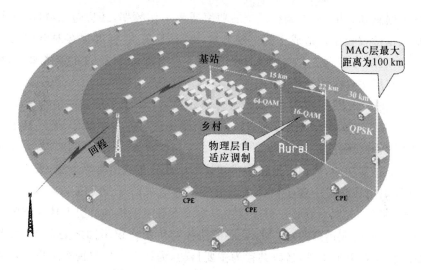

图 10-1　IEEE 802.22 无线区域网小区

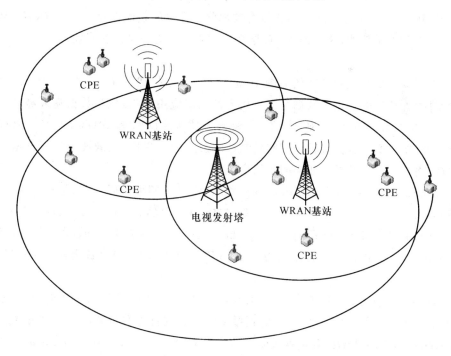

图 10-2　无线区域网的网络拓扑

10.2.2　物理层概述

为了与 TV 频道的授权用户共存,802.22 系统的物理层和媒质接入控制层协议应该允许基站根据感知结果，动态调整系统的功率或者工作频率，还应包括降噪机制，从而避免对 TV 频道的授权用户造成干扰。现有的 IEEE 802.22 标准提案对空中接口进行了规范，包括物理层与媒质接入控制层的规范，对于所有支持 802.22 的服务来说，物理层和媒质接入控制层协议栈都是相同的。

根据 IEEE 802.22 标准提案，物理层可细分为一个汇聚子层和一个物理媒体（PMD，Physical Media Dependent）子层，物理媒体子层是物理层的主要部分，而汇聚子层能自适应将媒质接入控制层的特定需要映射到通用的 PMD 服务。IEEE 802.22 协议在物理层上增加了频谱感知功能，通过本地频谱感知技术以及分布式检测等方法，来可靠地感知某时刻、某地区的电视频段中各子信道是否被授权的电视信号（ATSC，DVB-T，DMB-T 等制式）占用，以使得次用户能够在对授权用户系统不造成干扰的情况下接入空闲的电视频段，充分利用有限的频谱资源；而 MAC 层的协议与传统协议不同之处在于，除提供媒介接入控制等传统业务能力外，还以共存为主要目的，为认知用户与授权用户共存和保护授权用户提供了丰富的手段，并且引入了一个新的共存信标协议（CBP）来使得那些具有重叠覆盖区域的 802.22 基站可以协作以有效地分享宝贵的频谱资源。另外，标准中还提供了信道管理和测量功能，这使得 MAC 层在频谱管理上更加灵活和有效。

（1）传输功能

物理层的传输和接收功能图如图 10-3 所示。其中描述了无线区域网基带信号传输的一般过程。传输的二进制数据由媒质接入控制层应用到物理层，数据输入经信道编码过程处理，包括数据扰码、编码、打孔（若编码方式为 LDPC 和 SBTC，则不应用打孔技术）、比特交织。交织数据会根据调制机制被映射成数据星座，子载波分配器根据子载波分配方法将数据星座分配给相应的子信道。

FEC（Forward Error Correction，前向纠错）定义了四种编码形式，包括 BBC（Binary Convolutional Code，二进制卷积编码）、双二进制 CTC（Convolutional Turbo Code，卷积 Turbo 码）、LDPC（Low Density Parity check Code，稀疏矩阵奇偶校验码）和 SBTC（Shortened Block Turbo Code，截短块 Turbo 码）。其中 BBC 是必选模式，另外三种为可选模式。

调制方式可采用 BPSK，QPSK，16-QAM，64-QAM 四种方式，对于数据调制，比特交织的输出有序地映射到星座图上，映射到星座图的数据首先在每条载波上被分成若干组的编码比特，即 N_{CBPC} bit，之后转换成复数值代表 QPSK、16QAM 或 64QAM 星座图信号点，复数值的个数与调制相关归一化因子 K_{MOD} 成比例，表 10-1 中定义了的不同调制类型下的 K_{MOD} 值。对于导频调制，导频子载波进行 BPSK 调制，在 BPSK 调制中，调制相关归一化因子 K_{MOD} 为 1。

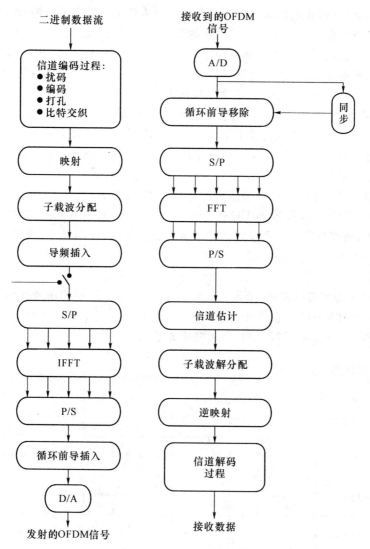

图 10-3　OFDM 物理层发射/接收图

表 10-1　不同调制方式下的 N_{CBPC} 和 K_{MOD}

调制方式	N_{CBPC}	K_{MOD}
QPSK	2	$1/\sqrt{2}$
16-QAM	4	$1/\sqrt{10}$
64-QAM	6	$1/\sqrt{42}$

（2）控制机制

下行同步过程是在每个用户端设备上执行的,所有的用户端设备应该和基站同步。利用超帧帧前导(Preamble)和帧前导进行下行同步,这一过程使用户端设备具有充足的时间和频率精确性(即将用户端设备的本地时钟同步到基站的参考时钟)准确地接收基站的下行信息。下行信息包含了用户端设备的下一个上行的传输机会和其他一些信息。

上行同步可以通过初始测距和周期性的测距过程来获得,上行同步可以保证所有的上行传输可以被基站接收,其中的用户端设备具有$-25\%\sim+25\%$之内的最短循环前缀,即$-0.333\sim2.333\,\mu s$或$-16\sim+16$个采样周期。

WRAN 系统能够支持基于链路与链路间的传输功率控制(TPC,Transmission Power Control),将 CPE 上的传输 EIRP(Effective Isotropic Radiated Power)降低到最低水平来最小化干扰,同时保证快速的可靠连接。CPE 发送 EIRP 由粗测距过程控制,使基站接收的距离最近和最远的用户端设备载波间的动态变化最小。

上行子帧中预留了一定的传输能力控制给 CDMA 测距、基于 CDMA 或者争抢的带宽请求和基于 CDMA 或争抢的 UCS(Urgent Coexistence Situation,紧急共存情况)上报。在时域上,该部分容量需要按照上行子帧的宽度分配;在频域上,该发射信号存在于开始的应用静态子载波模式的两条子信道。

(3)天线

CPE 端的无线区域网发射/接收天线应满足如图 10-4 所示的参考天线模型,所有的水平面上仰角$-20°\sim+20°$范围内应达到 17 dB 的后瓣拒绝水平。这幅图是在假设了一种 12dBi 的典型天线增益下得到的,公式描述如下:

$$\text{最大相对增益(dB)}=\begin{cases}10\log_{10}(\cos^4\theta), & |\theta|\leqslant 68° \quad (\text{主瓣})\\ -17, & 68°<|\theta|<180° \quad (\text{旁瓣或后瓣})\end{cases}$$

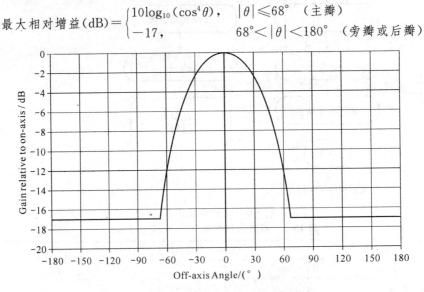

图 10-4　CPE 发射/接收天线参考模型

水平方位角平面上的感知天线的增益应等效于全向天线,额定增益的偏差不能高于-1 dB,最大额定增益的偏差在垂直模式下的所有方位角上应该保持在$-20°\sim+20°$之内。

基站应该用同一副天线进行发送和接收,允许在功率水平计算公式中使用不对称的发送和接收路径。

基站和用户端设备处的发射天线的 VSWR(电压驻波比)在天线的整个工作域内将不会超过 1.2/1。

10.2.3 MAC 层概述

在 IEEE 802.22 蜂窝中,一个控制媒质接入的基站管理多个用户端设备。下行链路为 TDM 方式,基站发送用户端设备接收。上行链路为 DAMA/OFDMA 方式,用户端设备按需发送,基站接收。根据业务类型,基站可能授予用户端设备连续发送的权利,或者基站接收到用户端设备的请求后动态分配发送机会。MAC 层支持单播(单个用户端)、多播(一组用户端)和广播(一个蜂窝中的所有用户端)业务。

1. 协议参考模型

协议参考模型(PRM)如图 10-5 所示,包括通常的数据平面和管理/控制平面,并使用了一个新的认知平面来支持认知无线电功能。数据平面必须支持常规的数据和管理域控制信息。为了支持认知无线电,IEEE 802.22 中引入了两个新模块:定位(Geo-Location)与频谱感知函数(Spectrum Automation)和一个新实体,即频谱管理(Spectrum Manager)。IEEE802.22 各协议层功能如图 10-6 所示。

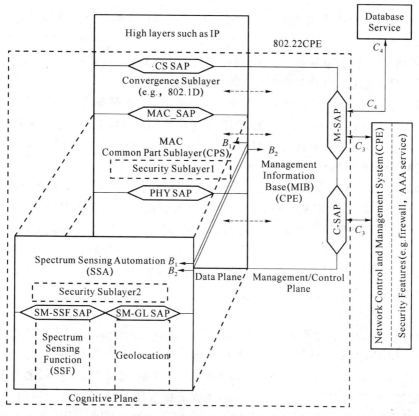

图 10-5 协议参考模型(PRM)

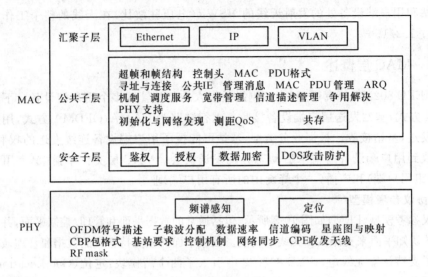

图 10-6　各协议层功能

（1）数据平面

数据平面包括物理层、媒质接入控制层和汇聚子层，这些层之间添加了业务接入点（SAP，Service Access Point）以支持系统的模块化。在系统中，不同的部分可以分离，并且来自不同的供应商。业务接入点具有精确定义的接口或者一系列的原语来交换信息，这样不同的部分就可以借助业务接入点的功能来进行对话。

MAC 层的数据和管理平面应该由 3 个子层组成：用于服务的汇聚子层、MAC 公共部分子层（CPS）和安全子层。用于服务的汇聚子层的作用是将汇聚子层业务接入点接收到的外部网络数据映射或者转换为 MAC 公共部分子层通过 MAC SAP 接收到的 MAC 服务数据单元（SDUs，Service Data Units）和数据。

MAC 公共部分子层提供核心的 MAC 功能，例如，系统接入，建立连接和维护连接。MAC 层通过 MAC SAP 将从不同的汇聚子层接收到的数据分类到具体的 MAC 连接。该层定义了传输和物理层的数据调度的 QoS。MAC 安全子层 1 提供认证机制、安全的密钥交换、加密，等等。数据、物理控制和监控数据（频谱感知接收到的信号强度指示，接收到的无线局域网中的基站或者用户端设备的信号强度，等等）通过 PHY SAP 在 MAC 公共部分子层和物理层之间传输。

（2）管理/控制平面

管理/控制平面包括管理信息库（MIB，Management Information Base）。使用简单网络管理协议（SNMP，Simple Network Management Protocol）与 MIB 数据库通信，其中有些原语可以用于管理网络实体（BS、CPE、交换机、路由器，等等）。MIB 原语用于系统配置、监控数据、通知、出发、CPE 和访问管理、无线资源管理、与数据库服务通信、频谱感知和地理位置报告，等等。通过使用 SNMP 在通信媒质中交换信息，MIB 数据可以从网络中获取,在系统中预先定义,或者从其他的设备(如基站)中获取。用户端设备中的 MIB 是基站中的 MIB 的一个子集。

（3）认知平面

认知平面应该包括频谱感知功能(SSF,Spectrum Sensing Function)、定位功能(GL, Geo-Location Function)、频谱管理器(SM,Spectrum Management)和频谱感知自动机 (SSA,Spectrum Sensing Automation)以及一个专用的安全子层 2。频谱感知功能负责 执行频谱感知算法,而定位模块 GL 负责提供基站或者用户端设备的地理位置信息。

频谱管理器位于基站的认知平面内,与 MAC 公共部分子层在数据平面内所处的层 相同,如图 10-5 所示。频谱管理器负责维护频谱可用性信息,管理信道列表,管理静默期 和执行共存机制,此外还负责从 MAC/PHY 层中提取请求。例如,如果检测到干扰, MAC 层必须在正常工作期间内告知频谱管理器这一情况,然后频谱管理器采取适当的 措施如切换信道来解决这个问题。

如果在带内感知中检测到授权用户,MAC 层会根据频谱管理器的响应来进行频谱 切换。

频谱管理器在总体结构中有关键的作用,它是基站的中心点,存储着所有从数据库服 务和频谱感知中获取的频谱可用性的信息。基于这些融合的信息,对频谱管理器策略进 行本地管理和预定义,频谱管理器给 MAC 层提供必要的配置信息,基站的 MAC 层负责 远程配置所有注册的 CPE。

频谱感知自动机作为一个比较简单的频谱管理实体存在于基站和用户端设备中,能 够在基站的初始化阶段和在用户端设备注册之前独立感知射频环境。用户端设备端的 CPEA 还包括必要的特性,以使得当用户端设备在无基站的控制的时候,如在初始化和信 道改变过程中,能够执行适当的操作。

认知平面引入了安全子层 2。安全子层 2 增强了基于认知无线电的接入的安全。安 全子层 1 和 2 必须保证频谱和服务可用性,提供数据和信号认证、网络接入认证,并且保 证数据、控制和管理消息的完整性、保密性。安全子层 2 的作用是提供对授权用户的增强 保护和对 IEEE 802.22 系统的必要保护。如果必须在指定的管理范围内检测 IEEE Std 802.22.1-2010 信标,并且信标发送需要认证,就应同时使用安全子层 2 和采用的安全机 制来认证信标(Beacon)。类似的,安全子层 1 用来认证相邻蜂窝产生的 CBP 包。

2. 管理参考结构和模型

IEEE 802.22 网络蜂窝包括一个基站和最多 512 个/组用户端设备。IEEE 802.22 网络可能包括多个蜂窝。为了达到管理和控制目的,多个实体之间需要进行连接。这个 标准使用一个抽象的"黑箱"网络控制和管理系统 NCMS 来管理和控制这些实体。 NCMS(Network Configuration Management System,网络配置管理系统)在 BS 和 CPE 端都存在,分别是 NCMS(BS)和 NCMS(CPE)。所有的基站之间的协调通过 NCMS (BS)来完成。

NCMS 提供的服务包括：AAA 服务、无线资源管理服务、安全服务、业务流管理服务、基于本地的业务管理和网络管理服务。

如图 10-7 所示为无线局域网的管理参考模型。它包括网络管理系统（NMS，Network Management System）、网络控制系统（NCS，Network Control System）和管理节点。基站和用户端设备应该以管理信息库（MIB）定义的格式收集和存储管理目标。网络管理系统包括服务流和相关的 QoS 信息。

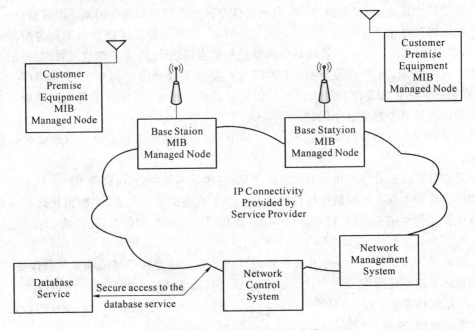

图 10-7　无线局域网的管理参考模型

图 10-5 中的接口 C_4 和 B_4 描述了 CPE/BS 与数据库服务之间的接口。这些接口用于在数据库中注册和请求可用信道。图 10-5 中的接口 C_3 和 B_3 描述了 CPE/BS 和 NCMS之间的接口。

NCMS 通过两个 SAP 与用户端设备和基站的 MAC 层和物理层实体连接。基站与用户端设备包括一个控制 SAP（C-SAP）和一个管理 SAP（M-SAP），NCMS 通过这两个 SAP 从上层实现控制面和管理面的功能。

管理 SAP 包括但不限于以下功能：系统配置、监控统计、通知/触发、感知与地理位置报告，与数据库服务通信。控制 SAP 包括但不限于以下功能：访问管理、安全内容管理、无线资源管理、通知 AAA 业务。

网络参考模型如图 10-8 所示，多个用户端设备与一个基站相关联。用户端设备使用基本管理连接，主管理连接或者次管理连接，通过 U 接口与基站通信。基本管理连接、主管理连接或者次管理连接（见 10.2.4 小节）用于交换 MAC PDU（Protocol Data Unit，协议数据单元）。

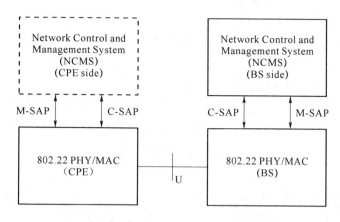

图 10-8　网络参考模型

3．地址与连接

每个 IEEE 802.22 基站与用户端设备都有一个全球唯一的 48 位 MAC 地址。在建立网络关联的时候,这个地址用于用户端设备与基站在认证过程中确认对方的身份。在每个共存信标协议(CBP,Coexistence Beacon Protocol)突发中,基站广播其 MAC 层地址,作为超帧控制头(SCH,Superframe Control Header)数据的一部分。每个 WRAN 设备定期广播包含自身的 ID 和序列号的共存信标协议的突发。这是设备的自认证过程的一部分,以帮助确认可能对授权用户产生干扰的干扰源和实现自共存。

每个连接由两个部分组成,分别是 9 位的站标识(SID,Station ID)和 3 位的流标识(FID,Flow ID)。站标识唯一定义了一个由基站控制的站点。站标识可以是单个用户端设备,也可以是一个多播组(多个用户端设备)。流标识定义了属于一个用户端设备的具体业务流。SID｜FID 表示属于某个用户端设备的连接。站标识在 DS/US-MAP 分配中标识,流标识在 MAC PDU 的通用 MAC 头中标识。

在用户端设备初始化过程中,有三种管理连接流用于传输基站与用户端设备之间的 MAC 层管理消息和数据,分别为:基本(Basic)管理连接、主(Primary)管理连接、次(Secondary)管理连接。不同的管理连接流有不同的 QoS 等级。基本流用于基站与用户端设备交换短的、实时的管理消息;主管理流用于用户端设备与基站交换较长的、延迟容忍度高的管理消息;次管理流用于基站与用户端设备交换对时延不敏感的消息。

4．通用超帧和帧结构

IEEE 802.22 无线区域网有两种工作模式:常规模式和自共存模式。常规模式中一个蜂窝占用一个 TV 信道并占用一个超帧里的所有帧(一个蜂窝中的多个 CPE 共享这些帧);自共存模式中多个蜂窝共用一个 TV 信道,每个蜂窝使用超帧里的一个或多个帧(不同蜂窝中的用户端设备共享这些帧)。常规模式与自共存模式有两种超帧控制头(SCH)格式。工作在常规模式的时候,WRAN 蜂窝应该在每个超帧开始的第一个帧发送超帧控制头(SCH);当工作在自共存模式时,WRAN 蜂窝应该在该超帧分配给它的所有帧中的第一个帧发送超帧控制头。

基本的超帧结构和帧结构如图 10-9 和图 10-10 所示,一个超帧包含 16 个 10 ms 的帧,每一帧包含前导信号、报头和数据流。

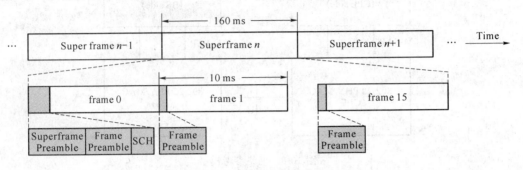

图 10-9　基本的超帧结构

如图 10-10 所示,一个 TDD 帧由两部分组成:下行子帧和上行子帧。上行子帧的一部分作为自共存窗口,当需要发送 CBP 突发时,基站在上行子帧的末端提供自共存窗口。自共存窗口包括必需的时间缓冲来获取工作于相同信道的相邻和远距离的基站和用户端设备之间传播时延。下行和上行的相对容量可以通过调整下行和上行子帧之间的边界进行调整。

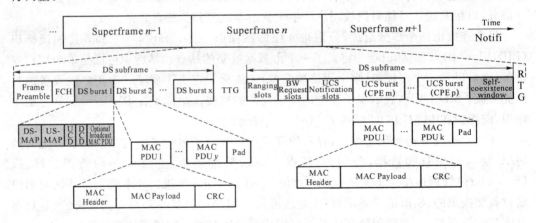

图 10-10　帧结构

5. 业务类型及调度

BS 执行上行请求/授权的调度,给每个关联的用户端设备提供上行发送带宽或者发送带宽请求的机会。确定业务类型和相关的 QoS 参数后,基站可以预测上行吞吐量和时延需求,并在适当的时间提供轮询或者授权。

未授权业务(UGS,Unsolicited Grant Service)支持数据包大小固定、周期发送的实时数据流,如 T1/E1。QoS 参数包括最大持续业务速率、最大时延、抖动容限、请求/传输策略。最小保留业务速率参数如果存在的话,应该等于最大持续业务速率参数。UGS 业务周期地和实时地提供大小固定的授权带宽,从而消除了用户端设备请求的开销和时延,并且保证了授权带宽满足业务流的实时需求。基站应该基于业务流的最大持续业务速率,周期地给用户端设备提供数据授权突发信元(IE,Information Element)。授权带宽的大小要能够满足业务流的固定数据大小,但是为了谨慎起见,基站可能会提供更大的授权带宽。为了使业务能够正常工作,请求/传输策略消息应该禁止用户端设备使用竞争请求机会来建立连接。

实时轮询业务(rtPS,real-time Polling Service)支持数据包大小可变、周期发送的实时数据流,如 MPEG video。QoS 参数包括最小保留业务速率参数,最大持续业务速率参数、最大时延、请求/传输策略。rtPS 提供周期实时的单播请求机会,满足业务流的实时要求并且允许用户端设备提出对授权带宽大小的要求。rtPS 比 UGS 需要更多的请求开销,但是支持授权带宽大小可变业务。基站应提供周期单播请求机会。请求/传输策略消息应该禁止用户端设备使用竞争请求机会来建立连接。即使出现当前没有满足先前的请求的情况基站也应该提供单播请求机会,因此,用户端设备只使用单播请求机会以获取上行传输机会。用户端设备还可以使用主动授权数据突发类型进行上行传输。

非实时轮询业务(nrtPS,non-real-time Polling Service)支持数据包大小可变、有最小数据速率要求的可容忍时延的数据流,如 FTP。QoS 参数包括最小保留业务速率参数,最大持续业务速率参数,业务优先级、请求/传输策略。nrtPS 定期提供单播轮询机会,从而保证业务流即使在网络阻塞的时候还能有请求机会。基站在一秒或者小于一秒的时间间隔内轮询用户端设备的 nrtPS FID。基站应该提供及时的单播轮询机会。请求/传输策略消息应允许用户端设备使用竞争请求机会来建立连接。因此,用户端设备可以用竞争请求机会、单播轮询机会和主动授权数据突发类型。

尽力而为(BE,Best Effort)业务支持没有最小业务等级要求的数据量,因此基站可以在有机会时再处理 BE 业务。QoS 参数包括最大持续业务速率参数、业务优先级、请求/传输策略。BE 用于提供尽力而为的业务。请求/传输策略消息应该允许用户端设备使用竞争请求机会来建立连接。用户端设备可以用竞争请求机会、单播轮询机会和主动授权数据突发类型。

6. 带宽请求

用户端设备有多种发送带宽请求消息的方式。请求涉及用户端设备采用什么样的机制通知基站它们需要上行带宽分配。MAC 层支持两种带宽请求,分别是基于竞争的带宽请求和 CDMA 的带宽请求。对于用户端设备,带宽请求针对单个连接,即每一个带宽授权针对用户端设备的 SID,而不是各个连接的 FID。轮询是基站为用户端设备分配专门用于带宽请求的带宽的过程。轮询分为单播、多播和广播轮询。

① 单播轮询

当基站为单个用户端设备分配专门用于带宽请求的带宽时,为单播轮询。基站通过

US-MAP 消息中包含的一系列 IE 来通知该用户端设备其用于带宽请求的上行带宽分配,用户端设备在分配的上行带宽中发送带宽请求。IE 包括了用户端设备的 SID 以及给用户端设备分配的上行带宽。

② 多播和广播轮询

当基站为一组用户端设备分配专门用于带宽请求的带宽时,为多播与广播轮询。基站通过 US-MAP 消息中包含的一系列 IE 来通知一组或所有用户端设备其上行带宽分配,该组用户端设备在分配的上行带宽中发送带宽请求。IE 包括了该组用户端设备的 SID 以及给该组用户端设备分配的上行带宽。

③ PM 位

具有当前活动 UGS 连接的用户端设备可以通过设置未授权业务连接 MAC 包头中的 PM 位(在授权管理子头中)来通知基站它们需要被轮询来为非 UGS 连接请求带宽。为了减少单独轮询的带宽需求,拥有活动 UGS 连接的用户端设备只在 PM 位被设置时(或者未授权业务的间隔太长以致于无法满足用户端设备其他连接的 QoS 时)才需要被单独轮询。一旦基站检测到该轮询请求,将使用单独轮询来满足该请求。

7. PHY 支持

当前标准只支持 TDD 模式。TDD 帧时间长度固定,它包含一个上行子帧和一个下行子帧。由于分配给下行和上行的带宽可以变化,所以 TDD 成帧是自适应的。上、下行之间由一个系统参数分隔,并且受系统内的高层控制。

如果在信道 N 上有活跃的 TV 站,无线区域网的用户端设备位于该 TV 站的保护等位线(预先定义的 TV 站能够避免有害干扰的区域)的范围内,则用户端设备不能在信道 $N/(N+1)/(N-1)$ 上传输。如果在信道 N 上有活跃的 TV 站,无线区域网的用户端设备位于该 TV 站的保护等位线的范围外,且在与该 TV 站的保护等位线的距离为隔离距离的范围内,则用户端设备不能在信道 $N/(N+1)/(N-1)$ 上传输。

8. 竞争解决

基站通过 US-MAP 消息控制上行信道的分配,决定哪些微时隙遭遇冲突。冲突可能发生在初始测距、周期测距、带宽请求、紧急共存情况报告和自共存窗口间隔期间。用户端设备使用 CDMA 方法解决初始测距和周期测距的竞争,使用 CDMA 和指数退避算法解决带宽请求和 UCS 报告的竞争,而自共存窗口有其专用的竞争解决方案。

9. 授权用户保护

检测和保护授权用户的技术包括频谱管理、静默期管理、分布式频谱感知、检测算法和管理。用户端设备有多种方式向基站报告检测信息。检测分为带内检测和带外检测。带内检测是指在工作信道及其相邻信道上的检测;带外检测是指在以上 3 条信道以外的信道上的检测。

当用户端设备在当前工作信道或者其相邻信道上检测到授权用户时,应该向基站报告紧急情况。检测到授权用户活动的情况下,基站与用户端设备使用授权用户检测恢复来重新建立业务。当用户端设备检测并报告工作信道或者相邻信道的授权用户活动后，等待基站的通知。基站有两种通知方式：显性与隐性。

显性通知是指基站给用户端设备发送频谱管理消息〔如信道切换请求消息（CHS-REQ）〕来通知用户端设备并及时地在另一条工作信道上重新建立连接。

隐性通知是指用户端设备发送授权用户检测报告后，启动定时器 T56。如果在接收到基站的显性通知之前定时器计数完毕，则用户端设备判断当前工作信道不可用并立即切换到备用信道列表上的第一条备用信道。

10. 自共存

在 IEEE 802.22 的空中接口中，共存是很重要的部分，它包括了授权侦查、保护机制和自共存机制。就自共存问题来说，CBP 协议交换共存信标从而在重叠的 IEEE 802.22 小区中实现有效的自共存。授权用户的保护和自共存机制的联合形成了 MAC 层，它高度灵活且能够快速适应环境，能对突发情况作出反应。

多个 IEEE 802.22 基站和用户端设备在相同的邻近范围内操作，除非采用了合适的空中接口层，否则自干扰会导致系统无效。即使用户端设备使用直接路径天线，自共存问题（指多个基站和用户端设备共同存在，相互干扰）仍然存在，这是因为用户端设备和多个基站处在一条直线上，且用户端设备天线的识别受到了 TV 广播带宽的限制。而事实上，IEEE 802.22 覆盖范围可达到 100 km，这使得自共存问题进一步恶化，因此它的干扰范围和对其他联合的 IEEE 802.22 小区的影响比任何存在的无授权技术带来的影响更大。

MAC 层应当使用命令机制来解决自共存问题。这个命令机制包括两个元素：频谱礼仪和按需帧竞争。关于这个自共存机制和需求无线区域网交互通信架构的描述如图 10-11 所示。

共存信标协议（CBP）是一种传输机制，其中标准支持的共存元素和 CBP 包都能通过广播或者回程传送。基站和用户端设备应能够在子单元 0 中通过广播传输和接收 CBP 包。为了通过反馈回传执行共存机制，IEEE 802.22 基站的用户端设备信息总结并写入 IP 包中通过反馈发送。当一个无线区域网邻近小区中的其他无线区域网能够对 SCH 或者 CBP 流进行侦测和解码的时候，它可在普通的模型下运行，且向自共存模型传输信息。

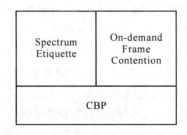

图 10-11　无线区域网内通信和自共存的 CBP 传输机制

11. 静默期及感知

信道静默期期间,所有的网络传输暂停,基站和用户端设备执行带内感知。执行感知的目的是在使用的信道内侦测授权用户是否存在。这一过程中,基站负责安排静默期及协调这些用户端设备的带内感知。

基站通过管理静默期来保护授权用户,并且支持 IEEE 802.22 用户所需的 QoS。静默期管理机制包括两个状态,它允许使用重复速率动态调整和静默期时延。而如果基站限制了重复速率和基于感知算法及感知信号种类的静默期时延,则可以在一个基站安排静默期时,即在一个显式模型中进行基站的静默期安排。

依据 IEEE 802.22 的 MAC 层,基站以及用户端设备在操作信道和邻近信道之外仍然可执行信道感知。带外感知不需要操作信道和邻近信道内的网络静默期,但它需要依赖于感知信道的静默期。正常的小区运转中,用户端设备与基站的通信之外的任何时间都可以执行带外感知。基站同样要求用户端设备在正常 IEEE 802.22 小区工作中执行带外感知,从而在 UCS 的情况下保持有足够的潜在备用信道。

静默期管理机制的两个状态分别为帧内感知和帧间感知。在帧内感知的阶段,每个帧中都包含有一个帧内感知。这种感知算法需要的静默期长度小于一个帧长。帧内感知静默期对基站和用户端设备的 QoS 的影响在允许的最小范围内。在帧间感知阶段内,支持长时间感知的感知算法的使用。所需的感知时间长于一个帧长。由于较长的静默期会降低 QoS 敏感传输的性能,所以帧内感知状态的分配和时延是由 BS 动态调节的。为了在保护授权用户的同时满足基站和用户端设备的 QoS 需求,基站需要在帧内感知阶段中根据获得的反馈进行判断,何时需要进行帧间感知。

帧内感知阶段在需求信道侦测时间内侦查使用信道中的授权用户是否存在,此时不需要长静默时间。但是,如果需要更长及更有效的感知来侦测授权用户,例如,检测授权信号特征,则必须采用帧间感知。这种包括了帧内感知和帧间感知的两状态机制能够向基站和用户端设备提供更好的 QoS。

这种由超帧控制头控制的隐式静默周期调度机制允许基站灵活调度任何长度的静默期,该长度可以小于,等于或者大于一个帧长。为了在帧的数目不为整数时能够使长度大于一帧长的静默期生效,基站在一个帧间静默期之后分配一个帧内静默期。

帧内静默期在 MAC 层帧结尾进行调度,该静默期不能在自共存窗口中冲突。当邻近的 IEEE 802.22 网络同步时,帧内感知应同时开始执行,从而提高它在侦测授权信号方面的有效性。一旦基站接收到用户端设备关于帧内感知管理结果的报告,它便做出关于帧间感知阶段的需求决定。基站也能在不执行帧内感知的前提下执行帧间感知。基站使用隐式模型或者显式模型来进行帧间的感知静默期调度。

由于在相同或者邻近信道可能存在多个 IEEE 802.22 小区同时操作,可能会出现"重叠静默期",这些小区的静默期需要得到同步,以提高授权信号侦测的可靠性,同时也会使得邻近的 IEEE 802.22 小区之间获得更好的自共存性能。基站通过在共存基站间的协商实现静默期调度的同步。

12. 信道管理

信道管理的鲁棒性和有效性是很重要的。事实上，MAC 层的信道管理部分允许系统有效而动态地使用可用信道。在 MAC 层中，信道管理有两个模型：嵌入式和显式。基站和用户端设备支持这两种模式，由基站决定何时使用何种模式。

信道管理的嵌入式的优点是，不需要设立个体信道管理命令（显式中也一样），因此可以更好地使用频谱。这种模式的另一个优点是标志出了一个小区内所有的用户端设备，因此在授权用户开始在一个被用户端设备占用的信道中工作时，能够采取正确有效的措施。嵌入式信道管理的 IE 调度在被调用时，只能被基站传输。

而显式模型，从另一个角度来说，提供了更好的灵活性和相对 MAC 层的独立性。更进一步的，它允许信道管理在不同的情况下使用，也就是说，这些信息可由基站发送给用户端设备。例如单播（单独的用户端设备）、多播（用户端设备组群），或者广播（小区中所有的用户端设备）。在存在传输要求的情况下，这些信息同样允许基站请求回馈应答。也即是说，在嵌入式模型中，基站等待下一个 MAC 帧到来，从而传输信道管理命令，这个支持个体信道管理帧的操作模型允许用户端设备迅速对无线频谱占用情况作出回应。

10.2.4 认知频谱管理

频谱管理功能（SM，Spectrum Manager）是认知平台的一部分，并由 IEEE 802.22 基站进行管理。

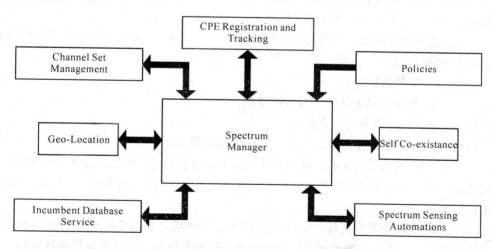

图 10-12　IEEE 802.22 频谱管理和逻辑接口

SM 的主要功能有：

- 维护可用频谱信息；
- 信道分类和选择；

- 信道管理；
- 连接控制；
- 频谱感知操作及调度；
- 访问数据库服务；
- 执行 802.22 的相关规范政策；
- 对一个或多个用户端设备执行信道切换的决策；
- 与其他无线区域网共存。

1. 维护可用频谱信息

SM 需要获取法定用户出现以及区域内其他无线区域网的信道状况的信息，并且利用这些信息来对信道选择、信道状态管理和自共存机制做出决策。

SM 需要从以下几处来收集信息：

(1) 数据库服务：SM 能够通过高层来访问数据库业务。而如果政策法规没有授权相关的数据库业务的话，那么可用信道的信息就将由运营商提供。

(2) 地理定位：SM 能够在基站访问可用的定位信息时鉴定它自身的位置，与此同时，它还能够从所有与基站有联系的用户端设备处获取相关的定位信息。

(3) 频谱感知：SM 提供位于基站和用户端设备内的 SSA 接口。SM 利用 SSA 实体来执行感知功能和收集感知报告。

在 802.22 系统工作的时候，基站应当与数据库服务进行持续通信。如果没有这样的数据库服务，则假定在网络初始的时候所有的信道都是可用的。在这种情况下，SM 就只根据频谱感知的结果来定义可用信道的状态。

可用信道的信息需要在网络初始化的时候就进行定义，并且应当在网络工作的过程中周期性地进行更新。

2. 信道分类和选择

可用信道：数据库服务认为是可用的那些信道。

可用信道进一步被分为以下几类。

(1) 禁止信道：由于操作限制或者是本地的规章限制而不能被使用的信道。

(2) 工作信道：当前的无线区域网小区使用的信道。这些工作信道需要至少每隔 2 s 就被感知一次以获取它的信号类型的信息。同时也需要每隔 2 s 被 IEEE 802.22.1 的无线信标所感知一次。

(3) 后备信道：当无线区域网中的工作信道需要切换到其他信道时后备信道就立即转变为工作信道。基站一般都会维护多个后备信道并且根据它们的优先级进行排序。认知用户至少每隔 6 s 会对后备信道进行一次感知。只要在后备信道上没有检测到法定用户以及相关信道干扰它就可以持续存在于后备信道列表上。

(4) 候选信道：候选信道是那些可以转变为后备信道的候选的信道。基站会对用户端设备发送请求来感知这些信道成为后备信道的可能性。对候选信道的感知很频繁，并且在一个候选信道变为后备信道之前,它需要至少每隔 6 s 就被感知一次,而每次感知都不能少于 30 s,以保证没有法定用户的出现。一旦候选信道列表上的第一个信道被证实满足以上要求,那么基站就会将它在需要的时候移动到后备信道列表上去。

(5)受保护信道:受保护信道是正在被占用的信道,当法定用户或者无线区域网系统将该信道空闲出来时就将其转移到候选信道中去。此外,一个受保护信道也能够转变为一个后备信道。当 SM 需要的时候,还应当检测占用每个受保护信道的信号类型。

(6)未分类信道:没有被感知的信道。一旦一个未分类的信道被感知到了,那么它将会依据感知的结果被重分类为受保护信道或者是候选信道。

由于无线区域网中自共存机制的存在,一个无线区域网系统中的工作信道也可以是另一个无线区域网系统中的工作信道,或者是它的后备或者候选信道。

在静默期结束的时候,根据法定用户的活动和信道质量,每个信道都可能转移到其他状态上去,如图 10-13 所示。转移图上包含了五类状态和八类事件。这五类状态是由无线区域网初始化和工作过程中获取的频谱感知结果来进行分类的。因此,禁止的和不可用的信道并不包含在这个状态转移图中,因为那些信道是由运营商或者数据库服务来进行分类的。

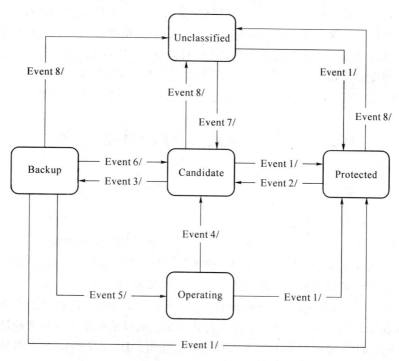

图 10-13　信道状态转移图

每个状态的转移中可能发生的事件如下所示。

事件1：当检测到法定用户在进行频谱感知时，在工作、后备或者是候选设置中的信道就转为受保护信道。

事件2：法定用户业务结束后释放信道。

事件3：在信道上没有检测到法定用户的出现，并且每次后备信道的感知时间需求都得到满足，并由所有的用户端设备报告给基站。（后备信道中优先级的问题可以基于测定的信道质量来进行决策。）

事件4：由于WRAN使用的结束所释放的信道。

事件5：通过WRAN业务的最新分配使得后备信道转变成工作信道。

事件6：后备信道的感知时间需求没有得到满足，由一个或多个用户端设备造成。（候选信道中优先级的问题可以基于测定的信道质量来进行决策。）

事件7：如果没有检测到授权用户的业务出现并且在预定的时段内报告给SM，一旦一个未分类信道被活动用户端设备所感知，那么它可以被SM重分类为一个候选信道。

事件8：如果信道没有在802.22标准或者是相应的规范制度规定的时间需求内被感知，那么它将会变为未分类信道。

3. 连接控制

当有用户端设备请求连接的时候，SM需要联合考虑本地信息、发出请求的用户端设备的基本性能以及它的注册性能。同时，SM需要访问数据库服务，来获取可用信道列表以及相应用户端设备所处位置的最大EIRP限制。基于以上获取的信息，SM可以决定是否允许用户端设备连接到当前的工作信道上去，并且指出用户端设备允许的最大发送EIRP。这样，SM就能保证用户端设备的连接不会对主用户造成有害干扰。

10.3　其他各大组织标准化进展

10.3.1　IEEE SCC 41

1. IEEE SCC 41组织概述

IEEE SCC 41起源于IEEE于2005年成立的IEEE P1900标准组，进行与下一代无线通信技术和高级频谱管理技术相关的电磁兼容研究，该工作组对于认知无线电技术的发展及与其他无线通信系统的协调与共存有着极其重要的意义。该组织在2006年发展成为IEEE SCC 41(Standards Coordinating Committee 41)，SCC 41的目的在于加速研究结果的标准化和商用，目前，它已经成为了与认知无线电标准化相关的首要论坛。

IEEE SCC 41主要包括P1900.x系列六个工作组。IEEE P1900.1工作组的任务是解释和定义有关下一代无线电系统和频谱管理的术语和概念，主要澄清术语并且弄清各个技术之间的关系，提供对技术的准确定义和对关键技术的解释，如频谱管理、政策无线电、自适应无线电、软件无线电等，该项内容已经在2008年12月26日被IEEE标准化组织接收。IEEE P1900.2 工作组主要为不同无线通信系统间的干扰和共存分析提供操作规程建议，提供分析各种无线服务共存和相互间干扰的技术指导方针，该项目提案已于 2008 年 7 月 29 日被 IEEE 标准化组织核准通过。IEEE P1900.3 工作组主要为软件无线电的软件模块提供一致性评估的操作规程建议。提供分析软件定义无线电的软件模型以保证符合管理和操作需求的技术指导方针。该工作组已经在 2008 年由于缺少参与者而被解散。

IEEE P1900.4 工作组主要任务为动态频谱接入的异构无线系统提供实际应用、可靠性验证和评估可调整性能。标准中强调了网络架构中终端的可重构性、对网络 QoS 的保证和频谱效率的提高以及网络和设备之间的功能和交互。IEEE P1900.4 是在 IEEE 标准协会的公司标准方案体系下进行开发的，该方案旨在提供新型的、以公司为重点的标准开发方法。该标准在 2009 年 2 月 27 日完成。2009 年 3 月 19 日，IEEE P1900.4 工作组开始了两个新计划的研究，分别是 1900.4a 和 P1900.4.1。两个分支工作都是对 P1900.4 的增加和修正，P1900.4a 的主要工作集中在为空闲频段的动态频谱接入提出可行的架构和接口的通用模型；而 P1900.4.1 将注意力集中在异构网络中无线电资源优化问题上的分布式决策上，目的在于提出合理的通信协议和接口模型。

IEEE 在 2008 年 8 月新成立了 IEEE P1900.5 和 IEEE P1900.6 两个工作组。P1900.5 工作组的任务在于提出适合于管理 CR 中动态频谱接入（DSA，Dynamic Spectrum Access）应用的语法和架构。P1900.6 工作组主要工作在于频谱感知的接口和架构，包括定义无线通信系统中频谱感知中的信息交换，以及该种信息交换所需要的逻辑接口和数据结构。

2. IEEE SCC 41 主要工作进展

IEEE SCC 41 工作的重点在于分析认知无线电和认知网络中的特殊问题，定义既支持认知无线电又支持认知网络的架构，在认知无线电方面，关注如何提高频谱利用率；在认知网络方面，关注网络的自配置和 QoS 保证。规程文件中需要描述由于引入认知无线电和认知网络而增加或改变的接口，并且需要量化设备的智能程度，因此，有必要重开 IEEE P1900.3 工作组。

IEEE SCC 41 中提出了在 MAC 层实现动态频谱接入动态频谱分配，而且考虑接入的对象包括授权频段和非授权频段。还提出了跨层机制来解决认知无线电和认知网络中存在的各种性能、应用和网络方面的问题。

10.3.2　3GPP 中的自组网技术

3GPP（The 3rd Generation Partnership Project）在其 R8 中引入了自组织网络的概念，并借此提出了一种新运维策略，目的是通过该手段有效地缓解运维成本、LTE 网络参数和结构复杂化的压力。该策略通过将 eNodeB 作为自组织网络的节点，在其中添加自组织功能模块，来完成蜂窝无线网络自配置（Self-configuration）、自优化（Self-optimization）和自操作(Self-operation)。在此基础上,R9 和 R10 继续从覆盖与容量优化、移动鲁棒性优化、移动负荷均衡优化和 RACH 优化等方面对 SON 进行了研究并给出了部分解决方案。

1. 3GPP R8

3GPP SA5 工作组的研究原则是与 3G 体系架构和网络设备技术发展保持同步,研究与之相适应的网络管理框架和管理需求。2008 年 4 月 21 日至 25 日,3GPP 标准组织 SA5 工作组在成都召开 SA5♯59 会议,决定成立 SON 子工作组,专门讨论 SON 相关议题(eNB 自动发现、自动安装、自动配置、自动优化和自动恢复等)。运营商如沃达丰、T-Mobile要求尽快完成标准制定。

为了减少运营开销(OPEX,Operating Expense),3GPP 中引入了 SON 理念,这些开销与来自多个供应商的必要节点的管理有关。在 3GPP 版本 R8 中,许多网络元素间的信号接口是标准化(开放)接口。SON 环境中的显著例子是 eNodeB 间的 X2 接口和 eNodeB 与演进分组核心网(EPC,Evolved Packet Core)(如 MME、SGW)间的 S1 接口。另一方面,对于 3GPP 版本 R8,已经确定 SON 算法本身不会受到规范。

R8 中说明了 SON 具有 LTE 的特点,并定义了 SON 的概念和需求,描述了 eNodeB 的自建立,SON 的自动邻居关系(ANR,Automatic Neighbour Relations)列表管理,定义了自配置和自优化功能的范围。如图 10-14 所示描述了两个进程以及它们处理的函数。

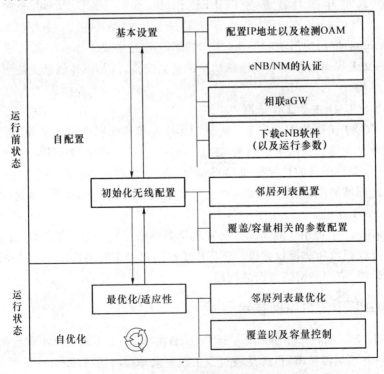

图 10-14　eNB 中的自配置/自优化功能

关于 SON 的概念和需求主要在 TS32.500 中进行了描述,其中包含了 SON 对于 OAM (Operation Administration and Maintenance)的需求,在 OAM 系统中 SON 的基础设施,自配置、自优化和自愈合、相邻小区关系的掌握(intra-E-UTRAN,2G,3G),定义了必要的接口信息资源规划(IRP,Information Resource Plannings)。

在 TS32.501 中,描述了 eNodeB 的自建立的概念和需求,包括支持这种使用情境的参考管理模型、NRM(Network Reconfiguration Manager,网络重配置管理者)IRPs 的相关元素、开放接口交互模型的干扰 IRP、安全机制、与自建立相关的软件下载机制和自测试结果的报告等。而 eNodeB 自建立的进一步设计在文档 TS32.502 中描述。

SON 的 ANR 列表管理在最新的 TS32.511 中被描述,该文档中定义了相关用例,描述了鉴别施动者、定义各种支持自动这一功能的功能模块,介绍了鉴别需要标准化的接口,并定义了必要的安全机制。

2. 3GPP R9

3GPP R9 中已经开展了 SON 中与家庭网络节点(Home NodeB)相关的 OAM 的研究,为支持 SON,用户设备(UE, User Equipment)、NodeB,包括 EMS (Element Management System)和 NMS (Network Management System)的 OAM 都被牵涉到 LTE/UMTS 系统中,定义了相互之间的各种接口,这些都在技术报告 TR 32.821 中有详细描述。在 TR32.823 中还对自检测和自愈合进行了描述。

与 SON 话题相关的最重要的成果之一是 TR 36.902。对此负责的工作组是 RAN3,这个技术报告处理了自配置和自优化的网络用例和解决方案。本文件中,描述了与 SON 更为相关的用例。对每一个用例来说,需要完成下列部分:①用例描述;②输入数据,测量或性能数据的定义;③输出,受影响的实体和参数;④受影响的规范,程序交互和接口。

RAN3 主要讨论 SON 的相关用例需求和解决方案,定义 X2/S1 的接口部分。RAN3 在 2009 年需完成四个主要用例研究,分别是覆盖与容量优化、移动鲁棒性优化、移动负荷均衡优化和随机接入信道 RACH(Random Access Channel)优化等。

3. 3GPP R10

3GPP R10 目前主要完成了 SON 对 OAM 的基本需求、ANR 管理、SON 自优化的操作维护,并提出了能源节约的概念。

R10 在自优化方面主要将注意力集中在自优化用例的干扰控制、覆盖与容量优化和 RACH 优化;与自优化相关的协调机制(如自优化用例和其他用例之间的协调、不同自优化用例的协调、同一用例的不同目标之间的协调等);在 TS32.52x 中升级现有的自优化方法。

R10 在自愈管理方面的工作已经完成 45%。R10 中指出自愈功能能够明显减少人力干涉继而大大减小运营成本和开销,提出了四项目标:①收集自愈管理的功能需求与二层、三层的定义;②定义自愈功能的输入输出、在管理系统中位置、相关算法的规范程度;③在现有说明中加入需要的自愈条件;④保证 OAM 的技术条件能够支持自愈管理功能。

节能方面的研究是由 TR 32.826 中对通信管理的探讨触发的,R10 中定义和解决了以下用例中的节能 OAM 管理:①eNodeB 超载;②载波受限;③容量受限网络。其他更多的用例将在继续的研究中陆续被提出。R10 还定义了节能管理与自优化、自愈、传统配置管理、虚警管理等其他功能模块之间的协调。

针对 R9 中未完成的对于干扰控制、覆盖与容量优化和 RACH 优化的问题,R10 中提出了自优化管理的增强版,提出了基于频谱空洞的覆盖和容量优化、移动鲁棒性优化加强、移动负载均衡加强。

10.3.3 IEEE 802.16 中的自组网技术

1999 年,IEEE 成立了 802.16 工作组专门开发宽带固定无线技术标准(WiMAX),目标就是要建立一个全球统一的宽带无线接入标准。但是,随着 802.16 系列规范的不断制定和完善,频谱资源问题成为制约技术发展的关键问题,为此,2004 年 12 月,专门成立了致力于解决共存问题的 802.16h 工作组,致力于改进诸如策略和媒质接入控制等机制,利用认知无线电技术使 802.16 系列标准可以在免授权频段获得应用,并降低对其他基于 IEEE 802.16 免授权频段服务用户的干扰。同月,IEEE 802.16h 工作组公开征集提案,主要针对 802.16h 规范涉及的具体方面、新系统对授权用户产生的冲突影响、802.16 不同物理层模式下的共存机制、802.16-2004 标准中现有的免授权频段服务支持以及 802.16h 标准制定的主要目标等。2005 年 1 月,确定了 IEEE 802.16h 标准的具体涉及内容,其主要思路是在 IEEE802.16 制定的 QoS 要求下,让多个系统共用资源。

2007 年以来,新的任务组 IEEE 802.16m(TGm)就已经工作在高级的空中接口上,以满足下一代移动网络(4G)的要求。因此,产生新的特定的 IMT-高级目标,如高速移动时能达到 100 Mbit/s 的速率和低速移动时满足 1 Gbit/s。

作为部分 IEEE 802.16m 标准化进程,TGm 已经制定了下列文档:

- 系统需求文档(System Requirements Document,SRD):已完成。
- 评估方法文档(Evaluation Methodology Document,EMD):已完成。
- 系统描述文档(System Description Document,SDD):草稿。

2008 年年底开始:

- 802.16m 的修正(详细规格)。
- 802.16 IMT-高级提案。

IEEE 802.16m 的运营要求之一是自组织机制的支持。

如图 10-15 所示为 IEEE 802.16m 的协议结构。自组织模块位于无线资源控制和管理(RRCM,Radio Resource Control and Management)部分处。

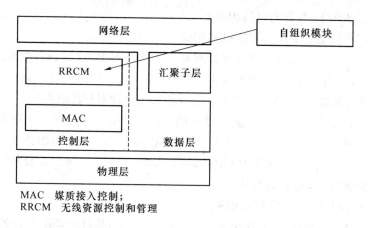

MAC　媒质接入控制；
RRCM　无线资源控制和管理

图 10-15　IEEE 802.16m 协议结构

在 SDD 中，详细描述了 SON 的功能和需求：SON 的目的在于为增强型基站（ABS，Advanced Base Station）如小区、中继，微微小区等自动配置其参数并且优化网络性能、覆盖和容量。SON 的研究范围局限在测量和报告来自增强型移动台（AMS，Advanced Mobile Station）/ABS 的空中干扰性能矩阵，并随之调整的 ABS 参数。

SDD 中对 SON 的研究集中在自配置和自优化两个部分。对于自配置包含小区的初始化、相邻小区的探测；而自优化部分包括覆盖和容量优化、干扰管理和优化、负载均衡、自优化频分复用。

10.3.4　其他 IEEE 标准进展

1. IEEE 802.11

IEEE 802.11 是如今无线局域网通用的标准，它是由 IEEE 所定义的无线网络通信的标准。IEEE 在 1997 年为无线局域网制定了第一个版本标准，即 IEEE 802.11，其中定义了媒质接入控制层（MAC 层）和物理层。物理层定义了工作在 2.4 GHz 的 ISM 频段上的两种展频作调频方式和一种红外传输的方式，总数据传输速率设计为 2 Mbit/s。两个设备之间的通信可以设备到设备（Ad Hoc）的方式进行，也可以在基站（BS，Base Station）或者接入节点（AP，Access Point）的协调下进行。为了在不同的通信环境下取得良好的通信质量，采用 CSMA/CA（Carrier Sense Multi Access/Collision Avoidance）硬件沟通方式。

1999 年加上了两个补充版本：802.11a 定义了一个在 5 GHz ISM 频段上的数据传输速率可达 54 Mbit/s 的物理层，802.11b 定义了一个在 2.4 GHz 的 ISM 频段上但数据传输速率高达 11 Mbit/s 的物理层。2.4 GHz 的 ISM 频段为世界上绝大多数国家通用，因此 802.11b 得到了最为广泛的应用。苹果公司把自己开发的 802.11 标准起名为 AirPort。1999 年工业界成立了 Wi-Fi 联盟，致力解决符合 802.11 标准的产品的生产和设备兼容性问题。

（1）IEEE 802.11 与智能电网相关

802.11 现有两部分工作与智能电网相关。

① 802.11 WG：从 2009 年 7 月开始对基于 NIST PAP2 计划的智能电网应用进行调研,2010 年 5 月发布了 802.11 技术应用于智能电网的研究报告,包括架构、Use Case、协议性能分析和仿真结果等。802.11 WG 暂时还未公布针对智能电网的下一步的计划。

② SG S1G：由 Aclara 公司发起的以智能电网为目标应用的 SG,使用 1 GHz 以下不包括 TVWS 的免费频段（902～928 MHz）,制定物理层和 MAC 层的修改且目标数据率高于 TG4g。2010 年 5 月会议其 PAR（Project Authorization,项目授权）已获 WG 批准,2010 年 7 月全会提交 EC 批准后成立 TG。

（2）IEEE 802.11 与空白频谱相关

IEEE 802.11 在 2010 年 1 月新成立了工作组 TGaf,其目的是修改 802.11 物理层和 MAC 层,使其符合美国联邦通信委员会（FCC）对 TVWS 的信道接入和共存的规定,该工作组规定若美国联邦通信委员会修改其标准,则它也随之修改,另外,TGaf 规定了不需要后向兼容 2.45 GHz ISM 频段的操作。

TGaf 现已发布草案,在 2010 年 11 月进行了第一轮通过 Letter 的投票,在 2011 年 3 月进行了第二轮,在 2011 年 7 月进行发起者 Sponsor 的投票,具体情况还未公开。

2. IEEE 802.15

IEEE 802.15 是基于蓝牙的局域网标准,是由 IEEE 制定的一种蓝牙无线通信规范标准,应用于无线个人区域网（WPAN,Wireless Personal Area Network）。IEEE 802.15 具有以下特征,短程、低能量、低成本、小型网络及通信设备,适用于个人操作空间。

IEEE 802.15 在认知无线电方面已基本完成的标准如下：

① TG4e：针对工业应用和 CWPAN 在 802.12.4-2006 的基础上制定的新 MAC 层标准,支持 4f/g 的新物理层,目的在于更好地适应工业化要求并能够兼容无线个人区域网中已经提出的修改。草案中有四种方案并存,包括 DSME,LL,TSCH 和低能耗方案,已提出了草案并于 2011 年 7 月到 8 月完成了投票,得到了 88% 的支持率,其他的修改意见于 2011 年 9 月份在日本冲绳召开的过渡期会议上进行讨论。

② TG4f：针对 RFID 应用制定的新物理层,草案中有三种方案并存,包括 UWB PHY,433 MHz PHY 和 2.4 GHz PHY,目前的 802.15.4f 标准草案是在 P902.15.4i-D09 基础上的修改,在 2011 年 7 月份的投票之后,该标准草案将提交 IEEE-SA 进行投票。

③ TG4g：以智能电网为目标应用制定的新物理层,利用免费频段满足至少 1000 个节点在城市环境中的组网的需求,数据率 40～1 000 kbit/s。草案中有 3 种方案并存,包括 FSK,DSSS 和 OFDM。2011 年 6 月至 7 月已完成通过邮件的投票,目前已无新"不同意"票,即将进入 Sponsor 投票。

④ TG6：以医疗和健康监护为目标应用制定的新物理层和 MAC 层,在人体内部和

周边组网,数据率高达 10 Mbit/s。2009 年 3 月提出了标准的草案,并经过 5 次通过邮件投票后进行了大幅的修改,2011 年 7 月已完成邮件投票,已经没有新的修改意见,即将进入 Sponsor 投票阶段。

新成立了以下研究组:

① SG MBAN:由飞利浦公司发起的以家庭和医院环境中的医疗服务为目标应用的 SG,使用美国联邦通信委员会即将批准的专门用做医疗的 2.36~2.4 GHz 频段,对物理层和 MAC 层规定进行修改。

② IG LECIM:由美国公司 On-Ramp Wireless 发起的以各种环境(包括地下、水中和强干扰等恶劣环境)下的低功耗监测为目标应用的 IG,使用免费频段,可能会制定新的物理层。

③ SG PSC:由韩国 PicoCast Forum 发起的基于已有的物理层制定新的 MAC 层的 SG,基于免费频段,目标为 support communications for multiple application types to a mobile user device within a small radius。发起公司已有成熟标准 ISO/IEC 29157。

3. IEEE 802.19

IEEE 802.19 负责制定 802 标准之间,以及 802 标准与其他已发表标准和正在制定的标准之间的共存问题的策略,当前的工作集中在 700 MHz TV White Space 共存研究。IEEE 802.19 的定义范围和工作目标:

① IEEE 802.19 标准定义了不同的 TV 频段设备网络(TVBD)和不同 TV 频段设备之间的共存技术。

② IEEE 802.19 的工作目标是通过提供不同的 TV 频段设备网络(TVBD)和不同 TV 频段设备之间的共存方法,使 IEEE 802 无线标准最有效地使用 TV 空白频谱。该标准提出了 IEEE 802 网络和设备的共存方案,对非 IEEE 802 的网络和频段设备网络的共存也有很好的借鉴作用。

IEEE 802.19 工作进展:

① IEEE 802.19 WG 2008 年 11 月开始对电视空白频谱(TVWS)进行调研,旨在输出各系统在电视空白频谱共存的建议性文档。2010 年 5 月已发布由 Nokia、QC 和 NICT 共同拟制的系统设计文档,包括系统架构和接口等。

② 2010 年 1 月 802.19 决定成立 TG1,制定 TVWS 设备共存标准,主要任务是规范信息交换过程,现正征集提案。

③ TG1 计划已经在 2010 年 9 月提出系统描述和 802.19.1 的参考模型,目前标准草案已在会员内部发布,并同时征集建议和意见。

10.3.5　其他组织标准化工作

除 IEEE 和 3GPP 已致力于制定认知无线电和认知网络的国际标准外,其他组织和联盟,也着手进行认知无线电和认知网络中技术的研究和优化,并取得了大量研究成果。

1. 欧盟

欧洲电信标准协会（ETSI, European Telecommunication Standards Institute）在 SDR/CR 方面的工作主要关注欧洲特点，例如，由于欧洲的数字电视与美国制式不同，并没有很多空闲频谱可用，需要重新定义适合欧洲特点的频谱感知标准。因此，ETSI 作为现有主要标准化工作如 IEEE SCC 41 和 IEEE 802.22 的补充，它主要关注以下几点：(1)定义 IEEE 没有涉及的 SDR 标准；(2)符合欧洲规程框架的特殊性的 SDR 标准；(3)将 CD/SDR 的 TV 频段空闲频谱标准适应于欧洲电视信号特点。

ETSI 在开始关于 SDR 的研究时成立了四个工作组，分别关注于系统层面的设计和规范、无线电设备框架、认知管理和控制和公共安全四个方面的内容。欧州电信标准协会已经完成了很多理论方面的研究，描述了异构网 SDR/CR 的广域和窄域系统框架，从 2009 年 12 月开始，欧州电信标准协会开始了标准化制定方面的工作。

（1）DRiVE/Over DRiVE 项目

欧洲移动环境下提供 IP 服务的动态无线（Dynamic Radio for IP Serivces in Vehicular Environments）项目的目标是：通过使用公共协调信道在异构网络中实现动态频谱共享。

DRiVE/Over DRiVE 项目研究了两种动态频谱算法：时间动态频谱分配和空间动态频谱分配。

（2）E^2R 项目

欧盟端到端重配置（E^2R, End to End Reconfiguration）研究项目是 DRiVE/Over DRiVE 项目的扩展，研究通过端到端重配置网络和软件无线电技术将未来不同类型的无线网络融合起来，为用户、服务提供商、管理者提供更多可选服务的系统。设计开发基于系统的可重配置设备是 E^2R 研究的直接目的。E^2R 具体定义了动态网络规划管理、高级频谱管理和联合资源管理来实现上述目标。

（3）E^3：Self-x in the FP7 project SOCRATES

2006 年 12 月欧盟（EC）会议正式批准启动欧共体研究与技术发展第七框架计划（FP7），FP7 计划中的 E^3（End-to-End Efficiency）项目将动态频谱分配（DSA）策略纳入了该项目的研究范围。该项目旨在将 CR 技术整合到 B3G 体系结构中，使目前的异构无线通信系统基础设施演进到一个整合的、可伸缩的和管理高效的 B3G 认知系统框架。

SOCRATES 的总目标是制定自组织方法，在实现减少 OPEX（和可能的 CAPEX）的同时，优化网络容量、覆盖和服务质量。尽管产生的解决方法可能有更广泛的应用（如 WiMAX 网络），工程主要集中在 3GPP 的 LTE 无线接口（E-UTRAN）。更详细的目标如下：

① 为无线接入网络的高效和有效的自优化、自配置和自修复，发展出新的理念、方法和算法，适应不同无线（资源管理）参数，以消除在如系统、业务、移动性和传播环境中的变化。无线参数的具体例子有：功率设置、天线参数、相邻小区列表、切换参数、调度参数和接入控制参数。

② 要求测量信息规范的统计精确性和含所需协议接口的信息检索方法,支持新开发的自组织方法。

③ 通过大量仿真实验,为自组织验证和展示已产生的理念与方法。特别地,仿真用以说明和评估既定的容量、覆盖、质量提高以及估计可实现的 OPEX(/CAPEX)减少。

④ 针对运营、管理和维持结构、终端、规模,以及无线网络规划与容量管理进程,对具体的实现以及产生的自组织理念、方法的运营影响进行评估。

(4) Self-x activities in the CELTIC project Gandalf

CELTIC Gandalf 工程的目标:利用大尺度网络监测、高级无线资源管理(ARRM,Advanced Radio Resource Management)、参数优化和配置管理技术,以实现在多系统环境中网络管理任务的自动化。这就需要收集和处理大规模网络数据的技术,以产生用于鉴定故障的关键性能指标,并动态地提出和执行修复行为。为了优化多系统环境下服务交付的质量和系统整体的性能,工程提出了新的具有自调节算法的无线资源管理算法。

多系统自调节理念的灵活性、ARRM 与自动调节理念的可行性,已经通过网络仿真和硬件论证(多系统测试床)得到验证。

在 Gandalf 工程中考虑到的管理功能包括:

① 高级的(不同的无线接入网)和联合的(系统间)RRM:在模糊干扰系统(FIS)的环境中研究 ARRM 和 JRRM 参数的自动调节。使用强化学习技术进行优化,改善 FIS 性能。

② 在线和离线优化的自调节:优化函数衍生优化参数,改善网络性能。

③ 解决故障:使用基于 Bayesian 网络的推理机制的自动诊断技术。

2. NGMN

中国移动联合英国 Vodafone 和 Orange 以及日本 NTT、DoCoMo、德国 T-Mobile、荷兰 KPN、美国 Sprint 等全球六大电信运营商,共同成立了旨在推动下一代移动网络技术发展的 NGMN 组织。该组织是以运营商为主导的移动通信标准化组织,将对全球移动通信发展产生重要影响。NGMN 工程为宽带无线业务有竞争力的交付提供超 3G 的技术演进想象,以进一步提高终端消费者的利益。2006 年以来,这个倡议计划通过满足运营商团体在 2010 年以后的十年间的要求,来补充和支持标准化组织内的工作。

他们的任务是提供一系列建议,这些建议意图加强移动运营商为消费者提供成本有效的无线宽带服务的能力。NGMN 认为移动网络的关键功能特征之一是 SON 理念。在工作组制定的战略技术工程之中,有一个工程完全致力于支持和便利高效自动化的自优化功能和自组织机制(如所有节点自配置)的原始部署。

其主要成就包括:

(1) 运营用例的描述,在这些用例中预期引入自动或自主的程序。运营商用例分成 4 组,如图 10-16 所示。

(2) 为需要的性能计数器和配置参数类型定义高水平的要求。新系统的标准化期间

（也就是 LTE），在复杂的多供应商环境中，为支持自组织函数，指定测量步骤和开放接口是必要的。

（3）SON 结构的比较：集中与分散、正面与反面评估并建议讨论。

（4）SON 要求的建议：在运营商设想的 SON 用例被描述之后，为了支持 SON 用例，对关于解决方法实现的要求提出建议和指南。并同样考虑供应商的标准和他们的贡献。

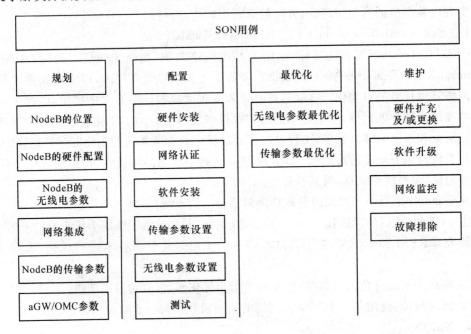

图 10-16　SON 相关用例的分类

3. ITU-R

在认知无线电的实现领域，ITU 做出了积极的贡献，2007 年发布了 ITU-R M.2117 报告，提出了软件无线电（SDR，Software Defined Radio）在陆地移动通信和卫星通信中的应用，ITU-R 在议程 1.19 的 805 决议中决定在研究的基础上提出软件无线电和认知无线电的管理规程和建议，在一项类似的 951 决议上，ITU-R 指出，通过 CR 技术的共享机制可以使频谱的使用更加灵活。

4. SDR 论坛

SDR 论坛在 2009 年 1 月开始关注 CR，CN 和 DSA，主要工作如下：

（1）CR 工作组经过文献调查衡量认知无线电的优越性之后，启动了准备工作；

（2）对于未使用的 TV 频段二次接入方面关于需求测试的工作组正在致力于对空闲 TV 频段的 CR 应用提供用例和需求分析；

（3）测试工作组正在准备一篇题为 *Test and Measurement of Unique Features for Software-Defined /Cognitive Radios* 的报告，将主要对具有 SDR/CR 特征的网络系统的机会和挑战进行分析并提出该系统的解决方案；

（4）CR 市场研究组关注于认知无线电和空闲频谱通信的调查在 2010 年发表。

除上述之外，2009—2010 年年间 SDR 论坛还关注于其他一些项目，如 CR 技术的认证、CR 架构的建议、设计步骤和工具以及 CR 的硬件层面等。

5. CCSA

中国通信标准化协会（CCSA，China Communications Standards Association）也已经开始参与认知无线电和认知网络的标准化工作，2011 年 3 月，无线通信技术工作委员会频率工作组（TC5 WG8）第 44 次会议上讨论了关于"认知无线电技术及频谱相关问题"的提案，2011 年 6 月公布了一篇《认知网络及业务应用研究》的技术报告，从运营商、生产商、管理者和用户四个角度的需求，对移动互联网中不同网络角色对认知功能的需求进行了分析，还分析了认知互联网下新的商业机遇和挑战。

10.4　未来标准化工作

目前，在国际标准化组织已经有一些相关的标准化研究项目，相关成果已散见在各组织文稿中。IEEE 和 3GPP 两大标准化组织在网络自组织功能上不谋而合，其基本思想都是未来网络需要具有智能特性，能够尽可能多的进行自我管理和重构，减少人工对网络配置和管理的干预。显然，网络具有自我意识是未来网络发展的一个普遍要求。

目前，3GPP 和 IEEE 组织对 SON 的讨论仅停留在定义和讨论阶段，而对于 SON 功能的实现，还需要大量的研究和标准化工作。同时，对于基于认知移动互联网络业务应用的研究国内外尚处空白。SON 在未来要支持开放的接口及互连互通，支持不同厂商 SON 功能的互联。

本章参考文献

［1］　IEEE 802. 16 BroadbandWireless Access Working Group. IEEE 802. 16m System Description Document (SDD)［S］. IEEE 802. 16m-09/0034r3,2010. 6.

［2］　Markus Mueck. ETSI Reconfigurable Radio Systems：Status and Future Directions on Software Defined Radio and Cognitive Radio Standards［J］. IEEE Communications Magazine,2010：78-86.

［3］　IEEE 1900. 4 WG：IEEE 1900. 4 Standard OverviewIEEE SCC41 ad-hoc on White Space Radio［S］. 5C：scc41-ws-radio-10/0030r4,Dec. 2010.

［4］　Fabrizio Granelli. Standardization and Research in Cognitive and Dynamic Spectrum Access Networks：IEEE SCC41 Efforts and Other Activities［J］. IEEE Communications Magazine,2010：71-78.

［5］　CELTIC-Plus［EB/OL］.［2012-02-19］. http：//www. celtic-initiative. org/Projects/Celtic-projects/Call2/GANDALF/gandalf-default. asp.

第11章 认知无线电实验平台

在本书之前的章节中已经对认知无线电和认知网络的相关知识进行了详细介绍,内容涉及了基础学科理论、物理层、MAC 层的关键技术等。在本章中将认知无线电与软件无线电硬件平台相结合,让读者初步了解软件无线电及其开发平台的相关功能应用。

11.1 软件无线电

J. Mitola 在 1992 年首次提出了软件无线电的概念[1],此后该技术一直受到业界的广泛关注和研究。与传统的无线电设备相比较,在软件无线电中,诸如信号发生、调制/解调、信道编译码等信号处理过程皆由软件实现,而不是由传统的固定电路实现,因此就有了更大的灵活性并能够适应新技术的发展演进。

软件无线电起源于美国国防部的易通话[5](Speakeasy)战术通信系统计划,随着数字技术和微电子技术的迅速发展,数字信号处理器(DSP,Digital Signal Processing)以及通用可编程器件(FPGA,Field Programmable Gate Array)等器件的运算能力和处理速度成倍提高,而价格却显著下降。并且,现代无线电系统越来越多的功能都可以由软件实现,这些都大大推动了软件无线电的发展。

软件无线电是无线传输系统的革命,它将使通信终端对硬件的束缚大大减小,而随着微电子技术和计算机技术的快速发展,软件无线电将越来越青睐于采用通用的硬件(例如,商用服务器、普通 PC 以及嵌入式系统)作为软件信号处理的平台,它具有的优势也是很明显的,例如,纯软件的信号处理具有很大的灵活性;可采用通用的高级语言(如 C/C++)进行软件开发,扩展性和可移植性强,开发周期短;基于通用硬件的平台,成本较低,并可享受计算机技术进步带来的各种优势(如 CPU 处理能力的不断提高以及软件技术的进步等);有很强的开源性等。

下面将对软件无线电的基本概念进行系统的介绍。

11.1.1 软件无线电的定义及特点

无线通信技术,在经历了近百年的发展历程后,其技术和体制也在不断地更新换代。随着半导体技术、微电子技术和编程技术的发展,在分别经历了从模拟通信到数字通信,从固定通信到移动通信的两大换代后,无线通信技术正酝酿并进行第三次更新换代,即从硬件无线电通信向软件无线电通信的跨越。

所谓软件无线电(SDR),就是以硬件电路作为无线通信系统的基本平台,而尽可能把更多的无线功能以及个人通信功能用软件编程去实现[1,2]。其设计的主导思路是:

(1) 将 AD/DA 尽可能地靠近天线的射频部分,应用宽带天线或多频段天线,对整个 RF 频段或中频段进行数字化,然后根据需要对数字信号进行处理,完成接收机的全部功能;

(2) 由可编程数字电路(如通用处理器、DSP 器件及 FPGA 等)构成通用硬件平台,用软件编程来完成尽可能多的硬件电路系统和无线通信功能。

伴随着半导体、电子技术的进一步发展,以及各种半导体集成电路性能的不断提高,软件无线电系统越来越区别于传统的数字无线电系统,因为 SDR 系统采用了通用的、可编程的高速 DSP 和 CPU,而这是传统的专用数字处理电路所无法企及的。

综上所述,软件无线电的设计思想就是要使新一代无线通信系统摆脱传统硬件平台结构的束缚,在通用且稳定的硬件结构平台系统的基础上,通过软件来实现各种无线通信功能。它强调的是开放的系统结构,可以灵活地配置系统,系统功能的改变或增加只需软件作适当调整或增减一些具有开放互联结构的功能模块就能够完成,而不需要像以前那样重新设计系统。这样就会使通信系统的改进和升级变得非常方便并大大降低换代成本,使无线电通信在不同的硬件系统间真正实现兼容、互联。此外,软件无线电还具有极大的灵活性和适应性,特别适合多种标准、多种工作模式的通信系统。而对于传统的数字无线电技术,即使是进一步发展,也绝不可能做到这些。

从以上对软件无线电概念的介绍中可以看出,软件无线电具有软件化、模块化、灵活性、通用性等几类显著特点[7]。

1. 软件化

软件无线电将 A/D 及 D/A 变换尽量向 RF 端靠拢,将中频信号全部进行数字化处理,工作模式由软件编程进行决策,包括可编程的 RF 宽带信号接入方式和可编程调制方式等。这样,就可以任意更换信道接入方式,改变调制方式或接收不同系统的信号。同样的,还可通过软件工具来扩展业务,分析无线通信环境,定义所需增强的业务和实时环境测试,使尽可能多的通信功能由软件来进行控制。因而系统的更新换代就转变成了软件版本的升级,开发周期与费用就大为降低了。

2. 模块化

SDR 采用模块化设计,不同的模块实现不同的功能,同类模块通用性好,通过更换或升级某种模块就可实现新的通信功能。模块化的物理和电气接口技术指标符合标准,当软件技术发展时,允许更换单个模块,从而使软件无线电保持较长的使用寿命和周期。

3. 灵活性

由于软件无线电是通过软件来对信号进行数字化处理的,因此,通过软件方式就能够很方便地完成宽带天线监控、系统频带调整、信道监测与自适应选择、信号波形模块编程、调制解调方式控制、信源编码与加密处理等功能,使得系统监控变得更加方便。并且,只需要通过更换相应的软件,就可适应多种工作频段和工作方式。

4. 通用性

系统结构通用,不同的通信系统可在相对一致的硬件基础上利用不同的软件来实现,系统功能的改进和升级都很方便,也易于实现不同系统和平台之间的互联。

11.1.2 软件无线电的基本结构

Mitola 博士最早提出了软件无线电的基本概念:编程可重构电台,即用同一个硬件在不同时刻可以实现不同的功能。随着软硬件技术的不断发展和研究的深入,软件无线电专指能够实现充分可编程通信、对信息进行有效控制、覆盖多个频段、支持多种波形和充分应用软件工作的通信设备,即其是系统功能由软件定义、物理层行为根据软件改变而改变的通信设备,用软件来定义无线电的功能是软件无线电的最基本特征。

软件无线电的基本结构框图如图 11-1 所示。软件无线电的基本结构[4]主要包括天线、多频段射频(RF)部分、高速 AD/DA 转换器和 DSP 处理器等几个部分。

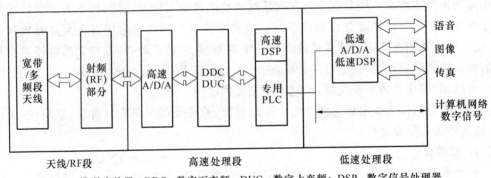

A/D/A 模/数变换器; DDC 数字下变频; DUC 数字上变频; DSP 数字信号处理器

图 11-1 软件无线电结构框图

在发射和接收设备中普遍采用数字下变频(DDC,Digital Down Converter)/数字上变频(DUC,Digital Up Converter)进行中频信号数字化处理。数字下变频的作用是用数字处理技术实现频谱的由高向低搬移,其主要思想是:数字混频器的一个输入端输入一路经高速采样的中频信号,另一路则输入经离散化的单频本征信号,两者在乘法器中相乘,输出由低通滤波和抽取方式获得的低速基带数据,以供后续模块做进一步的处理;而数字上变频的过程可看成数字下变频的逆过程,变速方法由抽取改为内插。它们也都是 SDR 平台的关键部件,只有变频后的数字信号才可供计算机进行数字信道处理。

理想的 SDR 硬件平台要求较高,需要有宽带射频前端,高速 AD/DA 转换器、高速 DSP 以及总线接口部分,工作频率需要达到几百兆赫兹。由于信号干扰一般都比较严重,故其必须用多个 CPU 并行操作才能满足系统处理的速度要求。另外,数字信号处理器处理数据时要求有高速转换功能,系统总线必须具有极高的 I/O 传输速率。各硬件部分间由数据总线和控制总线进行连接,为硬件设备驱动层上的软件提供物理支持,如图 11-2 所示。当系统处于接收状态时,无线信号通过外置的天线耦合到宽带射频收发部分,通过下变频采样后经数据总线将数据传输到接口主机上;反之,当系统处于发射状态时,由接口主机通过数据总线传输给总线接口部分,再由高速 D/A 转换器转换成模拟信号,经过上变频后通过天线进行发射。

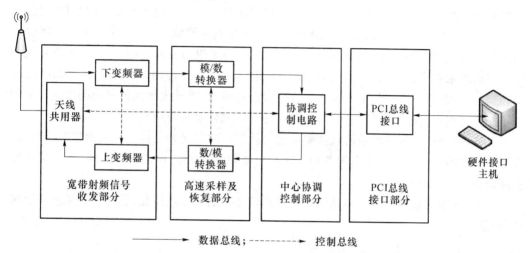

图 11-2　软件无线电接收机的硬件功能组件

另外,软件部分的概要设计如图 11-3 所示,主要由硬件驱动层、信道复用层、开发调试环境层、用户/系统模块层和应用层组成。

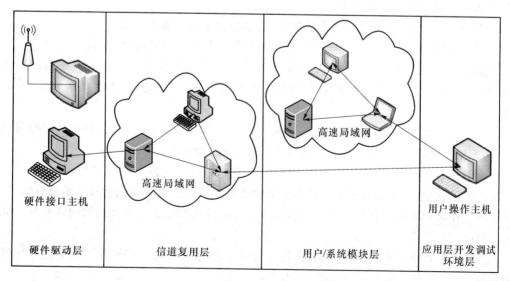

图 11-3　软件无线电软件部分的概要设计

硬件驱动层的软件功能主要是实现对硬件接口的驱动,为上层软件提供一个透明的硬件操作接口,硬件驱动层应该支持硬件平台当前的所有功能,且还有一定的扩展能力,需要对其定义一套操作协议来规范它与硬件平台的接口。信道复用层的主要功能是实现多路信号复用,大致相当于传统数字无线电系统里的第一中频部分。开发调试环境层的软件主要工作在用户主机上,它的功能是为用户提供一个软件无线电应用的开发平台,这就要求其应该具有较好的易用性和开放性,以便用户使用和实现软件模块的复用。用户/系统模块层主要包括一些系统提供的和用户开发的底层模块,这些模块能满足大部分通信系统的算法功能需求,并按照一定的软件复用规范来进行开发,以便用户能很方便地利用这些模块来构建自己的应用。而应用层的软件主要是各种用户开发的软件无线电应用,它们可以由用户通过脚本语言或其他高级语言编写,能够大量地重复使用系统提供的或用户自己编写的软件模块,并且能够脱离开发调试环境来使用。

此外,软硬件之间的通信协议主要由通信帧形式的定义和通信过程的操作时序组成,该协议必须能够表达硬件平台的各种功能和设备驱动层的各种请求,并且具有一定的可扩展能力。

总之,理想的软件无线电体系结构要求硬件部分越来越通用化,软件部分越来越层次化、功能化。

11.1.3 软件无线电的关键技术

目前,软件无线电由于受到相关技术水平的制约,其具体的体系结构和定义,还大多处在理论研究之中。这主要是由于软件无线电被提出的时间还很短,还未受到广泛的关注,以及如下几个方面的因素约束[19]:

(1) 受到了硬件系统设计水平的制约,这也是其中最主要的因素。

现有的硬件电路水平对于实现真正的软件无线电还是不够的,但通过对系统结构和性能要求做一些适当的折中之后,是可以实现某些软件无线电应用的。令人感到振奋的是,就目前半导体器件的发展趋势来看,产生满足要求的电子器件很快就能成为现实[8,9]。

(2) 目前针对软件无线电的研究工作大都处在起步阶段,各研究机构、院所都相对独立,缺乏相互间的交流,各自掌握的关键技术都是相互保密的。

由于各研究机构、院所在开发设计过程中,各有不同的出发点和侧重面,研究的问题往往也不尽相同,因而导致了他们的研究结论也各不相同。这是研究者所不希望看到的,该领域工作者们希望的是能尽早制定出关于软件无线电的定义和体系结构的具有统一标准的规范。

(3) 传统的通信系统体系结构,在很大程度上也影响着目前的软件无线电的系统研究和发展。

软件无线电的体系结构,与传统的数字通信方法有着很大的不同,仅仅将传统的数字通信系统用新的模式去简单套用,是绝对不够的。与传统无线电系统相比,软件无线电系统具有硬件结构通用、功能软件化、兼容性好等一系列优点。要真正完成通信系统的这一技术革命,还面临着许多亟需解决的技术难题。

总之,软件无线电对硬件水平的要求比现有的通信系统提高了很多。其中,最为关键的部分包括:①宽带/多频段天线;②高速 AD/DA 转换部分;③高速数字信号处理器件;④高速总线部分,等等[4,15,20]。下面将针对这些关键技术以及它们的解决对策进行讨论。

1. 宽带/多频段天线与宽带低噪声前置功率放大器

软件无线电的天线要求覆盖比较宽的频段,一般在 2～3 000 MHz。就目前的宽带天线水平而言,要想设计出一种能覆盖全频段的单一天线形式,理论上是不可能的。况且,对于大多数通信系统,一般只要求覆盖不同频段的几个窗口,而不必覆盖全部频段,因此可以采用多频段组合式天线的系统设计方案,即在全频段甚至每个频段使用几副天线组合起来形成宽带多天线。例如,美国 Adams Russell 公司研制的产品 AN-400 型超宽带叶片状天线,就是一个可以覆盖 30～400 MHz 和 960～1 200 MHz 频段的组合式宽带天线。

另外,也可以采用智能天线技术(Smart Antenna)来解决这一问题,如图 11-4 所示。智能天线实际上就是一种多波束天线,其通过由多个天线阵元输出的信号进行幅相加权获得的天线波束指向来实现空间分离,对不同空间域的用户分配相同的时间、频率和伪码,并通过电磁信号的空间隔离来消除用户间的干扰,从而大大提高通信系统容量。

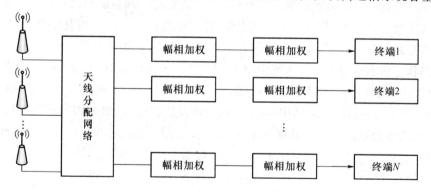

图 11-4　智能天线结构

至于低噪声前置放大器,一般要求能够达到几个倍频程,而要满足这个要求,无论是目前的半导体元器件水平,还是电路设计技术都没有问题。所以,要想设计几个倍频程的宽带功放,只需要选择好相关元器件,并有效地利用 CAD 优化电路设计技术,就可以达到预定的目标。

2. 高速 AD/DA 转换器

高速 AD/DA 转换器是软件无线电系统的基础。对于 AD/DA 的性能要求,主要是采样频率和数字信号的位数这两大技术指标。采样频率是由模拟信号的带宽决定的,采样频率越高,转换器的精度也就越高。理论上要求采样频率必须大于等于两倍的模拟信号带宽,而在实际设计过程中,为了提高转换精度,采样频率都是取大于 2.5 倍的模拟信号带宽。当然采样信号频率也不能选得太高,还必须考虑到采样之后后续 DSP 的处理能力,以及对现有 AD/DA 的速率要求,来选定合适的采样频率。

理想的软件无线电系统,要求在靠近射频部分就开始实现 AD/DA 转换,而现有的 AD/DA 器件,尚不能满足这项要求。在实际中,大都采用将多个高速 AD/DA 转换器通过并联的方式组合连接使用,以达到提高采样频率和数字信号位数的目的。如图 11-5 所示,就是一类高速数模转换器(ADC,Analog to Digital Converter)的并联结构。

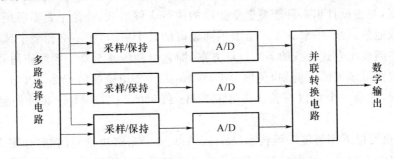

图 11-5 一种高速 ADC 的并联结构

3. DDC[11,12,16]

数字下变频(DDC)是经过 AD 变换后,首先要完成的数字信号处理任务。在软件无线电系统的数字信号处理运算中,上下变频、数字滤波以及二次采样是运算量最大的,也是最难实现的部分。通常,要想得到较好的滤波效果,需要在每个采样点上至少执行 100 次运算操作。然而这对于一个系统带宽为 20 MHz 的系统来说,就意味着采样频率必须大于 50 MHz,这样,就需要 DSP 达到 5 000 MIPS 的运算能力,而这一要求是现有的任何单个 DSP 所无法达到的。实际中,要实现这一部分的功能,就要采用高速并行的 DSP 处理阵列,组成多处理器的并行运算系统,甚至还要采用一些多址呼叫的程序总线和数据总线、单指令多数据及多指令多数据的结构以及超指令结构,等等。该部分可采用专用的数字集成电路芯片 ASIC(如美国 Harris 公司的 DDC 芯片 HS P50016)来实现。当前的研究中,普遍认为,以现有的 DSP 的数据处理能力而言,将 DDC 这部分处理工作转交给专用的可编程芯片去完成是更合理的选择。

4. 高速数字信号处理 DSP 器件[17,18]

高速并行的 DSP 系统中主要包括数字基带处理、比特流处理、调制解调和解码功能这几大模块。而对于含有调频和扩频的系统,还应该包含有解扩和解调功能模块。因为扩频信号的扩频、解扩部分相对独立性较强,所以通常采用可编程的专用集成电路芯片来完成,这样就能保持软件无线电系统结构良好的通用性和兼容性。

再者,像信道搜索、系统频谱监控等工作,必须在交由 DDC 处理之前先对高速采样的数据作运算处理,在这些系统工作中,虽然不需要严格的实时操作,但是对 DSP 模块来说,仍是一个非常大的负担。因此,可以考虑引入 FFT 可编程专用集成电路芯片。

可见,用 DSP 单元代替专用集成电路(ASIC)工作,可以使两方面成为可能。第一,可通过软件实现编码、调制、均衡和脉冲成形等基本功能;第二,系统可重新编程,以保证在多种标准下进行工作。

5. 高速总线

软件无线电系统的开放性、灵活性、可重配置性和软件升级更新能力都与此有关,总线结构和 I/O 接口是软件无线电系统的硬件关键。工业控制总线的标准有很多,如 VESA,PCI,ISA,VME 总线,等等。目前在软件无线电中多采用 VME 总线,但是在软件无线电系统中数据流可高达几个 Gbit/s,而 VME 总线结构要达到如此高的速率是有难度的。另一方面,当前的总线结构多采用时分机制,而在软件无线电中,相邻模块间的数据流是一种流水线式的串行机制,它们之间要实现匹配比较复杂。

总之,软件无线电非常需要属于自己的开放的、可伸缩的、能用软件配置的高速通用总线,如一些研究机构研究的基于高速宽带公用交换网的虚拟无线电总线设备,它在一定程度上适应了软件无线电系统通用性、灵活性的特点要求。

6. 高开放性和高扩展性的互联结构

在传统的数字无线电系统结构中,各功能模块大都是采用流水线形式连接、操作,这样做的主要缺点是各功能模块之间采用硬件电路相连,如果需要增删或者修改其中某一环节的功能模块,那么与其有关联的功能模块以及硬件电路就都需要做出相应的调整,从而给传统的数字无线电结构带来开放性和兼容性的问题。而当前的软件无线电系统结构,采用了一种新的互联结构,其特点是以一个开放的、可扩展的硬件平台为依托,各功能单元模块主要采用软件互联,从而达到了较好的兼容性和可移植性,同时还能实现非常高的数据吞吐率。此外,软件无线电系统还可以直接应用多种总线(如 VME、PCI 等)标准。

目前,国内外的一些科研机构,正在研究和完善具备上述特点的、基于通用硬件平台的软件互联结构。

7. 软件协议和标准

在用软件无线电实现多模互联时,必须要实现通用信令处理。这就需要在现有的各种无线信令的基础上,按照软件无线电系统结构的要求,制定、开发出标准的信令模块和通用信令框架。

从 20 世纪 90 年代中、后期开始,国外研究机构就提出了基于 JA-VA/CORBA 的软件协议和标准,研究开发能实现软件即插即用(Plug & Play)的开放系统。这种基于"软件总线"的设计思想,就是要建立一个标准、兼容、开放的体系结构,而所谓的"软件总线"与传统的"硬件总线"相似,就是把各通用模块按标准做成总线,各应用模块一旦"插入"总线,就可实现组合式运行,以实现分布式计算的功能。

8. 软件无线电实用化面临障碍

长期以来,软件无线电系统的功耗、体积和成本,一直是软件无线电实用化、商业化推广的主要问题,而这一问题的解决,在很大程度上取决于微电子技术以及硬件电路设计水平的进一步提高。

综上所述,软件无线电的关键技术还有很多,如用户软件的空中下载技术、通用可扩展硬件平台的构建、如何使 ADC 变换器始终工作在射频频段、如何充分实现数字化可编程,等等。它们都是目前研究的主要内容[10]。

在我国,国家 863 计划已将"软件无线电"提出,并作为一个重要的研究课题,在民用和军事等领域开展了广泛的研究。而随着电子技术、通信技术、计算机技术等学科的快速发展,软件无线电必将得到更为广泛的延伸和应用。

11.2 软件无线电的开发平台

软件无线电的开发平台目前有好几类[26],在本节的内容中将主要围绕着一类得到广泛认可的开源平台——GNU Radio 进行相关介绍。GNU Radio 是一种运行于普通 PC 上的开放的软件无线电平台,其软件代码和硬件设计完全公开。基于该平台,用户能够以软件编程的方式灵活地构建各种无线应用。

下面在 11.2.1 小节中首先结合目前软件无线电技术的发展概况对 GNU Radio 进行一个概述,然后将会介绍 GNU Radio 软件以及与之相配套的硬件 RF 前端——软件无线电通用外设(USRP, Universal Software Radio Peripheral)的结构和原理,之后还会对 GNU Radio 的编程工具进行一下简要介绍,并列举了 GNU Radio 的几种有代表性的应用。在本节最后的部分 11.2.5 小节中,还会对当前其他的软件定义无线电 SDR 平台的情况进行介绍。

11.2.1 GNU Radio 软件平台

GNU Radio[21,22,23]是由 Eric Blossom 发起的、完全开放的软件无线电项目,旨在鼓励全球的技术人员在这一领域协作与创新,目前已经具有一定的影响力。GNU 本身是一个软件推进开放源码的著名项目[29],由 FSF(Free Software Foundation)支持,目前广泛使用的 GNU/Linux 操作系统就是来源于此。

GNU Radio 主要基于 Linux 操作系统[31],当然,它除了支持 Linux 多种发行版本之外,目前还被移植到了 Mac OS X,NetBSD 以及 Windows 等操作系统上,这也意味着它支持多种类型的计算机系统。GNU Radio 采用 C++结合 Python 脚本语言的方式进行编程,其代码完全开放,用户可以在 GNU Radio 的网站上下载和参与更新维护其代码。用户利用 GNU Radio 提供的一套软件,再加上一台普通的 PC 和廉价的硬件前端即可开发各种软件无线电的应用。Matt Ettus 为 GNU Radio 设计了一套完整的射频前端USRP,它可以在 0~

2.9 GHz 的载频上提供最高可达 16 MHz 带宽的信号收发处理能力。

除了具有第三类软件无线电系统的优点外,GNU Radio 还具有如下优势:

(1) 成本较低,软件免费,而 USRP 的价格大约与一台普通 PC 相当,带宽可满足目前多数音视频广播和无线通信制式的要求,支持双工和多天线应用。

(2) 技术门槛较低,具有一定编程经验和 Linux 使用经验的用户即可在较短的时间内就掌握其配置、使用和开发的方法。

(3) 获得来自全世界众多 GNU Radio 拥护者以及 Eric Blossom 和 Matt Ettus 本人的技术支持。

GNU Radio 的编程方式是基于 Python 脚本语言和 C++的混合方式。C++由于具有较高的执行效率,被用于编写各种信号处理模块,如滤波器、FFT 变换、调制/解调器、信道编译码模块等,在 GNU Radio 中称这些模块为 block。而 Python 则是一种新型的脚本语言,它具有无须编译、语法简单以及完全面向对象的特点,因此被用来编写连接各个 block 成为完整信号处理流程的脚本,在 GNU Radio 中称其为 graph。GNU Radio 的软件结构顶层就是面向用户的 block 及其"黏合剂"——graph。用户除了能够使用 GNU Radio 中目前所包含的丰富的 block 外,还能够开发满足自己需求的各类 block。在用户用 block 和 graph 构造的应用程序下面是 GNU Radio 的运行支持环境,主要包括了缓存管理、多线程调度以及硬件驱动等。GNU Radio 中巧妙地设计了一套零拷贝循环缓存机制,保证数据在 block 之间高效的流动。多线程调度主要用于对信号处理流程进行控制以及各种图形显示,GNU Radio 对此也提供了支持。GNU Radio 的硬件驱动包括 USRP、AD/DA 卡、声卡,等等,用户也可根据需求进行扩充。

如图 11-6 所示,这是一个 GNU Radio 软件平台的结构图。从图上可以看出,USRP 数字化地从外界接收数据流,并通过 USB 接口将数据流传送给 GNU Radio 的软件部分。

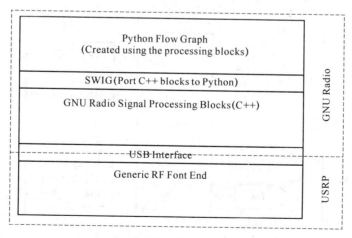

图 11-6　GNU Radio 软件平台的结构

11.2.2　USRP 射频前端

软件无线电通用外设(USRP)[2,27,28]旨在使普通计算机能像高带宽的软件无线电设备一样工作。从本质上讲,它充当了一个无线电通信系统的数字基带和中频部分。软件无线电通用外设的基本设计理念是在主机 CPU 上完成所有波形相关方面的处理,比如调制和解调,而所有诸如数字上下变频、抽样和内插等高速通用操作都在 FPGA 上得到完成[13,14]。

软件无线电通用外设的真正价值是它能使工程师和设计师以较低的预算和最少的精力进行创造,许多开发者和用户贡献了大量的代码库,并为软件和硬件提供了不少实际应用。灵活的硬件、开源软件和拥有丰富经验的用户社区群的强强联合,使它成为软件无线电开发的理想平台。

因此,可以说软件无线电通用外设是 GNU Radio 最重要的硬件"伙伴"。与 GNU Radio 软件相同的是,软件无线电通用外设也是完全开放的,其所有的电路图、设计文档和 FPGA 代码均可从 Ettus Research 的网站上得到下载。基于 GNU Radio 和软件无线电通用外设的组合,用户可以构建各种具有想象力的软件无线电应用。

一套软件无线电通用外设由一块母板(Mother board)和最多四块子板(Daughter Board)搭配构成,可支持两路并行的发送或者接收,整套软件无线电通用外设的原理如图 11-7 所示。母板的主要功能为中频采样以及中频信号到基带信号之间的相互转换。而子板的主要功能在于射频信号的接收/发送以及到中频的转换[32]。根据应用的不同,子板有多种类型,分别覆盖不同的射频频谱范围,且具有不同的收/发能力和增益。

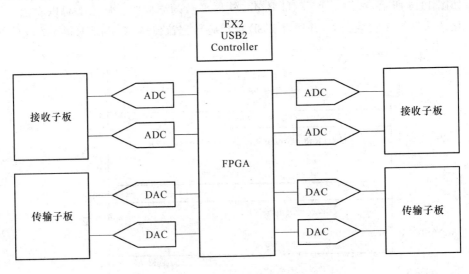

图 11-7　USRP 原理框图

1. USRP 母板

软件无线电通用外设有 4 个高速模拟数字转换器(ADC),能达到每符号 12 比特,64 兆符号/秒;另有 4 个高速数字模拟转换器(DAC),能达到每符号 14 比特,128 兆符号/秒。这 4 个输入和输出通道连接到母板的 FPGA 上,进而通过 USB2.0 接口连接到个人计算机上。

因此,从原则上来说,如果使用实采样的话,有 4 个输入和 4 个输出通道。但是如果使用复采样(I/Q)方式的话,则可以有更大的灵活性和带宽,并且此时必须对它们进行配对,这样就能获得 2 个复输入和 2 个复输出。

如图 11-8 所示,是一个 USRP 母板的实物图。

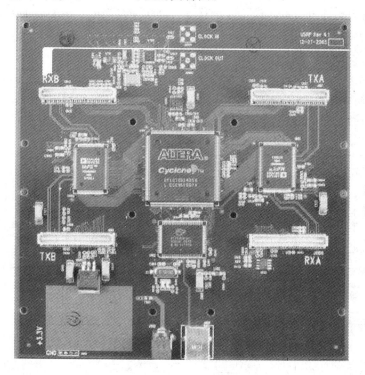

图 11-8　USRP 母板

(1) AD/DA 芯片

软件无线电通用外设有 4 个高速的 12 位模数转换器,采样速率是每秒 64 兆符号。从理论上来说,它可以实现数字化 32 MHz 带宽,AD 转换器可以处理带通滤波约达 200 MHz 的采样信号。如果采样信号的中值频率大于 32 MHz,那么将会引入量化噪声,实际的有用信号带宽被映射到 −32～32 MHz 之间,然而有时候这样做可能是有用的。例如,可以在没有任何射频前端的情况下收听调频广播电台,被采样信号的频率越高,抖动带来的信噪比损失也就越多,一般的建议上限为 100 MHz,模数转换器的峰值范围为 2 V 以内。

同样的,在软件无线电通用外设上也有 4 个高速 14 位数字模拟转换器。其时钟频率为每秒采样 128 M,所以它的奈奎斯特频率就为 64 MHz。有时候可能会希望低于该频率以使滤波变得容易,它的输出频率范围从 DC 到 44 MHz。数字模拟转换器可为 50 Ω 或 10 mW(10 dBm)差分负载提供峰值为 1 V 的电压。此外,DAC 单元还集成了数字上变频(DUC)功能。

（2）FPGA[30]

简单来说,软件无线电通用外设上的 FPGA 的职责就是做上下变频,在数字中频和基带信号之间进行转换。因此,它就有两个主要功能:第一,将数字模拟转换器采样来的中频信号进行数字下变频(DDC),将其变换到基带,并通过层叠梳状滤波器(CIC)对采样值进行可变速率的抽取以符合用户对信号带宽的要求。FPGA 中同时也实现了针对数字模拟转换器的插值滤波的功能。第二,FPGA 作为路由器协调适配各路 ADC,DAC 和 USB 2.0 接口之间的数据交换[3,6]。

如图 11-9 所示,所有的模拟数字转换器和数字模拟转换器都连接到 FPGA 上。另外,FPGA 连接到 USB 2.0 接口芯片——Cypress FX2 上。通过 USB 2.0 总线,所有的 FPGA 电路以及 USB 微控制器都有可编程功能。

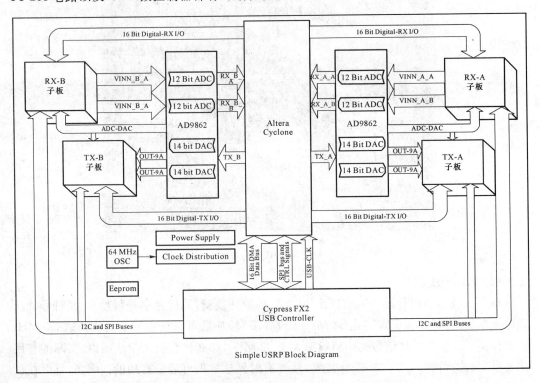

图 11-9　软件无线电通用外设的模块结构图

标准的 FPGA 配置中包含了由 4 级级联积分梳状滤波器(CIC)实现的数字下变频器(DDC)。所谓 CIC 滤波器,就是只使用加法器和延时器的高性能的滤波器。对于频谱成形和带外信号抑制,有一个 31 抽头半带滤波器与 CIC 滤波器级联,形成一个完整的 DDC 状态。在接收路径上有 4 个模拟数字转换器和 4 个数字下变频,每个数字下变频都有两个输入 I 和 Q,以此来组成一个复输入,每个模拟数字转换器都可以连接到 4 个数字下变频器中任何一个的 I 支路或者 Q 支路的输入,这样就可以在同一个模拟数字转换器采样流中选择多种不同的信道。

同样的,发射路径上的情况与以上的描述相似,但它是依次反过来实现的。当要发送基带正交信号给 USRP 子板时,数字上变频器将对信号进行内插处理,将其上变频到中频频段,并最终通过数字模拟转换器进行发送。

(3) USB 2.0 接口

软件无线电通用外设采用 USB 2.0 接口与 PC 相连,最高可达到 32 MB/s 的数据传输速率。如果 AD 和 DA 分别采用 12 bit 和 14 bit 的采样精度,那么每个实采样点将占用 2 个字节,而每个复采样点将占用 4 个字节。如果以一路复数采样进行单收或者单发,则最高可达到每秒采样 32M/4=8M,即最高发送或者接收 8 MHz 带宽的信号。如果用 8 bit采样,则最高可收/发 16 MHz 带宽的信号。模拟数字转换器和数字模拟转换器始终分别以 64 M 和128 M的速率进行采样,用户实际获得的采样速率是通过设置抽取值或插取值得到的。

2. USRP 子板

USRP 母板有 4 个插槽,可以插入 2 个基本接收子板和 2 个基本发送子板,又或者是 2 个 RFX 子板。子板是用来装载 RF 接收接口、调谐器和射频发射机的。有 2 个标注为 TXA 和 TXB 的插槽用于连接 2 个发送子板,相应的,有 2 个标注为 RXA 和 RXB 的接收子板插槽。每个子板插槽可以访问 4 个高速 AD/DA 转换器,其中的 2 个数字模拟转换器输出用于发送,另 2 个模拟数字转换器输入用于接收。这使得每个使用实采样的子板有 2 个独立的射频部分。而如果使用复采样的话,每个子板只可以支持一个单一的射频部分。通常,每个子板有两个 SMA 连接器,可以使用它们来连接输入或者输出信号。

此外,每个子板都有一个板载 EEPROM,以使系统能够识别子板,这使得主机软件能够根据所安装的子板自动设置合适的系统。EEPROM 也可以保存一些校准值,如直流偏置或者是 IQ 不平衡(IQ unbalance)信息。并且,每个发送子板都有一对差分模拟输出,其更新速率为每秒采样 128 M。同样的,每个接收子板也有 2 个差分模拟输入,其采样率为每秒采样 64 M。

下面简要地介绍一下当前的几类主要的子板类型。

(1) Basic TX/RX

Basic TX/RX 子板支持 1~250 MHz 发射和接收,用做外部射频前端的中频(IF)接口。ADC 输入和 DAC 输出直接通过变压器耦合到 SMA 连接器(50 欧姆阻抗)上而不需要通过混频器、滤波器或者放大器。

Basic TX 和 Basic RX 可以直接访问子板接口上的所有信号(包括 16 位数字 I/O、SPI、I2C 总线以及低速 ADC 和 DAC)。每个 Basic TX/RX 子板都带有逻辑分析仪连接器,用于 16 个通用 I/O 上,这些引脚可以通过访问内部信号来帮助用户调试 FPGA 的设计。

(2) LF TX/RX

LF TX 和 LF RX 与 Basic TX 和 Basic RX 很相似,主要有两个不同点,LF TX 和 LF RX 使用的是差分放大器而不是变压器,它们的频率响应可以达到直流,并且 LF TX 和 LF RX 也有一个 30MHz 的低通滤波器用于抗锯齿化。

(3) TVRX

TVRX 是一个只有接收功能的子板。它是一个基于电视调谐器模块的完整的甚高频(VHF)和超高频(UHF)接收系统。射频频率范围是 50~860 MHz 的广播电视频段,IF 带宽为 6 MHz。所有的调谐和自动增益控制(AGC,Automatic Gain Control)功能都可以通过软件进行控制,典型的噪声系数为 8 dB。并且需要注明的是,TVRX 是唯一一类不支持 MIMO 的子板。

(4) DBSRX

类似于 TVRX 子板,DBSRX 子板也是只有接收功能。它是一个 800 MHz~2.4 GHz 的完整接收系统,其噪声系数为 3~5 dB。DBSRX 有一个软件可控的可以窄至 1 MHz 或宽至 60 MHz 的信道滤波器。DBSRX 支持 MIMO,并能通过 SMA 连接器为有源天线供电。

DBSRX 子板的频率范围涵盖了许多知名频段,包括所有 GPS 和伽利略频段、902~928 MHz ISM 频段、蜂窝和 PCS 频段以及数字增强型无绳电话通信(DECT,Digital Enhanced Cordless Telecommunications)等多个频段。

(5) RFX 系列子板

RFX 系列子板是一个完整的 RF 收发系统。它们拥有独立的用于发送和接收的本地振荡器(射频合成器),并且还可以支持分频操作。此外,它们有一个内置的收发开关,使得发送和接收信号可以使用同一射频端口(通过连接器),或者是在只能接收的时候同时使用辅助接收端口。

RFX 系列子板的主要特性如下:

① 30 MHz 的收发带宽;

② 全同步设计,支持 MIMO;

③ 所有功能均可由软件或者 FPGA 进行控制;

④ 接收机和发射机拥有独立的本地振荡器,使其支持分频小于 200 μs 的锁相环锁定时间,可用于跳频应用;

⑤ 内置收/发开关;

⑥ 发射机和接收机使用同一连接器或使用辅助接收机端口;

⑦ 16 个数字 I/O 总线来控制外部设备,如天线开关等;

⑧ 内置的模拟 RSSI(Received Signal Strength Indication)测量;

⑨ 70 dB 的 AGC 范围;

⑩ 可调发射功率;

⑪ 支持全双工功能。

RFX 系列的子板均支持全双工工作,可分别覆盖 400~500 MHz,800~1 000 MHz,1 150~1 450 MHz,1.5~2.1 GHz 以及 2.3~2.9 GHz 的频段。

11.2.3　GNU 编程基础

GNU Radio 为构建软件无线电提供了一个开源的设计平台,信号处理过程是由 Python代码构建而成的,而信号处理模块则是由 C++语言进行编写。从 Python 的角度来看,GNU Radio 提供了数据流的提取。

在本节的内容中将着重着眼于 Python 语言层面,介绍一些基本的 Python 语言使用方法以及在 GNU Radio 中 Python 在连接信号处理模块和控制数据流向方面的具体实现。同时,在本节的最后还会简要介绍如何来编写 C++模块[39]。

1. 概述

GNU Radio 的软件部分由双重结构组成:所有的 performance-critical 信号处理模块均用 C++语言编写,而高级的组织、连接和黏合操作则都由 Python 脚本语言来实现。

GNU Radio 软件向用户提供了很多优秀的现成的模块。这个结构与 OSI 的七层结构有一些相似之处,底层向高层提供服务,而高层则无须关注底层的执行细节,但需要关注必要的接口和函数的调用。从 Python 的角度看,它要做的就是选择合适的信源、信宿和处理模块,设置正确的参数,然后将它们连接起来形成一个完整的应用程序。实际上,所有的信源、信宿和模块都是由 C++编写的类。然而,可以确定的是,在 Python 层面是无法看到 C++程序的工作过程的,一段较长的、复杂的而功能强大的 C++代码在 Python中可能仅仅体现为一行语句。因此,无论应用程序有多复杂,Python 代码几乎总是比较简短,系统把繁重的任务交给 C++来执行。可以这么说,对于很多应用软件,读者在 Python 层面上要做的只是在心中画一个信号流向图,然后用 Python 这支好用的笔将它们连接起来。

2. Python 脚本语言

显然,在学习 GNU Radio 的过程中,Python 扮演着非常重要的作用。Python 是一个强大而且灵活的编程语言,考虑到将其应用到 GNU Radio 中时,Python 具有一些特别的性质,而同时在 GNU Radio 中也有一些较少应用的特性,因而在接下来的部分中将Python 编程基础同 GNU Radio 的概念相结合起来进行叙述,围绕一个实际的程序"wfm_rcv_gui. py"来进行说明,它位于 'gnuradio examples/python/usrp/wfm_rcv_gui. py'。(新旧版的软件包命名和位置可能会略有不同。)

软件包可以从 GNU Radio 的官网 http://gnuradio.org/redmine/projects/gnuradio 上获得。

如果已经读过其他例子的代码,可以发现这些程序的第一行几乎都是:

#! /usr/bin/env python

如果将这一行放在脚本的开始处并且给此文件一个可执行模式,那么就可直接执行 Python 脚本。用'chmod'命令可使脚本转化为可执行模式:

$ chmod +x wfm_rcv_gui.py

现在脚本 wfm_rcv_gui.py 就变为可执行模式了。

接着就需要导入所需的模块(module)了。Python 提供了一个 module/package 组织系统。"模块(module)"文件包含了一些 Python 的定义和声明,是后缀为'.py'的文件。模块的名称是一个全局变量'__name__'。模块的定义语句可以被导入到其他模块或者顶层模块之中。"包(packages)"是有相似功能的模块的集合,这些模块通常都放在相同目录下。需要'__init__.py'文件来告诉 Python 要将这些目录看成 packages。一个 package 包含了一些模块和子 package(还能包含 sub-sub-packages)。

用"package.module"的方式来构建 Python 的模块名称空间。例如,模块名 A.B 指明了子模块 B 在 A package 中。一个模块包括可执行的声明和函数的定义。每个模块都有自己的私有成员变量表,它是一个全局变量表,所有在模块内定义的函数都可以使用它。作为模块使用者,可以利用'modname.itemname'来使用模块的函数和全局变量。这里的'itemname'可以是成员函数也可以是成员变量。可以用'import'命令在模块中导入其他的模块,习惯上是将'import'加到模块的前面。要注意,导入操作是很灵活的,可以导入一个 package、一个模块或者只是一个模块中的定义。当尝试从一个 package 导入一个模块,可以用'import packageA.moduleB'或者'from packageA import moduleB'。当用'from package import item'时,'item'可以是 package 的模块,或者子 package,或者是其他在模块中定义的名字,如函数、类或变量等。

下面来详细介绍实际的程序"wfm_rcv_gui.py"这个例子中的模块,因为这些 module 和 package 在 GNU Radio 中将会经常遇到。

顶层的 GNU Radio package 是'gnuradio',它包括了所有与 GNU Radio 相关的模块。"gr"是 gnuradio 中重要的一个子 package,也是 GNU Radio 软件的核心。"流图(flow graph)"类的类型均在 gr 中定义,它对安排信号流向来说非常关键。

"eng notation"模块能给工程师的标记带来方便,使用它可以按照工程惯例赋一些常量值或者常量字符。gnuradio.eng_option 模块为 optparse 工程标记提供支持。

blks 是一个子 package,如果读者查看这个子包的路径,可以发现它几乎是空的。实际上它将任务交给了 gnuradio 中的 sub-package blksimpl,用'__init__.py'文件描述。blksimpl 可以实现一些有用的应用,例如 FM 接收机,GMSK 调制,等等。

gnuradio.wxgui 是一个 sub-package 而不是一个模块,stdgui 和 fftsink 是这个

sub-package中的两个模块。gnuradio. wxgui 为 GNU Radio 提供可视化的工具,它是由 wxPython构建的。

最后,optparse,math,sys,wx 都是 Python 或 wxPython 的内置模块或 subpackages, 而不是 GNU Radio 的一部分。

需要注意的是,以上导入的模块包含了可执行语句以及函数和类的定义。模块导入 后那些可执行语句将被立即执行。在导入这些模块和 packages 后,即初始化了其中的很 多变量、类和模块。所以不要认为什么都没做,实际上,大量的工作都是这一阶段承担的。

前期的工作就已经完成了,现在就等待输入命令了。

接着,来介绍一下类和函数的初始定义。例如:

```
class wfm_rx_graph(stdgui.gui_flow_graph):
```

它定义了一个新的类'wfm_rx_graph',继承于基类'base class',或者称做'father class'(父类)——'gui_flow_graph'。父类'gui_flow_graph'由刚刚从 gnuradio 中导入 的 stdgui 模块定义。根据名称空间的规定,将其写为 stdgui. gui_flow_graph。

在定义了一个类之后,就可以用这个类去初始化一个实例。'__init__'用于在已知 初始化阶段创建一个对象,类初始化将自动为新创建的类实例引用'__init__'函数。

```
def __init__(self,frame,panel,vbox,argv):
```

以上语句初始化了函数__init__的四个变量。通常,所有函数的第一个变量称做 self,这只是一个约定,self 这个名字对 Python 没有什么特殊的意义。然而,若函数要调 用其他的函数,则需要利用 self 参量的函数属性,例如'self. connect()'。__init__函数首 先要做的是调用初始化函数 stdgui. gui_flow_graph,即它的父类'father class',其中的 4 个参数是相同的,如下所示:

```
stdgui.gui_flow_graph.__init__(self,frame,panel,vbox,argv)
```

最后,再来介绍一下信号的黏合模块。以下两行最终完成了信号流图的构建:

```
self.connect(src,guts)
self.connect(guts,(audio_sink,0))
```

所有的流图类都继承自类 gr. basic_flow_graph。连接函数(connect)在 gr. basic_ flow_graph 中定义,这个函数用于为流图连接模块。这样,整个信号流图就算完成了。

以上内容主要介绍了 Python 的基本语法和 GNU Radio 中 Python 的作用。详细的 Python 编程方法在这里不作过多介绍,有兴趣的读者可以去学习。

3. 编写 C++模块

安装好 gnuradio 以后,就可以调用里面的数字信号处理模块了,也可以通过将几个 模块级联生成一个新的模块。这些都可以通过 Python 的强大的黏合功能实现。但是如 果要生成一个全新的数字信号处理模块,就不能简单地通过 Python 语言来实现。需要 自己编写 C 语言的源码程序,最后编译成可调用的 Python 模块。

如何实现最简单的方法就是下载一个模板,如 gr-howto-write-a-block-3.2.2. tar. gz

（最新版本已有 gnuradio-3.3.0），然后进行修改，就可以得到所需要的模块。

同样用一个简单的例子来进行说明，也就是将模板中的 howto_square_ff 修改为一个新的函数 howto_add_ff，即一个输入为浮点数的加法器，也就相当于输入的数值乘以2。需要进行以下工作。

（1）编写 howto_add_ff. h

修改.h 和.cc 文件，就是一个创建自己的函数模块的过程。读者可以设计自己的接口参数，在 general_work()部分用 C＋＋语言实现自己需要的功能。不过在这里并不需要修改函数接口，而只是把 howto_square_ff. h 另存为 howto_add_ff. h，把所有的"square_ff"替换为"add_ff"。

（2）编写 howto_add_ff. cc

同样的，把 howto_square_ff. cc 另存为 howto_add_ff. cc，把所有的"square_ff"替换为"add_ff"，这样就把乘法改为了加法。

（3）修改 howto. i 文件

修改这个文件的目的是把 C 和 Python 联系在一起。首先把 howto_add_ff. h 头文件添加进去：

```
# include "howto_add_ff. h"
```

然后添加函数的接口定义。把 howto_square_ff 函数的部分复制一份，粘贴在最后，把 square 都替换成 add。

（4）修改 Makefile. am 文件

Makefile. am 文件是用来进行 makefile 的。因此首先要把编译需要的.h 文件和.cc 文件添加进去，然后就可以进行编译了。回到 test_example 目录下，运行：

```
$ ./bootstrap
$ ./configure
$ make install
```

这样就可以把这个模块安装到 GNU Radio 的安装目录中去了。

11.2.4　GNU Radio 的应用

下面对基于 GNU Radio 已经成功实现或者正在开发中的应用进行介绍，以使读者对GNU Radio 的功能有一个更直观的认识[39]。

1. 商业应用

目前已经出现了不少应用 USRP 的商业系统。例如，Path Intelligence 有限公司使用 USRP 系列产品跟踪商场里行人的步行情况，进行数据采集分析，并且通过接收手机控制信道的传输信息来准确确定顾客的当前位置。

2. 国防应用

USRP 系列产品已经被一些军事和情报服务的机构所使用，并且许多大的防御合作伙伴也都在使用 USRP 产品。这是由于 USRP 硬件平台能够以很低的预算,快速成形和部署先进的无线电系统。它们的一些应用包括:

（1）信号通信情报;

（2）战场网络和生存网络系统;

（3）联合战术无线电系统(JTRS)的研究;

（4）公共安全通信桥梁;

（5）应急低功耗灯塔;

（6）矿山安全监控和地下通信系统;

（7）合成孔径雷达;

（8）无源雷达。

如图 11-10 所示为用软件无线电通用外设得到的 TD-SCDMA 频段的频谱扫描结果,它说明了软件无线电通用外设可以被无线电监管部门应用于国家无线电的安全监控。

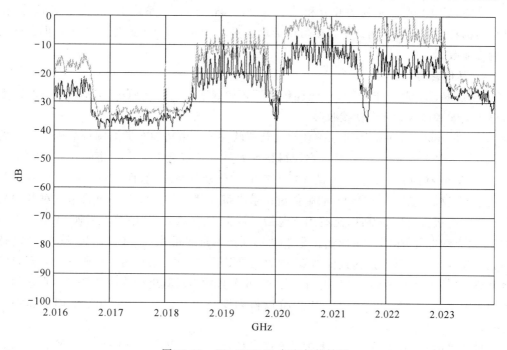

图 11-10　TD-SCDMA 频段扫描结果

3. 无线研究

除了用于商用和国防以外,GNU Radio 当前更多的是被各大高校和科研院所应用于无线电的研究之中。研究的领域包括了以下几个方面:

（1）认知无线电;

（2）MIMO 系统;

（USRP 已经为多天线的应用做好了准备。一套 USRP 即可实现双天线的发送或者接收，如果要进一步增加天线的数量，可通过将多套 USRP 同步起来加以实现，此时只需要对电路做一些改动，使得多块主板和子板之间达到时钟同步和相位相关即可。）

(3) Ad Hoc 以及 Mesh 网络；

(4) MAC 层协议；

(5) 物理层设计；

(6) 频谱占用，频谱遥感；

(7) TDMA 和 TDD 工作方式。

目前 GNU Radio 和 USRP 尚不支持 TDMA 多址方式和 TDD 双工方式。然而，Eric Blossom 和 Matt Ettus 以及 BBN Technology 公司正在对 GNU Radio 的软件体系以及软件无线电通用外设中的 FPGA 代码进行改进和增强，通过为采样数据加上一个时间戳标记，可以对采样数据流进行更精确的时间控制，从而实现 TDMA 和 TDD 方式。

总之，USRP 产品系列的开放和易于使用，使新型的通信系统平台能够快速成形，而低成本的特性又使得在测试平台中可以部署大量的节点，以便更好地了解和分析大型网络的性能数据。

4. 其他应用

GNU Radio 的应用到目前为止还包括了诸如数字音频广播（DAB）、GPS 接收机、无线电天文学和高清数字电视接收等。

综上所述，GNU Radio 可以被理解为开源软件的自由精神在无线领域的延伸。开放性和低成本是其最大的优势，低成本使得技术人员以及资金不那么充裕的研究机构可以像购买 PC 一样拥有一套能自由进入频谱空间的软硬件系统，从而为更广泛的技术创新打造平台基础。在 GNU Radio 的邮件讨论组中每天都有来自世界各地的用户对各种相关技术问题进行讨论的邮件，这些用户包括了学生、大学教师、软硬件工程师、无线电工程师、业余无线电爱好者等，而他们正是推动这项技术进步的主力。GNU Radio 的开放特性也是其具有广泛吸引力的重要因素，同时也是其生命力的源泉，由于代码和技术资料完全开放，人们可以了解到其运作的所有细节，并可自由地对其进行修改和开发。在这种开放的氛围之下，人们取得的知识、成果可以得到充分的交流共享，更有益于创新和不断进步。

虽然目前 GNU Radio 在最大频带宽度、PC 处理能力以及软件的易用性等方面仍然受到一定的限制，但随着技术的进步，相信 GNU Radio 必将在无线领域的技术创新中扮演着越来越重要的角色。

11.2.5　其他的 SDR 平台简介

在这小节的部分中，将介绍一下目前其他的 SDR 平台，以拓宽读者的视野，了解当前行业的现状[21,22,23,24]。

SDR 的研究是跨越多学科的,包括了 DSP、FPGA、计算机网络、智能科学,以及其他的一些工程和计算机学科。因此,对于 SDR 的开发者来说就面临着极大挑战。

SDR 协议栈上各个层的主要功能,包括了调制/解调、感知检测、编码以及滤波等,均是由软件来执行的。其中,主要的对于时间敏感的信号处理和通信功能部分是用汇编语言进行编写的,这样就允许了更快速的运行时间。而高级语言则负责提供给用户一种友好的方式来实现基本模块的互联,或者是用来设置网络中的配置参数和场景信息等。特别地,对于 SDR 平台来说,软件需要能够提供一个丰富的处理函数库,能够与嵌入在硬件平台上的硬件系统进行实时准确的交互,并且还要易于扩展和升级。

下面首先来介绍一下现有的三种 SDR 软件体系架构,如表 11-1 所示。其中,GNU Radio 的部分已经在前面的章节中进行了介绍,下面简要介绍其他两种 SDR 软件体系架构。

1. 软件通信架构[33]

软件通信架构(SCA,Software Communication Achitecture)是一个开源的并且是与具体实现无关的软件体系架构,它是由美国军方所提出的。类似于 GNU Radio,SDR 的各个组成部分被模型化为数据流图中的互联模块和标准接口,这样就可以容易地与用户设备进行连接和交互。软件通信架构包括了实时的嵌入式操作系统功能,并且还提供了执行软件时的多线程支持。它也是用 C++和 Python 进行编写的,此外,模块间的不同信息传递是通过 COBRA 完成的,操作系统环境同样是 Linux。

软件通信架构的基本组件的架构允许在不同的无线电平台间复用这些已经构建好的模块。软件通信架构的通用操作环境定义了便携式操作系统接口(POSIX),这个接口可以保证不同系统间的软件互用性,这是软件通信架构的一大特点。CORBA 的采用隐藏了架构内部的详细情况,如处理器的数量和型号,操作系统的种类,以及无线电配置方面的信息。此外,软件通信架构采用的是统一建模语言(UML)和相应的行业标准来表示不同的软件模块以及它们之间的互联。而当前,基于软件通信架构的开源定义无线电(OSSIE)软件提供了基于 SCA 结构的软件定义无线电的实现。OSSIE 包括了窄带感知以及宽带感知的软件程序,这项工作的最主要贡献就是提供了一个图形用户接口(GUI,Graphical User Interface)工具,它允许设计者使用图形化的标准模块来产生新的波形,并且自动地产生相应的 C++和 Python 代码来处理 SCA 内部的互联以及 COBRA 中设备的连接。

在这样的体系框架下,更深层的信号处理以及调制模型,如 QAM 或者 PSK,又或者是新的测试算法都可以被用户所添加。

2. MIRAI CR 执行架构

从前面的描述中可以知道 GNU Radio 以及软件通信架构均是关注于底层的功能实现,而 MIRAI CR 执行架构的侧重点则是提供完全的 SDR 仿真环境,其中就包括了各层的通信协议栈的功能实现。这样的架构适用于大规模的实现,以及提供传输层 TCP 的默认执行和无线局域网内数据链路层的退避执行。并且，它的多线程架构允许实时的包处理以及并行事件的处理。此外，MIRAI 一个主要的特性就是它支持混合的仿真环境，其中的一些节点仅仅只是软件实体(包括从物理层到高层)，而剩下的那些节点则可能是真正的设备。协议栈中不同层的多功能组件都是外挂插入式的，这样便于扩展和升级。在 MIRAI 中，对于在物理层中改变频带、调制方式、频率或者带宽，以及对于 IEEE 802.11a/b/g 和 IEEE 802.16 标准都有着相应的软件实现指令，这些改变和调整都可以由用户通过一些分离的插件带来。

表 11-1　现有的 SDR 软硬件平台介绍

	Software	Hardware only	Hybrid
Academic and military	MIRAI-SF GNU-Radio SCA/OSSIE		BEE2 WINC2R WARP
Industry		USRP and USRP2	KNOWS SORA

在介绍完现有的三种软件体系结构后，接着来介绍几类结合了软件平台和硬件平台的 SDR 实验开发平台。

3. 针对频谱空洞的认知网络平台

KNOWS 的设备主要包括了三个组件：一台主机、一台频谱扫描仪，以及一个工作在 2.4 GHz 的 ISM 变频器和一个工作在 512～698 MHz 的 UHF 设备。其中，主机用于维护控制平台，并且负责 MAC 层和高层协议的实现。它配有一块标准的 Wi-Fi 卡，以及对于输出信号从直流到 UHF 频带的下变频器。每一个信道都规定为 6 MHz 宽，输出信号的信道带宽被限制为 5 MHz，当在 UHF 频段上检测到连续的频谱空洞时，这些独立的信道可以被聚合成 10 MHz，15 MHz，甚至是 20 MHz 的信道。频谱扫描仪在一块 USRP 板上实现，板上还接有一个 50～8 600 MHz 频段的 TV RX 单接收子板。除了这些主要的组件外，KNOWS 平台还有一个 GPS 模块，以保证电视台和发射塔的位置信息是可用的。此外，平台还包括有一个 x86 的嵌入式处理器，用来控制无线电信号，从主机获取 MAC 层的控制包，以及解析 RF 硬件的配置信息，并且还能聚合原始的接收信号包以使得主机可以对其进行操作处理。

4. CR 无线信息网络中心平台[34]

CR 无线信息网络中心平台(WINC2R)平台是由一个基带处理模块和一个 RF 前端组成的。物理层的处理过程是由一系列的硬件加速器完成的，并且通过一个数据处理器阵列完成位于 MAC 层以及高层上的计算功能。平台的一个特性就是它的物理层参数和

MAC 层功能都能在每个包里头进行修改,因此它能够支持网络状况突然变化的快速反应。接收到的信号可以在 Xilinx 4FX12 FPGA 中进行进一步处理之前数字化为一个速率为每秒采样 125 兆的数据。而 RF 前端配置在 0～500 MHz 的基带上,进行上变频的话可以支持的频率范围是 30 MHz～6 GHz。WINC2R 的架构遵循的是一个虚拟流管道的概念,其中大量的函数都可以被添加到系统的数据流中,因此可以不用像固定的序列操作那样必须严格遵守函数调用的次序以及相应的时钟要求,这样就提供了极大的灵活性。而额外的同步机制则保证了函数单元在不同的流图间不会产生重叠覆盖。

WINC2R 采用 GNU Radio 来开发物理层和 MAC 层部分,而高层函数的模型则基于认知网络的软件包,它提供了控制和管理平台、协同物理层函数、动态频谱共享、自适应 MAC 层协议、分簇和组群,以及跨层设计的支持。其中,认知网络也提供了一个全局的控制信道,它可以用于引导程序,设备检测和通知,数据路径设置,以及其他一些在 CR Ad Hoc 网络中的功能。

5. Berkeley 仿真引擎 2 代平台[25,35,36]

Berkeley 仿真引擎 2 代平台(BEE2)是一个通用的多用途仿真平台,利用它的 FPGA 组件可以支持每秒 5 000 亿的操作速率。BEE2 可以和外部的多个主机进行连接,它的组件包括一个计算模块和一个可配置的 RF 前端。这个计算模块包括了五片 Vertex-II Pro 70 型号的 FPGA,其中四片用于信号处理部分,而剩下的一片则作为控制平台用来实现无线电的控制逻辑,通过周期性的校对来保持模拟部件的精确度以及实时地接入存储器,这样就使得 FPGA 内部的连接速度可达到 20 Gbit/s。因此,BEE2 平台可以提供五倍的 FPGA 容量,而每个 FPGA 都拥有 4 Gbit 的存储容量以及一个嵌入式的 Power PC 405 核心,就使得通信模型的重配置变得更加容易。

此外,BEE2 采用的是 BORPH OS 操作系统,它将标准的 Linux 内核进行了扩展使得不同的 FPGA 可以使用统一的计算源。OS 利用这个计算源来产生从整个 FPGA 到 FPGA 内前导区的硬件处理过程。并且,可以通过在 Simulink 上的设计来进一步地支持主要模块的工作,FPGA 的编制和测绘工作是由在 Xilinx 上开发的工具完成的。

6. SORA 平台[38]

SORA 平台是由微软研究开发的,它允许更高层无线协议栈的实现,也就需要更高的时钟精确度,它通过 USB 或者吉比特的以太网接口将无线模块连接到主机上。硬件部分主要是由一个无线控制板(RCB)构成,它通过高速和低时延的 PCIe 总线连接到 RF 前端和主机上。利用这个总线标准,无线控制板的传输速率可达到 16.7 Gbit/s,并且还有多核处理器的支持,这样就能让数字信号处理部分在主机上得到完成。目前,IEEE 802. 11 a/b/g 标准下对于 2.4 GHz 以及 2.5 GHz 频带的工作已经在这个平台上进行了测试。

SORA 的两项关键特性使得它大大促进了软件处理的工作:首先,对于物理层的修改(如调制方式的选择,以及传输编码等)是通过预先计算好的 looup tables 完成的,而不是通过对最优值的计算求导得到。这一点就保证了系统操作的快速进行,以及随之带来的主机处理器上低时延的缓存。其次,SORA 提供了一个新的内核服务称做 core dedication,它可以将实时任务分配给主机上的核心处理器完成,这就保证了计算源的可用性。当然,最需要值得注意的是,SORA 使用的是 Window XP 操作系统。

7. 无线开放访问研究平台[37]

无线开放访问研究平台(WARP)实验平台是由 Rice 大学进行开发的,包含了一块 Xilinx Virtex-4 FPGA,它可以支持四块 RF 前端子板。一个基于 USRP 架构的改动使得无线开放访问研究平台能够在发送机节点发送数据流之前在 MATLAB 上构建基带采样数据,并将它们保存在 FPGA 上的缓冲区内,主机的触发信号在这之后就能通过无线信道将采样数据发送给接收端。无线开放访问研究平台上的两片嵌入式 Power PC 处理器能够提供足够的计算能力,这样就能够允许一些对时序要求严格的任务在板上得到完成。

使用无线开放访问研究平台最主要的好处就是能够通过 WARP lab 框架来建模。这个框架提供的软件组件可以允许主机上的 MATLAB 工作空间来控制和设计网络中的独立节点。WARP lab 框架包括了三个组成部分:

(1) platform studio,用以实现网络协议功能;

(2) System genetator,用以实现明确的 MATLAB 物理层算法,并且将它们转变为 FPGA 上的硬件模型;

(3) low-level HDL 以及 ASIP 开发模型,它能够将内部的硬件组成信息告知给高层的 MATLAB 程序。此外,提升的网络功能还提供给无线开放访问研究平台大量的软件支持,包括了 CSMA、基础协议、频谱管理、MIMO、协同通信、功率控制以及节能传输的支持,等等。

11.3　实例应用

在本节将介绍 GNU Radio 目前最广泛的三类应用,分别是 FM Radio、OFDM Tunnel 以及 MIMO[39]。尤其是后两类的应用实例将会着重介绍,因为 MIMO/OFDM 在当前新一代的通信系统中,几乎是必选的两个关键技术,因此很多做物理层研发的 GNU Radio 用户都会从这两个实例开始着手,希望通过这一节更进一步的讲解能够让 GNU Radio 的初学者们可以更快地进入这一门槛。

11.3.1　FM Radio

调频广播是以调频方式传输音频信号,调频波的载波随着音频调制信号的变化而在载波中心频率(未调制以前的中心频率)周围变化。每秒钟的频偏变化次数和音频信号的调制频率一致,如音频信号的频率为 1 kHz,则载波的频偏变化次数也为每秒 1 000 次。频偏的大小是随音频信号的振幅大小而定,因而抗干扰力强、失真小。

传统的机械式拨盘收音机调节电路和本振电路采用传统的电容、电感的调台方式,收台定位准确度差,不能进行自动搜索和存台,操作十分不便,并且电台频率也不能准确指示,所以在密集的 FM 广播网中,很容易造成混台。若收听某一指定频率的电台时,由于拨盘指针的刻度存在指示误差,往往不能准确选择所需频率的电台。而采用模拟元件制作的收音机由于工作在较高频率,电路布局布线和元件参数成为其性能的关键制约因素,电路布局布线中的分布参数,直接决定了信号是否能可靠传输,一旦设计成形,便难以调整更改。

然而,如果能够将模拟功能单元改用数字可编程逻辑器件来实现,则可借助软件的优势,在不改动元件和线路布局的情况下,弥补来自硬件的缺憾,并且可根据需要对系统从容地进行升级。而这也正是在 FM 接收机上引入软件无线电技术的出发点。

利用 GNU Radio 实现 FM 接收机的整个工作过程是首先通过程序控制 USRP 将某个频点的 FM 信号接收下来,然后在 USRP 和计算机中进行处理,包括调制解调等过程,最后将解调的信号通过声卡播放出来。整个设计对天线没有特别的要求,只要插入一根铜线到 basic RX 子板上就可以接收到质量很高的 FM 信号。详细的代码可以在 GNU Radio 的软件包下的位置'gnuradio-examples/python/usrp/wfm_rcv_gui. py'中找到(不同的软件包版本脚本位置可能会有不同),在此就不进行详细阐述,具体实现程序可见附录。

11.3.2　OFDM Tunnel

Tunnel 是 GNU Radio 中很经典的例子。在 GNU Radio 的软件包下 Tunnel 有两个,一个是基于 GMSK 调制的,另一个是基于 OFDM 调制的。它们都由物理层和 MAC 层构成,提供一个虚拟的 Ethernet 接口,使得基于 IP 的各种应用程序都可以加载在这个 Tunnel 上面,它就像一个管道,负责传输数据。

1. 系统框图和 MAC 帧的构成

如图 11-11 所示是 Tunnel 的系统框图。Tunnel 的物理层由发射机、接收机和一个载波侦听部件(sensing probe)三部分构成,完成由信息比特到基带波形之间的转换,以及通过能量检测判断当前信道是否空闲。MAC 层是一个基于 CSMA 的简单的媒质接入控制。MAC 层与物理层之间传递的是一个在 IP 包的基础上加了一些包头和包尾的数据包。

图 11-12 说明了一个 IP 数据包是如何打包成 MAC 数据包的。首先,IP 数据包通过 CRC32 算法被加上了 4 字节的校验比特。然后对其数据部分加上 CRC 比特和尾比特(x55),均进行白化处理,使得数据具有随机均匀分布的特性。最后,加上一个 4 字节的包头,包头包含有两个信息:4 比特的白化参数和 12 比特的数据包,包头采用了重复发送的

方法,以增加可靠性。至此,一个完整的 MAC 数据包就包装完成了。

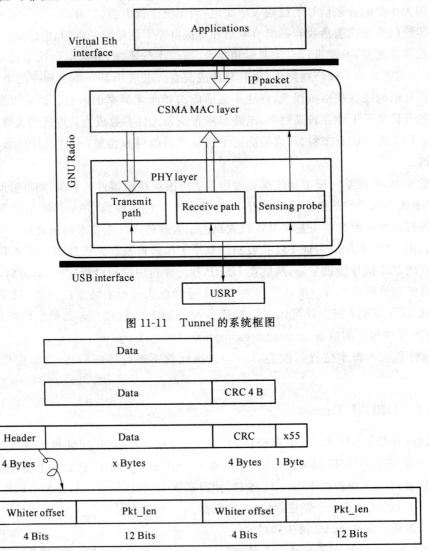

图 11-11　Tunnel 的系统框图

图 11-12　IP 数据包到 MAC 数据包的打包过程

2. 物理层

　　首先来看发射机部分。如图 11-13 所示,在 transmit_path. py 中,语句 self. connect (self. ofdm_tx, self. amp, self) 说明其中包含两个模块,Ofdm_tx 是一个 Ofdm_mod 类,而 amp 则是一个乘法器。

　　在 Ofdm_mod 中,数据包首先经过一个 send_pkt 函数,完成 MAC 包的打包过程:

send_pkt(self,payload = ´´,eof = False)

然后 MAC 包被放进一个队列中:

```
self._pkt_input.msgq().insert_tail(msg)
```

通过 Ofdm_mapper_bcv 模块从队列中取出数据包，根据 OFDM 调制的参数映射成一个个 OFDM symbol，再传递到后续模块，添加 preamble、IFFT 变换以及 cyclic prefix，最后调整一下幅度，发送出去。接着再来看一下接收机部分。如图 11-14 所示，在 receive_path.py 中，包含了 Ofdm_demod 和 probe 两个模块。

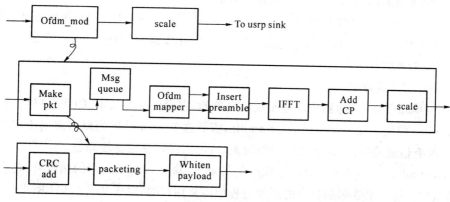

图 11-13　Ofdm Tunnel 发射机部分

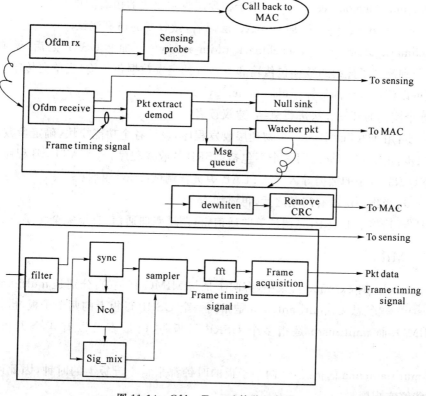

图 11-14　Ofdm Tunnel 接收机部分

Ofdm_demod 显然就是 ofdm 的接收机部分。而 probe 则是一个信号检测模块,当 usrp 收到的信号幅度大于门限时,就认为无线信道已经被其他用户占用。

Ofdm_demod 类的代码在文件 Ofdm. py 中,主要分成同步模块(Ofdm_receiver),解调模块(Ofdm_frame_sink)和 MAC 帧拆包部分。与发射部分类似,物理层与 MAC 层也是通过一个队列 self. _rcvd_pktq 连接在一起的。

Ofdm_receiver 部分比较复杂,是用 Python 编写的,完成了帧同步、频偏估计、频偏纠正和 FFT 的功能。而 Ofdm_frame_sink 则是一个用 C 语言写成的模块,完成了从调制符号到比特的解映射过程。

3. 开发和调试方法

整个 Ofdm Tunnel 的物理层还是比较简单的,它模仿了 802.11 的物理层结构,在不定长的 burst 前面添加一个定长的 preamble,依靠这个 preamble 完成时间同步和频率同步,但它没有信道编码,因此抗噪声性能较差,可能的误码率也比较高。

在 gnuradio-examples\python\ofdm 的目录下,除了 tunnel 调用的函数外,还有许多其他的函数。这些函数都是程序的开发过程中需要用到的,对于利用 GNU Radio 做物理层研发的人来说,都是很好的参考。下面简单说明一下。

Ofdm_mod_demod_test. py——用于物理层收发模块的仿真测试。

benchmark_ofdm. py——加上 MAC 层以后,做收发的仿真测试。

benchmark_ofdm_tx. py,benchmark_ofdm_rx. py——加上 USRP 之后,做单向收发的测试,分别测试了连续的数据包传输和不连续的突发数据包传输,当单向传输没有问题之后,就可以测试双向的传输了(即 tunnel. py)。

对这个实例的开发方法进行总结,建议读者:

第一步:用 MATLAB 写一个物理层收发程序,设计各个功能模块,确定参数。

第二步:用 GNU Radio 写一个不包括 USRP 的收发程序,与 MATLAB 程序一致,方便把 GNU Radio 中的数据导入 MATLAB 中进行调试(. mat 文件)。

第三步:当物理层没有问题之后,再添加 MAC 层。

第四步:连接上 USRP,先调试单向通信,再调试双向通信,直至完全无误。

11.3.3 MIMO

在 gnuradio 的 example 目录中,有两个是与 MIMO 有关的:分别是 multi-antenna 和 multi_usrp。顾名思义,multi-antenna 是指同一个 USRP 母板上的两个子板,也就是 2 天线的 MIMO;而 multi-usrp 是指多个 USRP 母板,这时最多可以有 4 个天线,即 2×2 MIMO。

在 mutli-antenna 的情况下,两个子板的时钟都来自于母板上的时钟,因此两个子板的信号能够实现同步。

在 multi-usrp 的情况下,需要把一个母板设为 master,另一个母板设为 slave,然后从 master 上引出一个时钟信号接到 slave 上,从而使两个 USRP 上的信号实现同步。

1. MUX 参数

先来了解一下 MUX 这个关键参数有助于让读者了解在 MIMO 的配置下,各个子板上的数据是如何实现复用和传输的。

从接收方向上看,在 FPGA 上,有 4 个数字下变频器(DDC),每个 DDC 都有两个通道,分别是 I 通道和 Q 通道。同样在 AD 芯片上,有 4 个 ADC 通道,以典型的 2 天线 MIMO复数采样为例,4 个 ADC 通道分别对应子板 A 的 I 路和 Q 路,以及子板 B 的 I 路和 Q 路。这 4 路信号分别送到 4 个 DDC 通道,下变频之后,放到 USB 上进行传输。例如,USB 上的发送序列可能是 I0 Q0 I1 Q1 I0 Q0 I1 Q1…。注意:所有输入信道必须是相同的数据速率(即同样的采样率)。

如图 11-15 所示是 MUX 参数各个字段的含义以及结构。

DDC3		DDC2		DDC1		DDC0	
Q3 (4 bit)	I3 (4 bit)	Q2 (4 bit)	I2 (4 bit)	Q1 (4 bit)	I1 (4 bit)	Q0 (4 bit)	I0 (4 bit)

图 11-15　MUX 参数的构成

MUX 共包含 32 个比特,每 4 个比特一个值,这个值可以是[0,1,2,3],表示的是 ADC0,ADC1,ADC2,ADC3。其中 Q 通道可以是 0xf,即不使用 Q 通道。GNU Radio 中规定,Q 通道要么都用,要么都不用。在典型的 2 天线 MIMO 复数采样的情况下,MUX 值可以设为 0x0123。它表示 ADC0 连接到 DDC1 的 I 通道,ADC1 连接到 DDC1 的 Q 通道,ADC2 连接到 DDC0 的 I 通道,ADC3 连接到 DDC0 的 Q 通道。这样,从 usrp_source 收到的数据流就是:子板 A 的 sample(复数,包含 I 路和 Q 路),子板 B 的 sample,交替传输。

在发射方向上,也是类似的。4 个 DUC(数字上变频器)对应 4 个 DAC。

此外,在配置 MUX 参数时,还可以用调用系统函数的方法:用函数 determin_rx_mux_value 或者 determin_tx_mux_value 来获得合适的 MUX 值。这个函数会自动根据子板类型以及选择的通道数(channel),返回一个 MUX 值。

2. 2 天线接收

下面是一个 2 天线接收的例子。一个 USRP 母板上插了两个 RFX900 的子板,然后用 FFT 模块来分别观察两个天线收到的信号,其中一个子板的中心频率设为 939 MHz,另一个设为 939.2 MHz。如图 11-16 所示为天线接收程序的流图,2 天线接收实现程序详见附录。

在这个程序中,将 MUX 值设为 0x0123。

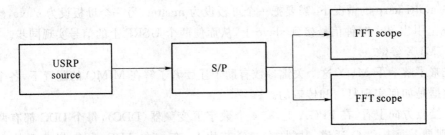

图 11-16　天线接收程序的流图

运行结果显示,两个天线收到的信号的频谱形状是一样的,只是子板 B 的中心频率高了 200 Hz。

3.2 天线发射

下面是 2 天线发射的实例。在这个实例中,USRP 母版上插了两块 RFX2400 子板。一个天线工作在 2.45 GHz,另一个天线工作在 2.46 GHz。如图 11-17 所示为天线发射程序的流图,2 天线发射实现程序详见附录。

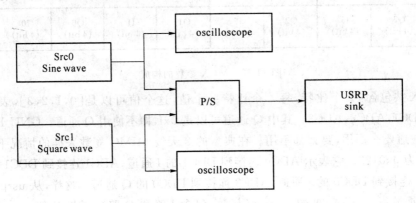

图 11-17　天线发射程序的流图

这里将 MUX 值设为 0xBA98。

图 11-18 是流图中两个示波器显示的正弦波和方波波形,也就是两天线分别的发射波形图。蓝色和绿色两条线代表的分别是信号的 I 路和 Q 路,也就是复数的实部和虚部。

通过以上三个简单的实例,相信读者对于 GNU Radio 的初步应用都有了一个大致的了解。当然,其中的难点也还有很多,这都有待于广大的 GNU Radio 的兴趣爱好者们来共同研究和开发。相信随着研究的不断深入,GNU Radio 这一新兴技术将会得到越来越广泛的应用。

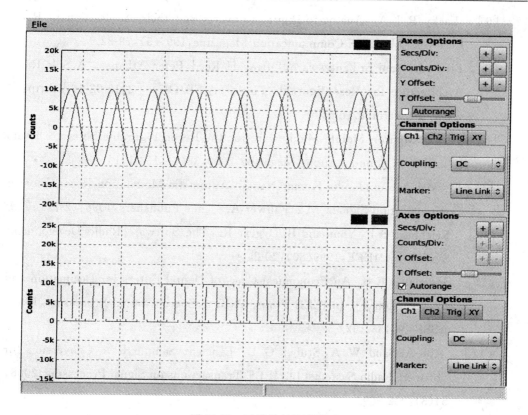

图 11-18　天线发射的波形图

本章参考文献

[1]　Mitola J. The Software Radio Architecture[J]. IEEE Communications,1995, 33(5):26-38.

[2]　Matt Ettus. Universal Software Radio Peripheral[EB/OL]. [2012-02-19]. http://www.ettus.com.

[3]　Ma J,Li G Y,Juang B H. Signal Processing in Cognitive Radio[J]. Proceeding of the IEEE,2009,97(5):45-48.

[4]　Alok Shah,Vanu,Inc. An Introduction to Software Radio. http://comsec.com/software-radio.html.

[5]　Peter G Cook,Wayne Bonser. Architectural Overview of the SPEAKeasy System. Volume 17,Issue 4,April 1999:650-661.

[6] Lacky R J A. Analog-to-Digital Converts and their Application in Radio Receivers[J]. IEEE Communication Magazine,1995(5):78-82.

[7] Strikathyayani Srikantesware,Jeffrey H Reed,Peter Athanas. A Soft Radio Architecture for Reconfigurable Platform [EB/OL]. [2012-02-19]. http://www. softwarerad. com/.

[8] Alistar Munro. Mobile Middleware for the Recon Figurable Software Radio [J]. IEEE Communications Magazine,2000,38(8):152-161.

[9] Elsayed Azzouz,Asoke Kumar Nandi. Automatic Modulation Recognition of Communication Signals[M]. Kluwer Academic Publishers,1996:22-72.

[10] Reichhart S P,Youmans B,Dygert R. The Software Radio Development System[J]. IEEE,1999(80):20-24.

[11] Hogenauer E B. An Economical Class of Digital Filters for Decimation and Interpolation[J]. In IEEE Trans. Acoust,Speech,Signal Processing,1981, ASSP-29:155-162.

[12] Abu-Al-Saud W A, Stuber G L. Efficient Sample Rate Conversion for Software Radio Systems[J]. IEEE Transactions on Signal Processing,2006, 54(3):932-939.

[13] HENTSCHEL T,HENKER M,FETTWEIS G. The Digital Front-End of Software Radio Terminals[J]. IEEE Personal Communications,1999,6(8): 6-12.

[14] GHAZEL A,NAVINER L,GRATI K. Design of Down-Sampling Processors for Radio Communications Analog Integrated Circuits and Signal Processing [J]. Springer Science Business Media BV,2004,36(7):31-38.

[15] UTRA Repeater. Radio Transmission and Reception[S]. 3GPP,Technical Specification TS 25. 106 V7. 0. 0,2006.

[16] Jefery A. Wepman. Analog-Digital Converters and their Applications in Radio Receivers[J]. IEEE Communications Magazine,1995:39-45.

[17] Rupert Baines. The DSP bottleneck[J]. IEEE Communications Magazine, 1995:46-54.

[18] James E Gunn, Kenneth Barron, William Ruczczyk. A Low-power DSP Core-Based Software Radio Architecture [J]. IEEE Journal on Selected

Areas in Communications,1999,17(4):574-590.

[19] Haghighat A. A Review on Essential and Technical Challenges of Software Defined Radio[J]. IEEE Journals,2002:132-138.

[20] Xiangquan Zheng,Wei Guo. Analysis of the Key Technologies in Software Radios Networking[J],IEEE,2003:33-34.

[21] GNU Radio-WikiStart-gnuradio. org[EB/OL]. [2012-02-19]. http://gnuradio. org/.

[22] Ettus Reasearch LLC[EB/OL]. [2012-02-19]. http://www. ettus. com/.

[23] Strikanteswara S,Reed J H,Athanas P,et al. A Software Radio Architecture for Reconfigurable Platforms[J]. IEEE communications Magazine,2000,38 (2):140-147.

[24] Minden G J,Evans J B,Searl L,et al. KUAR:A Flexible Software-Defined Radio Development Platform[C]//New Frontiers in Dynamic Spectrum Access Networks(DySPAN07). 2007:428-439.

[25] Tkachenko A,Cabric D,Brodersen R W. Cognitive Radio Experiments using Reconfigurable BEE2[C]//Fortieth Asilomar Conference on Signals,Systems and Computers 2006. 2006:2041-2045.

[26] Naveen Manicka. GNU Radio Testbed[D]. University of Delaware,2007.

[27] David A Scaperoth. Configurable SDR Operation for Cognitive Radio Applications using GNU Radio and the Universal Software Radio Peripheral,Thesis for Master of Science in Electrical Engineering [D]. Blacksburg, Virginia: Virginia Polytechnic Institute and State University,2007.

[28] Zhi Yan,Zhangchao Ma,Hanwen Cao,et al. Spectrum Sensing,Access and Coexistence Testbed for Cognitive Radio Using USRP [C]//4th IEEE International Conference on Circuits and Systems for Communications, 2008. 2008:26-28.

[29] Dawei Shen. Tutorial 1:GNU Radio Installation Guide-Step by Step[EB/ OL]. [2012-02-19]. http://gnuradio. org/redmine/projects/gnuradio.

[30] Yitao Xu,Liang Shen,Jinlong Wang. Application of FPGA Technology in Software Radio[J]. Telecommunications Science,2001,11:36-39.

[31] Blossom E. GNU Radio:Tools for Exploring the Radio Frequency Spectrum [J]. Linux Journal,2004:12-18.

[32] O'Shea T, Clancy T, Ebeid H. Practical Signal Detection and Classification in GNU Radio[R]//Software Defined Radio Technical Conference and Product Exposition. 2007.

[33] Gonzalez C R A. Open-Source SCA-Based Core Framework and Rapid Development Tools Enable Software-Defined Radio Education and Research[J]. IEEE Commun. Mag. ,2009,47(10):48-55.

[34] Lshizu K. Adaptive Wireless-Network Testbed for CR Technology[C]//Proc. ACM WiNTECH. Los Angeles:CA,2006:23-26.

[35] Chang C, Wawrzynek J, Brodersen R. BEE2:A High-End Reconfigurable Computing System[J]. Proc. IEEE Design Test Comp. ,2005,22(2):114-125.

[36] Melleers S. Radio Testbeds using BEE2[C]//Proc. Asilomar Conf. Signals, Sys. ,Comp.. Pacific Grove:CA,2007:34-38.

[37] WARP. Wireless Open-Access Research Platform. Rice University[EB/OL]. [2012-02-19]. http://warp. rice. edu/.

[38] Tan K. Sora:High Performance Software Radio Using General Purpose Multi-Core Processors[C]//Proc. Usenix NSDI. Boston:MA,2009:142-148.

[39] 黄琳,等,译. GNU Radio 入门[M]. 海曼无限,中国,2010.

附　　录

1. FM Radio 实现代码

```python
#! /usr/bin/env python

from gnuradio import gr,eng_notation
from gnuradio import audio
from gnuradio import usrp
from gnuradio import blks
from gnuradio.eng_option import eng_option
from optparse import OptionParser
import sys
import math
from gnuradio.wxgui import stdgui,fftsink
import wx


class wfm_rx_graph (stdgui.gui_flow_graph):
    def __init__(self,frame,panel,vbox,argv):
    stdgui.gui_flow_graph.__init__ (self,frame,panel,vbox,argv)
    IF_freq = parseargs(argv[1:])
    adc_rate = 64e6
    decim = 250
    quad_rate = adc_rate / decim                   # 256 kHz
    audio_decimation = 8
    audio_rate = quad_rate / audio_decimation      # 32 kHz

    # usrp is data source
    src = usrp.source_c (0,decim)
    src.set_rx_freq (0,IF_freq)
    src.set_pga(0,20)
    guts = blks.wfm_rcv (self,quad_rate,audio_decimation)
```

```
# sound card as final sink
audio_sink = audio. sink (int (audio_rate))

# now wire it all together
self. connect (src, guts)
self. connect (guts, (audio_sink, 0))

if 1:
pre_demod, fft_win1 = \
fftsink. make_fft_sink_c (self, panel, "Pre-Demodulation", 512, quad_rate)
self. connect (src, pre_demod)
vbox. Add (fft_win1, 1, wx. EXPAND)

if 1:
post_deemph, fft_win3 = \
fftsink. make_fft_sink_f (self, panel, "With Deemph", 512, quad_rate, -60, 20)
self. connect (guts. deemph, post_deemph)
vbox. Add (fft_win3, 1, wx. EXPAND)

if 1:
post_filt, fft_win4 = \
 fftsink. make_fft_sink_f (self, panel, "Post Filter", 512, audio_
rate, -60, 20)
self. connect (guts. audio_filter, post_filt)
vbox. Add (fft_win4, 1, wx. EXPAND)
def parseargs (args):
nargs = len (args)
if nargs == 1:
  freq1 = float (args[0]) * 1e6
else:
  sys. stderr. write ('usage:wfm_rcv freq1\n')
  sys. exit (1)
return freq1-128e6
```

```python
if __name__ == '__main__':
    app = stdgui.stdapp(wfm_rx_graph,"WFM RX")
    app.MainLoop()
```

2.2 天线接收实现代码

```python
#! /usr/bin/env python

from gnuradio import gr,gru,eng_notation,optfir
from gnuradio import usrp
from gnuradio.eng_option import eng_option
import math
import sys
from numpy.numarray import fft
from optparse import OptionParser
from gnuradio.wxgui import stdgui2,fftsink2,scopesink2
import wx


class top_graph(stdgui2.std_top_block):
    def __init__(self,frame,panel,vbox,argv):
        stdgui2.std_top_block.__init__(self,frame,panel,vbox,argv)

        # ---------------- parameters setting ----------------
        sample_rate = 1e6  # 1 MHz
        usrp_decim = int(64e6 / sample_rate)
        antenna_num = 2
        freq_a = 939e6
        freq_b = 939.2e6
        db_gain = 45.0


        # ---------------- USRP init ----------------
        self.u = usrp.source_c(0,usrp_decim)
        self.u.set_nchannels(antenna_num)
        subdev_a = usrp.selected_subdev(self.u,(0,0))     # (0,0) is A side;
# (1,0) is B side
        subdev_b = usrp.selected_subdev(self.u,(1,0))
        print "A side:",subdev_a.name()
```

```
print "B side",subdev_b.name()
subdev_a.select_rx_antenna('TX/RX')
subdev_b.select_rx_antenna('TX/RX')
subdev_a.set_gain(db_gain)
subdev_b.set_gain(db_gain)
subdev_a.set_auto_tr(False)
subdev_b.set_auto_tr(False)
r = self.u.tune(0,subdev_a,freq_a)
if not(r):
    print "A side:Failed to set initial frequency"
else:
    print "A side:The carrier frequency is set as ",freq_a
r = self.u.tune(1,subdev_b,freq_b)
if not(r):
    print "B side:Failed to set initial frequency"
else:
    print "B side:The carrier frequency is set as ",freq_b
mux_val = 0x0123
self.u.set_mux(mux_val)
print "mux_val = 0x%x" % gru.hexint(mux_val)


# ----------------- flow graph -----------------
# s2p
self.s2p = gr.deinterleave(gr.sizeof_gr_complex)


# sink
self.null_sink = gr.null_sink(gr.sizeof_gr_complex)
self.connect(self.u,self.s2p)


# fft scope
self.spectrum_a = fftsink2.fft_sink_c (panel,fft_size = 1024,
sample_rate = sample_rate,title = "Spectrum on Antenna A")
self.connect ((self.s2p,0),self.spectrum_a)
vbox.Add (self.spectrum_a.win,1,wx.EXPAND)
self.spectrum_b = fftsink2.fft_sink_c (panel,fft_size = 1024,
```

```
                sample_rate = sample_rate,title = "Spectrum on Antenna B")
        self.connect ((self.s2p,1),self.spectrum_b)
        vbox.Add (self.spectrum_b.win,1,wx.EXPAND)


def main ():
        app = stdgui2.stdapp(top_graph,"2 Antenna Rx")
        app.MainLoop ()


if __name__ == '__main__':
        main ()
```

3.2 天线发射实现代码

```
#! /usr/bin/env python


from gnuradio import gr,gru
from gnuradio import usrp
from gnuradio.wxgui import stdgui2,scopesink2
import wx


class top_graph (stdgui2.std_top_block):
        def __init__(self,frame,panel,vbox,argv):
        stdgui2.std_top_block.__init__ (self,frame,panel,vbox,argv)


        # ---------------- parameters setting ----------------
        sample_rate = 1e6 # 1 MHz
        usrp_decim = int(64e6 / sample_rate)
        antenna_num = 2
        freq_a = 2450e6
        freq_b = 2460e6


        # ---------------- USRP init ----------------
        self.u = usrp.sink_c (0,usrp_decim)
        self.u.set_nchannels(antenna_num)
        subdev_a = usrp.selected_subdev(self.u,(0,0))
        subdev_b = usrp.selected_subdev(self.u,(1,0))
```

```
print "A side:",subdev_a.name()
print "B side",subdev_b.name()
subdev_a.select_rx_antenna('TX/RX')
subdev_b.select_rx_antenna('TX/RX')
subdev_a.set_auto_tr(True)
subdev_b.set_auto_tr(True)
r = self.u.tune(0,subdev_a,freq_a)
if not(r):
    print "A side:Failed to set initial frequency"
else:
    print "A side:The carrier frequency is set as ",freq_a
r = self.u.tune(1,subdev_b,freq_b)
if not(r):
    print "B side:Failed to set initial frequency"
else:
    print "B side:The carrier frequency is set as ",freq_b
mux_val = 0xBA98
self.u.set_mux(mux_val)
print "mux_val = 0x%x" % gru.hexint(mux_val)


# ---------------- flow graph -----------------
# source
src0 = gr.sig_source_c (sample_rate,gr.GR_SIN_WAVE,20e3,10000)
src1 = gr.sig_source_c (sample_rate,gr.GR_SQR_WAVE,20e3,10000)


# p2s
p2s = gr.interleave(gr.sizeof_gr_complex)
self.connect (src0,(p2s,0))
self.connect (src1,(p2s,1))
self.connect(p2s,self.u)


# oscilloscope
self.scope_a = scopesink2.scope_sink_c(panel,sample_rate = sample_rate)
self.connect (src0,self.scope_a)
```

```
        vbox. Add (self. scope_a. win,1,wx. EXPAND)
        self. scope_b = scopesink2. scope_sink_c (panel, sample_rate = sample_
rate)
        self. connect (src1,self. scope_b)
        vbox. Add (self. scope_b. win,1,wx. EXPAND)


    def main ():
        app = stdgui2. stdapp(top_graph,"2 Antenna Tx")
        app. MainLoop ()
    if __name__ == '__main__':
        main ()
```

缩 略 语

3GPP	The 3rd Generation Partnership Project	第三代合作伙伴计划
AAA	Authentication, Authorization, Accounting	认证、授权和计费
ABS	Advanced Base Station	增强型基站
ACK	Acknowledgement	确认符
ADC	Analog to Digital Converter	模数转换器
ADSL	Asymmetric Digital Subscriber Line	非对称数字用户线路
AES	Advanced Encryption Standard	高级加密标准
AGC	Automatic Gain Control	自动增益控制
AI	Artificial Intelligence	人工智能
AKA	Authentication and Key Agreement	认证和密钥协商
AMC	Adaptive Modulation and Coding	自适应调制编码
AMS	Advanced Mobile Station	增强型移动台
ANDSF	Access Network Discovery and Selection Function	接入网络发现和选择功能
ANR	Automatic Neighbour Relation	自动邻居关系
AODV	Ad hoc On-Demand Distance Vector Routing	无线自组网按需距离矢量路由协议
AODV-MR	Multi-Radio AODV	多射频无线自组网按需距离矢量路由协议
AP	Access Point	接入节点

API	Application Programming Interface	应用程序接口
ARQ	Automatic Repeat request	自动重传请求
ASM	Advanced Spectrum Management	高级频谱管理
ATSC	Advanced Television Systems Committee	高级电视业务顾问委员会
AWGN	Additive White Gaussion Noise	加性高斯白噪声
BBC	Binary Convolutional Code	二进制卷积编码
BE	Best Effort	尽力而为
BER	Bit Error Rate	误码率
BPSK	Binary Phase Shift Keying	二进制相移键控
BS	Base Station	基站
BWS	Band Width Selection	带宽选择
C/I	Carrier/Interference	载干比
CA	Certificate Authority	认证机构
CAP	Credit Assignment Problem	信用分配问题
CAPEX	Capital Expenditure	资本支出
CBP	Coexistence Beacon Protocol	共存信标协议
CCC	Common Channel Control	公共信道控制
CCDSM	Cell-by-Cell DSM	小区间动态频谱管理
CCMP	Counter Mode with Cipher Block Chaining Message Authentication Code Protocol	计数器模式密码块链消息认证码协议
CCSA	China Communication Standard Association	中国通信标准化协会
CDMA	Code Division Multiple Access	码分多址
CHS	Channel Selection	信道选择
CHS-REQ	CHannel Switch REQuest	信道切换请求
CK	Cipher Key	加密密钥
CMA	Context Matching Algorithm	上下文匹配算法

CN	Cognitive Network	认知网络
CNAC	Cognitive Network Admission Control	认知网络许可控制
COC	Cell Outage Compensation	蜂窝中断补偿
CPC	Cognitive Pilot Channel	认知导频信道
CPE	Customer Premise Equipment	用户端设备
CPS	Common Part Sublayer	公共部分子层
CR	Cognitive Radio	认知无线电
CRN	Cognitive Radio Network	认知无线电网络
CSCC	Common Spectrum Coordination Channel	公共频谱协调信道
CSG	Closed Subscriber Groups	封闭用户组
CSGC	Color Sensitive Graph Coloring	颜色敏感的图论着色
CSL	Cognitive Specification Language	认知规范语言
CSM	Central Spectrum Manager	中心频谱管理器
CSMA/CA	Carrier Sense Multiple Access with Collision Avoidance	带冲突避免的载波监听多点接入
CT	Cross Talk	串音
CTC	Convolutional Turbo Code	卷积 Turbo 码
CTM	Carrier Traffic Management	载波传输管理
DAB	Digital Audio Broadcasting	数字音频广播
DAC	Digital to Analog Converter	数模转换器
DCOP	Distributed Constraint Optimization Problem	分布式约束最优化问题
DDC	Digital Down Converter	数字下变频
DECT	Digital Enhanced Cordless Telecommunications	数字增强型无绳电话通信
DNPM	Dynamic Network Planning Module	动态网络规划模块

DoS	Denial of Service	拒绝服务
DSA	Dynamic Spectrum Allocation	动态频谱分配
DSDV	Destination Sequenced Distance Vector	目标序列距离路由矢量算法
DSM	Dynamic Spectrum Management	动态频谱管理
DSNPM	Dynamic Self-organising Network Planning & Management	动态自组织网络规划和管理
DSP	Digital Signal Processing	数字信号处理
DSR	Dynamic Source Routing	动态源路由协议
DTN	Delay Tolerate Network	容迟网络
DUC	Digital Up Converter	数字上变频
DVB-T	Digital Video Broadcasting - Terrestrial	地面数字视频广播
E^2R	End to End Reconfigurability	端到端重配置
EAPoW	Extensible Authentication Protocol over Wireless	可扩展无线鉴权协议
ECN	Explicit Congestion Notification	显式拥塞通告
EIRP	Effective Isotropic Radiated Power	等效全向辐射功率
EMD	Evaluation Methodology Document	评估方法文件
EMS	Element Management System	网元管理系统
eNB	Evolved Node B	演进型基站
EPC	Evolved Packet Core	演进分组核心网
ES	Expert System	专家系统
ETSI	European Telecommunications Standards Institute	欧洲电信标准化协会
FBS	Flexible Base Station	灵活基站
FCC	Federal Communication Commission	联邦通信委员会

FDMA	Frequency Division Multiple Access	频分复用
FEC	Forward Error Correction	前向纠错编码
FFT	Fast Fourier Transform	快速傅里叶变换
FID	Flow ID	流标识
FM	Frequency Modulation	调频
FPGA	Field Programmable Gate Array	现场可编程门阵列
FSM	Flexible Spectrum Management	灵活频谱管理
FTP	File Transfer Protocol	文件传输协议
GA	Genetic Algorithm	遗传算法
GL	Geography Location	地理定位
GMSK	Guassian Minimum Shift Keying	高斯最小频移键控
GPS	Global Position System	全球定位系统
GSM	Global System of Mobile communication	全球移动通信系统
GUI	Graphical User Interface	图形用户界面
HARQ	Hybrid Automatic Repeat Request	混合自动请求重传
HBS	Home Base Stations	家庭基站
HII	High Interference Information	高干扰信息
HMM	Hidden Markov Model	隐马尔可夫模型
HPO	Handover Parameter Optimization	切换参数优化
HSA	Hybrid Spectrum Allocation	混合式频谱分配
HTTP	Hyper Text Transport Protocol	超文本传输协议
IA	Interference Avoid	干扰避免
ICIC	Inter-Cell Interference Coordination	小区间干扰协调
ICMP	Internet Control Message Protocol	网络控制报文协议
IDS	Intrusion Detection System	入侵检测系统
IE	Information Element	信元

IEEE	Institute of Electrical and Electronics Engineers	美国电气和电子工程师协会
IETF	Internet Engineering Task Force	互联网工程任务组
IK	Integrity Key	完整性密钥
IMEI	International Mobile Equipment Identifier	国际移动设备识别码
IP	Internet Protocol	互联网协议
IRP	Information Resource Planning	信息资源规划
ISM	Industry Science Medicine	工业、科研和医学
IT	Interference Temperature	干扰温度
ITU	International Telecommunication Union	国际电信联盟
JRRM	Joint Radio Resource Management	联合无线电资源管理
KF	Kalman Filter	卡尔曼滤波
KPI	Key Performance Indicator	关键绩效指标
LB	Load Balancing	负载均衡
LBT	Listen Before Talk	发前侦听
LDPC	Low Density Parity Check Code	低密度奇偶校验码
LORA	Low Cost Ripple effect Attack	低成本波纹效应攻击
LRT	Likelihood-Ratio Test	似然比值检验
LTE	Long Term Evolution	长期演进
MAC	Medium Access Control	媒质接入控制
MAS	Mobile Agent Server	移动代理服务
MBS	Macro Base Station	宏基站
MIB	Management Information Base	管理信息库
MIC	Message Integrity Check	信息完整性检查
MILP	Mixed Integer Linear Programming	混合整数线性规划
MIMO	Multiple Input Multiple Output	多输入多输出

MPEG	Moving Pictures Experts Group/Motion Pictures Experts Group	动态图像专家组
MR-LQSR	Multi-Radio Link-Quality Source Routing	多射频链路质量源路由
MT	Mobile Terminal	移动终端
NCL	Node Communication Language	节点通信语言
NCMS	Network Configuration Management System	网络配置管理系统
NCS	Network Control System	网络控制系统
NDMA	Network-assisted Diversity Multiple Access	网络辅助分集多址接入
NEMO	Network Mobility	网络移动性
NGMN	Next Generation Mobile Networks	下一代移动通信网络
NMS	Network Management System	网络管理系统
NO	Network Operator	网络运营商
NRM	Network Reconfiguration Manager	网络重配置管理器
nrtPS	non-real-time Polling Service	非实时轮询业务
NTIA	National Telecommunication and Information Administration	美国国家电信与信息管理局
OAM	Operation Administration and Maintenance	操作管理维护
OFDM	Orthogonal Frequency Division Multiplexing	正交频分复用
OLSR	Optimized Link State Routing	优化链路状态路由
OMA	Open Mobile Architecture	开放式移动体系结构
OMG	Object Management Group	对象管理组织
OODA	Observation-Orientation-Decision-Action	观察、定向、决策、执行
OPEX	Operating Expense	运营开销
OrBAC	Organization-Based Access Control	基于组织的访问控制

OSA	Opportunistic Spectrum Access	机会式频谱接入
OSI	Open System Interconnection	开放系统互联
PCS	Personal Communications Service	个人通信服务
PDU	Protocol Data Unit	协议数据单元
PF	Particle Filter	粒子滤波器
PHY	Physical Layer	物理层
PMD	Physical Media Dependent	物理媒体子层
PRM	Protocol Reference Model	协议参考模型
PSO	Particle Swarm optimization	粒子群优化算法
PU	Primary User	主用户
PUE	Primary User Emulation	模拟授权用户
QAM	Quadrature Amplitude Modulation	正交幅度调制
QoS	Quality of Service	服务质量
QPSK	Quadrature Phase Shift Keying	正交相移键控
RACH	Random Access Channel	随机接入信道
RAN	Radio Access Network	无线电接入网络
RAT	Radio Access Technology	无线电接入技术
RB	Resource Block	资源块
RCM	Reconfiguration Control Module	可重配置控制模块
RF	Radio Frequency	射频
RKRL	Radio Knowledge Representation Language	无线电知识描述语言
RLC	Radio Link Control	无线链路控制
ROPCORN	Routing Protocol for Cognitive Radio Ad Hoc Networks	认知无线电多跳网络路由协议
RRM	Radio Resource Management	无线电资源管理
RSSI	Received Signal Strength Indication	接收信号强度指示

rtPS	real-time Polling Service	实时轮询业务
RTT	Round-Trip Time	往返时间
SA	Spectrum Aggregation	频谱聚合
SAN	Software Adaptable Network	软件适应网络
SAP	Service Access Point	业务接入点
SBTC	Shortened Block Turbo Code	截短块 Turbo 码
SCA	Software Communication Architecture	软件通信架构
SCH	Superframe Control Header	超帧控制头
SDD	System Description Document	系统描述文件
SDR	Software Definition Radio	软件无线电
SDU	Service Data Unit	服务数据单元
SID	Station ID	站标识
SINR	Signal to Interference plus Noise Rate	信干噪比
SISO	Single Input and Single Output	单入单出
SM	Spectrum Manager	频谱管理器
SNMP	Simple Network Management Protocol	简单网络管理协议
SNR	Signal to Noise Ratio	信噪比
SOHO	Small Office Home Office	家居办公
SOI	Spectrum Opportunities Index	频谱机会指数
SON	Self-Organized Network	自组织网络
SQL	Structured Query Language	结构化查询语言
SRD	System Requirements Document	系统需求文档
SRRC	State Radio Regulatory Commission	国家无线电管理委员会
SSA	Static Spectrum Allocation	静态频谱分配
SSF	Spectrum Sensing Function	频谱感知功能
SSL	Secure Socket Layer	安全套接层

SU	Secondary User	次用户
TCP	Transmission Control Protocol	传输控制协议
TDD	Time Division Duplexing	时分双工
TDMA	Time Division Multiple Access	时分多址接入
TD-SCDMA	Time Division-Synchronous Code Division Multiple Access	时分同步码分多址
TLS	Transport Layer Security	传输层安全协议
TPC	Transmission Power Control	传输功率控制
TPS	Transmission Power Selection	传输功率选择
TRM	Terminal Reconfiguration Manager	终端重配置管理者
TTL	Time To Live	生存时间
TVWS	Television White Space	电视空白频谱
UCS	Urgent Coexistence Situation	紧急共存情况
UDP	User Datagram Protocol	用户数据报协议
UE	UserEquipment	用户设备
UGS	Unsolicited Grant Service	未授权业务
UHF	Ultra High Frequency	特高频
UMTS	Universal Mobile Telecommunications System	通用移动通信系统
USRP	Universal Software Radio Peripheral	软件无线电通用外设
UWB	Ultra Wide Band	超宽带
VHF	Very High Frequency	甚高频
VSWR	Voltage Standing Wave Radio	电压驻波比
WCETT	Weighted Cumulative Expected Transmission Time	累积权期望传输时间
WCN	Wireless Cognitive Node	无线认知节点

WEP	Wired Equivalent Privacy	有线等效加密
WG	Work Group	工作组
Wi-Fi	Wireless Fidelity	无线高保真
WiMAX	Worldwide Interoperability for Microwave Access	全球微波互联接入
WLAN	Wireless Local Area Network	无线局域网
WMN	Wireless Mesh Network	无线网状网
WPAN	Wireless Personal Area Network	无线个人区域网
WRAN	Wireless Region Area Network	无线区域网
XML	Extended Markup Language	扩展标记语言